Rudolf Nocker

**Digitale
Kommunikationssysteme 1**

Aus dem Programm Informationstechnik

Telekommunikation
von D. Conrads

Mobilfunknetze
von M. Duque-Antón

Von Handy, Glasfaser und Internet
von W. Glaser

Signalverarbeitung
von M. Meyer

Grundlagen der Informationstechnik
von M. Meyer

Kommunikationstechnik
von M. Meyer

Datenübertragung
von P. Welzel

Information und Codierung
von M. Werner

Nachrichtentechnik
von M. Werner

Mikroprozessorentechnik
von K. Wüst

vieweg

Rudolf Nocker

Digitale Kommunikationssysteme 1

Grundlagen der Basisband-Übertragungstechnik

Mit 84 Abbildungen

Studium Technik

Bibliografische Information der Deutschen Bibliothek
Die Deutsche Bibliothek verzeichnet diese Publikation in der Deutschen Nationalbibliographie;
detaillierte bibliografische Daten sind im Internet über <http://dnb.ddb.de> abrufbar.

1. Auflage Oktober 2004

Alle Rechte vorbehalten
© Friedr. Vieweg & Sohn Verlag/GWV Fachverlage GmbH, Wiesbaden, 2004

Der Vieweg Verlag ist ein Unternehmen von Springer Science+Business Media.
www.vieweg.de

Das Werk einschließlich aller seiner Teile ist urheberrechtlich geschützt.
Jede Verwertung außerhalb der engen Grenzen des Urheberrechtsgesetzes
ist ohne Zustimmung des Verlags unzulässig und strafbar. Das gilt insbesondere für Vervielfältigungen, Übersetzungen, Mikroverfilmungen und
die Einspeicherung und Verarbeitung in elektronischen Systemen.

Umschlaggestaltung: Ulrike Weigel, www.CorporateDesignGroup.de
Techn. Redaktion: Hartmut Kühn von Burgsdorff, Wiesbaden
Druck und buchbinderische Verarbeitung: Lengericher Handelsdruckerei, Lengerich
Gedruckt auf säurefreiem und chlorfrei gebleichtem Papier.
Printed in Germany

ISBN 3-528-03976-0

Vorwort

Digitale Kommunikationssysteme übermitteln digitale oder digitalisierte Nachrichten. Übermitteln bedeutet übertragen und vermitteln. Die digitale Übertragungstechnik und die digitale Vermittlungstechnik sind deshalb zwei Themengebiete von gleicher Wertigkeit für das Verständnis digitaler Kommunikationssysteme. Die Grundlagen beider Themengebiete werden in dieser Ausarbeitung mit etwa gleicher Gewichtung dargestellt. Die extreme Breite der Thematik erfordert zwingend eine Konzentration auf Themen von grundsätzlicher Bedeutung (mit langer Halbwertszeit) und somit gleichzeitig den Verzicht auf viele interessante oder aktuelle Themen von Bedeutung.

Der vorliegende Band 1 behandelt die Grundlagen der Digitalsignal-Übertragung im Basisband sowie die grundlegenden Begriffe und Verfahren der Informationstheorie, Quellen-, Kanal- und Leitungscodierung. In Band 2 werden die Grundlagen der Vermittlungstechnik und der hierfür erforderlichen Bedienungstheorie dargestellt.

Das Buch ist für Studierende der Nachrichtentechnik, Informationstechnik oder Informatik an Fachhochschulen oder Universitäten sowie für alle Interessierten mit gleichwertigen Vorkenntnissen geschrieben, welche sich grundlegende Kenntnisse zur Funktionsweise digitaler Kommunikationssysteme erarbeiten wollen. Es ist aus meinen Lehrveranstaltungen „Kommunikationstechnik" und „Kommunikationssysteme" am Fachbereich Elektro- und Informationstechnik der Fachhochschule Hannover entstanden. Vorausgesetzt werden Kenntnisse der Ingenieur-Mathematik sowie Grundkenntnisse der Wahrscheinlichkeitsrechnung, wie sie im Rahmen der mathematischen Grundlagen-Ausbildung an Fachhochschulen vermittelt werden. Die Darstellung ist auch zum Selbststudium geeignet, die Übungsaufgaben (mit Lösungen) und Wiederholungsfragen (ohne Lösungen) am Ende eines jeden Kapitels ermöglichen dem Leser eine selbständige Überprüfung des Lernfortschritts.

In Kapitel 1 (Grundbegriffe der Nachrichtentechnik) werden grundlegende Definitionen und Begriffe der Nachrichtentechnik zusammen gestellt, welche zum Verständnis der nachfolgenden Kapitel nötig sind. Die Inhalte dieses Kapitels sind Gegenstand von Grundlagen-Vorlesungen zur Nachrichtentechnik und Systemtheorie und werden deshalb überwiegend nicht detailliert abgeleitet, sondern in gestraffter Form für eine Wiederholung zusammen gestellt. In allen nachfolgenden Kapiteln erfolgt eine Beschränkung auf die Digitalsignal-Übertragung im Basisband.

Im Kapitel 2 (Digitalsignal-Eigenschaften) werden Kennwerte von zufälligen Basisband-Digitalsignalen definiert und berechnet. Anschließend wird das Ideale Tiefpass-Übertragungssystem analysiert. Dies führt zur Bedingung für eine Übertragung ohne Nachbarzeichen-Beeinflussung (Nyquist-Theorem erster Art) und zum Mindest-Bandbreitenbedarf der Digitalsignal-Übertragung (Nyquist-Bandbreite).

Im Kapitel 3 (Nyquist-Bedingungen) wird das Nyquist-Theorem erster Art (Übertragung ohne Nachbarzeichen-Beeinflussung) und das Nyquist-Theorem zweiter Art (Übertragung ohne Nachbarzeichen-Beeinflussung und zusätzlich ideale Bedingungen für die Taktrückgewinnung) im Zeitbereich und Frequenzbereich behandelt. Die Augenmuster bei Binärsignal-Übertragung werden näherungsweise berechnet und diskutiert.

Im Kapitel 4 (Codierung) werden diejenigen Grundlagen der Codierung behandelt, welche ohne Kenntnis der Wahrscheinlichkeitsrechnung abgeleitet werden können. Dies soll den Einstieg in das Themengebiet Codierung vereinfachen und das Verständnis der nachfolgenden Kapitel erleichtern. Auf elementare Weise wird der Austausch zwischen Bandbreitenbedarf und Störfestigkeit bei der Umcodierung von Digitalsignalen abgeleitet und diskutiert.

Im Kapitel 5 (Grundbegriffe der Informationstheorie) werden grundlegende Begriffe der Informationstheorie von Shannon unter Beschränkung auf diskrete Nachrichtenquellen ohne Gedächtnis behandelt. Die Begriffe Informationsgehalt eines Zeichens, Entropie und Entscheidungsgehalt einer Nachrichtenquelle, Quellen-Redundanz, Informationsfluss und Entscheidungsfluss werden definiert und berechnet.

Der Transinformationsgehalt eines diskreten Kanals wird definiert und diskutiert, dies führt zum Begriff der Kanalkapazität.

Im Kapitel 6 (Kanalkapazität) wird zunächst ein einfach berechenbares Kanal-Modell (Idealer Tiefpass-Übertragungskanal mit amplitudenbegrenztem Störsignal und Abtastentscheider) analysiert. Anschließend wird das exakte Ergebnis von Shannon zur Kanalkapazität des kontinuierlichen Gauß-Kanals diskutiert. Abschließend wird die Anpassung eines Signals an einen Kanal durch geeignete Codierung (Austausch zwischen Bandbreitenbedarf und Störfestigkeit) dargestellt.

Im Kapitel 7 (Quellencodierung) werden die Grundbegriffe der Quellencodierung unter Beschränkung auf diskrete Nachrichtenquellen ohne Gedächtnis behandelt. Als einfaches (aber ineffizientes) Quellencodierungs-Verfahren wird die Codierung in Binärworte konstanter, minimaler Länge behandelt. Als Beispiel für ein optimales Quellencodierungs-Verfahren wird der Fano-Algorithmus behandelt.

Im Kapitel 8 (Grundbegriffe der Kanalcodierung) werden grundlegende Begriffe der Kanalcodierung behandelt. Das Hamming-Gewicht und die Hamming-Distanz eines Codes werden definiert und deren Äquivalenz für lineare Codes bewiesen. Die Bedingungen für Fehlererkennung und Fehlerkorrektur sowie die Formel für die Hamming-Grenze eines Blockcodes werden abgeleitet.

Im Kapitel 9 (Verfahren der Kanalcodierung) werden mathematisch fundierte Verfahren der Kanalcodierung behandelt. Zunächst werden die Gleichungen für Hamming-Codes abgeleitet, dann erfolgt der Übergang zur Matrix-Schreibweise für lineare Blockcodes. Für den symmetrischen Binärkanal wird die Restfehler-Wahrscheinlichkeit und der Gewinn beim Einsatz fehlerkorrigierender Kanalcodes berechnet.

Im Kapitel 10 (Leitungscodierung) werden die Anforderungen an Leitungscodes (auch als Übertragungscodes bezeichnet) definiert und begründet. Dann werden Kennwerte (Relativ-Redundanz, Bandbreiten-Dehnfaktor, normierte Störfestigkeit) für Leitungscodes definiert und allgemein berechnet. Die Codierungs-Regeln für Manchester-, CMI, AMI- und HDB3-Code werden beschrieben, deren Vor- und Nachteile werden diskutiert. Abschließend wird das Leistungsdichtespektrum eines zufälligen Leitungssignals analysiert.

Im Kapitel 11 (Regenerative Digitalsignal-Übertragung) wird der prinzipielle Aufbau eines Regenerativ-Verstärkers behandelt. Die möglichen Störsignale bei der Digitalsignal-Übertragung werden klassifiziert, die Hauptstörquellen für verschiedene Kabeltypen werden diskutiert.

Im Kapitel 12 (Pulscodemodulation) wird die Pulscodemodulation als wichtigstes Verfahren für die Digitalisierung (also die Quellencodierung) von Analogsignalen behandelt. Als Beispiel für ein reales PCM-Übertragungssystem wird das PCM 30-Übertragungssystem kurz beschrieben. Abschließend werden die Vorteile und Nachteile der Pulscodemodulation gegenüber analogen Übertragungsverfahren zusammen gestellt.

Im Anhang werden diejenigen Grundlagen behandelt, welche zum Verständnis des Hauptteils zwingend erforderlich sind, welche aber üblicherweise Gegenstand anderer Vorlesungen (Mathematik, Systemtheorie, Messtechnik) sind:

Im Anhang A (Fourier-Transformation) werden die Grundlagen der Fourier-Transformation und einige Elemente der Systemtheorie dargestellt. Die Inhalte dieses Kapitels sind für ein fundiertes Verständnis des Hauptteils zwingend erforderlich.

Im Anhang B (Abbildungen) wird der Begriff Abbildung definiert und diskutiert. Dieser wird in Kapitel 4 (Codierung) mehrfach angewendet.

Im Anhang C (Modulo-2-Arithmetik) wird kurz auf die Modulo-2-Arithmetik eingegangen, welche in Kapitel 8 und 9 (Kanalcodierung) verwendet wird.

Im Anhang D (Pegelrechnung) werden die Grundlagen der Pegelrechnung dargestellt. Die Inhalte des Anhangs D sind für die Messtechnik an Übertragungssystemen unverzichtbar.

„So eine Arbeit wird eigentlich nie fertig, man muß sie für fertig erklären, wenn man nach Zeit und Umständen das möglichste getan hat" (Johann Wolfgang von Goethe).

Hannover, im September 2004 *Rudolf Nocker*

Inhaltsverzeichnis

1 Grundbegriffe der Nachrichtentechnik 1
    1.1 Schema der Nachrichtenübertragung 1
    1.2 Signale und Systeme 6
        1.2.1 Definitionen zu Signalen 6
        1.2.2 Definitionen zu Systemen 8
    1.3 Verzerrungsfreie Signalübertragung 11
    1.4 Übungen 13

2 Digitalsignal-Eigenschaften 15
    2.1 Digitalsignal-Kennwerte 15
    2.2 Digitalsignal-Störunterdrückung 19
    2.3 Digitalsignal-Bandbreitenbedarf 20
    2.4 Übungen 28

3 Nyquist-Bedingungen 29
    3.1 Vorbemerkungen 29
    3.2 Nyquist-Bedingung 1. Art 30
        3.2.1 Nyquist-Bedingung 1. Art im Zeitbereich 30
        3.2.2 Nyquist-Bedingung 1. Art im Frequenzbereich 32
    3.3 Nyquist-Bedingung 2. Art 34
    3.4 Cos-roll-off-Tiefpass-Übertragungssystem 37
    3.5 Übungen 42

4 Codierung 43
    4.1 Definitionen 43
    4.2 Präfix-Bedingung 48
    4.3 Codewortanzahl bei Blockcodes und Kommacodes 49
    4.4 Blockcode-Sonderfälle 53
    4.5 Entscheidungsgehalt und Entscheidungsfluss 54
    4.6 Gleichwahrscheinlichkeits-Redundanz 55
    4.7 Verlustfreie Echtzeit-Blockcodierung 56
    4.8 Übungen 59

5 Grundbegriffe der Informationstheorie 61
    5.1 Quellenmodell 61
    5.2 Informationsgehalt 62
    5.3 Entropie 64
    5.4 Quellenredundanz 67
    5.5 Informationsfluss und Entscheidungsfluss 68
    5.6 Informationsübertragung 69
    5.7 Übungen 75

6 Kanalkapazität ... 77
- 6.1 Kanalcodierungs-Satz ... 77
- 6.2 Idealer Abtastkanal ... 79
- 6.3 Gauss-Kanal ... 82
- 6.4 Anpassung Signal an Kanal ... 85
- 6.5 Übungen ... 88

7 Quellencodierung ... 91
- 7.1 Quellencodierungssatz ... 91
- 7.2 Optimale Quellencodierung ... 92
- 7.3 Kennwerte eines Quellencodes ... 94
- 7.4 Binärcode konstanter, minimaler Länge ... 95
- 7.5 Fano-Algorithmus ... 97
- 7.6 Übungen ... 99

8 Grundbegriffe der Kanalcodierung ... 101
- 8.1 Einführung ... 101
- 8.2 Klassifizierung der Kanal-Codes ... 103
- 8.3 Übertragungs-Protokolle ... 105
- 8.4 Blockcodes ... 106
- 8.5 Hamming-Gewicht und Hamming-Distanz ... 109
- 8.6 Fehlererkennung und Fehlerkorrektur ... 113
  - 8.6.1 Bedingungen für Fehlererkennung und Fehlerkorrektur ... 113
  - 8.6.2 Hamming-Grenze ... 116
- 8.7 Paritätsprüfungs-Verfahren ... 120
  - 8.7.1 Einfache Paritätsprüfung ... 120
  - 8.7.2 Matrix-Paritätsprüfung ... 122
- 8.8 Übungen ... 125

9 Verfahren der Kanalcodierung ... 127
- 9.1 Hamming-Codes ... 127
  - 9.1.1 Systematische Konstruktion ... 127
  - 9.1.2 Matrix-Schreibweise ... 132
- 9.2 Lineare Blockcodes ... 134
  - 9.2.1 Vorbemerkung ... 134
  - 9.2.2 Diskussion der Gleichungssysteme ... 135
  - 9.2.3 Eigenschaften linearer Blockcodes ... 137
  - 9.2.4 Notwendige Struktur der Prüfmatrix ... 138
  - 9.2.5 Zusammenfassung ... 139
- 9.3 Gewinn durch Kanalcodierung ... 141
  - 9.3.1 Symmetrischer Binärkanal ... 141
  - 9.3.2 Binomial-Verteilung ... 142
  - 9.3.3 Näherungsformeln für die Binomialverteilung ... 143
  - 9.3.4 Fehlerwahrscheinlichkeiten beim symmetrischen Binärkanal ... 145
  - 9.3.5 Gewinn durch Einsatz von Fehlerkorrektur-Verfahren ... 147
- 9.4 Schlussbemerkungen ... 150

9.5	Übungen	151

10 Leitungscodierung — 154

10.1	Einführung	154
10.2	Anforderungen an Leitungscodes	155
10.3	Konstruktion von Leitungscodes	157
	10.3.1 Kennwerte für Leitungscodes	157
	10.3.2 1B2B-Leitungscodes	159
	10.3.3 1B1T-Leitungscodes	159
10.4	Beschreibung ausgewählter Leitungscodes	160
	10.4.1 Codier-Regeln und Impulsdiagramme	160
	10.4.2 Ausführliche Beschreibung ausgewählter Leitungscodes	162
10.5	Leistungsdichtespektrum	165
10.6	Übungen	171

11 Regenerative Digitalsignal-Übertragung — 173

11.1	Regenerativverstärker	173
11.2	Störungen	177
	11.2.1 Klassifizierung von Störsignalen	177
	11.2.2 Nebensprechen	178
11.3	Maximale Regeneratorfeldlänge	180
11.4	Übungen	183

12 Pulscodemodulation — 184

12.1	Einführung	184
12.2	Blockschaltbild	186
	12.2.1 Beschreibung des Blockschaltbilds	186
	12.2.2 Aufgaben der Teilblöcke	188
12.3	Berechnung wichtiger Kenngrößen	189
12.4	sin(x)/x-Korrektur	193
12.5	Übertragungssystem PCM 30	196
12.6	Vorteile und Nachteile der PCM	200
12.7	Übungen	201

A Fourier-Transformation — 202

A.1	Funktions-Definitionen	202
A.2	Fourier-Reihe	204
A.3	Fourier-Transformation	208

B Abbildungen — 221

C Modulo-2-Arithmetik — 223

D Pegelrechnung — 226

D.1	Definition des Pegels	226

D.2	Absoluter Leistungspegel	226
D.3	Absoluter Spannungspegel	227
D.4	Zusammenhang Leistungspegel, Spannungspegel	227
D.5	Pegelmessung	228

Literaturverzeichnis 230

Sachwortverzeichnis 235

1 Grundbegriffe der Nachrichtentechnik

1.1 Schema der Nachrichtenübertragung

Grunddefinitionen

Der Begriff Nachricht wird als Oberbegriff für Mitteilungen in beliebiger Form verwendet. Eine Nachricht wird von einer Nachrichtenquelle erzeugt und ist für eine Nachrichtensenke bestimmt. Der in einer Nachricht enthaltene Wissenszuwachs für die Nachrichtensenke ist die Information.

Die Darstellung einer Nachricht durch eine physikalische Größe wird als Signal bezeichnet. Die von der Nachricht abhängigen Merkmale des Signals heißen Signalparameter. Das der Nachricht eindeutig zugeordnete Signal heißt Nutzsignal. Die das Nutzsignal beeinflussenden physikalischen Größen gleicher Art werden als Störsignal bezeichnet.

Aufgabe der Nachrichtentechnik

Die Nachrichtentechnik behandelt die Aufgabe, eine Nachricht trotz Vorhandensein von Störungen mit möglichst geringem Bandbreiten- und Leistungsbedarf möglichst unverändert von der Nachrichtenquelle zur Nachrichtensenke zu übermitteln (übermitteln bedeutet übertragen und vermitteln).

Bild 1.1 zeigt das allgemeine Schema der Nachrichtenübertragung. Ein Nachrichtenübertragungssystem besteht aus den Blöcken Nachrichtenquelle, Encoder (auch Codierer genannt), Kanal, Decoder (auch Decodierer genannt) und Nachrichtensenke. Der Kanal besteht aus dem Übertragungsblock (bestehend aus der Kettenschaltung von Sendeeinheit, Übertragungsmedium, Empfangseinheit und Entzerrer) und der Störsignalquelle. Nachfolgend werden die einzelnen Blöcke genauer beschrieben.

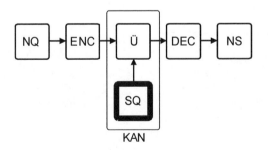

Bild 1.1:
Schema der Nachrichtenübertragung.
NQ   Nachrichtenquelle;
ENC   Encoder (Codierer);
Ü   Übertragungsblock;
SQ   Störquelle;
KAN   Kanal;
DEC   Decoder (Decodierer);
NS   Nachrichtensenke;

Nachrichtenquelle

Die Nachrichtenquelle erzeugt die Nachricht durch mehr oder weniger zufällige Auswahl von Zeichen aus einem vorgegebenen Zeichenvorrat.

Der Zeichenvorrat muss mindestens zwei Zeichen enthalten, damit die Nachrichtenquelle Nachrichten mit Informationsgehalt abgeben kann. Die von der Nachrichtenquelle abgegebene Zeichenfolge kann relevante und irrelevante Zeichen bzw. Zeichenanteile sowie redundante und nicht redundante Zeichen bzw. Zeichenanteile enthalten. Bild 1.2 zeigt schematisch diese Klassifizierung des Nachrichteninhalts [ELSN74].

Ein Zeichen ist relevant (wahrnehmbar, von Bedeutung für die Nachrichtensenke), wenn es von der Nachrichtensenke wahrgenommen werden kann; andernfalls ist es nicht relevant (irrelevant).

Ein Zeichen ist redundant (vorhersagbar, berechenbar), wenn es aus den vorhergehenden Zeichen der Zeichenfolge berechenbar ist; andernfalls ist es nicht redundant. Ein Zeichen ist teilweise redundant, wenn die Auswahl des Zeichens von den vorhergehenden Zeichen statistisch abhängig ist.

Nachrichtensenke

Die Nachrichtensenke ist die Einrichtung, für welche die von der Nachrichtenquelle erzeugte Nachricht bestimmt ist.

Da ausschließlich die Nachrichtensenke darüber entscheidet, welche Nachrichtenanteile relevant (wahrnehmbar, verwertbar) sind, ist die genaue Kenntnis der Eigenschaften der Nachrichtensenke entscheidend für eine optimale Auslegung des Übertragungssystems.

Information (grobe Definition)

Information beinhalten nur die relevanten, nicht redundanten Zeichen bzw. die relevanten, nicht redundanten Zeichenanteile der Zeichenfolge.

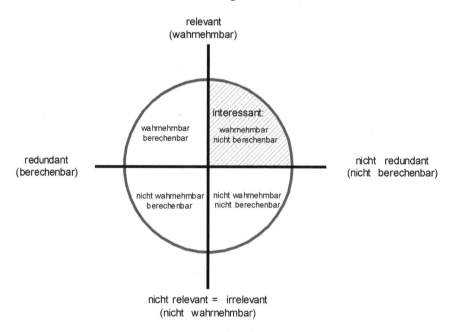

Bild 1.2: Klassifizierung des Nachrichteninhalts.

In Bild 1.2 ist die in der Nachricht enthaltene Information (wahrnehmbarer, nicht berechenbarer Anteil der Nachricht) schraffiert dargestellt und als „interessant" bezeichnet. Bei der nachfolgend beschriebenen Quellencodierung soll dieser „interessante" Nachrichten-Anteil (die Information) aus der von der Nachrichtenquelle erzeugten Nachricht (durch Abtrennen der irrelevanten und redundanten Nachrichten-Anteile) extrahiert werden.

Information ist der wahrnehmbare, nicht vorhersagbare Anteil der Nachricht.

Encoder

Der Encoder ordnet der Quellenzeichen-Folge (aus der Nachrichtenquelle) eine für die Übertragung über den Nachrichtenkanal geeignete Kanalzeichen-Folge zu. Jedes Kanalzeichen besteht aus einem oder mehreren Kanalsymbolen. Unterschiedliche Kanalsymbole werden durch unterschiedliche physikalische Signalelemente realisiert. Resultierend wird damit einer Quellenzeichen-Folge (aus der Nachrichtenquelle) eine physikalische Signalelement-Folge (für den Kanal) zugeordnet. Bei elektrischer bzw. optischer Übertragungstechnik werden elektrische bzw. optische Signalelemente verwendet. Die Signalelement-Folge ergibt das zu übertragende Signal.

Beispielsweise sind bei der Pulscodemodulation die Quellenzeichen die Abtastwerte eines Analogsignals, denen als Kanalzeichen binäre Codeworte (bestehend aus mehreren Binärzeichen) zugeordnet werden. Die Kanalsymbole sind dann die Binärzeichen. Die zwei Binärzeichen (0 oder 1) werden durch zwei verschiedene (möglichst gut unterscheidbare) Signalelemente im Kanal realisiert.

Realisierung des Encoders

Der Encoder wird üblicherweise durch drei Teilblöcke (Bild 1.3) realisiert:

- Quellen-Encoder,
- Kanal-Encoder,
- Leitungs-Encoder.

Der Quellen-Encoder entnimmt dem Quellensignal redundante (vorhersagbare, berechenbare) und irrelevante (von der Nachrichtensenke nicht wahrnehmbare) Zeichen. Dies wird als Redundanz- und Irrelevanzreduktion bezeichnet. Der Quellen-Encoder überführt die von der Nachrichtenquelle abgegebene Zeichenfolge in eine Binärfolge mit möglichst kleiner Schrittgeschwindigkeit.

Der Kanal-Encoder fügt der vom Quellen-Encoder abgegebenen Binärfolge entsprechend einer zwischen Sende- und Empfangsseite vereinbarten Rechenvorschrift systematische Redundanz (berechenbare Zusatzinformation, Sicherungsinformation) hinzu, welche empfangsseitig die Erkennung oder Korrektur von Übertragungsfehlern ermöglicht. Die vom Kanal-Encoder abgegebene Binärfolge hat durch die hinzugefügte Redundanz eine höhere Übertragungsgeschwindigkeit als diejenige am Eingang des Kanal-Encoders.

Der Leitungs-Encoder codiert die vom Kanal-Encoder abgegebene Binärfolge in ein physikalisches Sendesignal, welches für die Übertragung über den vorliegenden bandbegrenzten Übertragungskanal mit den dort einwirkenden Störsignalen geeignet ist. Durch Codierung in ein Sendesignal mit hoher oder niedriger Stufenanzahl und somit niedriger oder hoher Schrittgeschwindigkeit erfolgt eine Anpassung an Bandbreite und Störeigenschaften des Übertragungskanals. Durch Hinzufügen von systematischer Redundanz werden erwünschte Signaleigenschaften (z. B. kein oder nur geringer Gleichanteil, hoher Taktfrequenzgehalt, geeignete Form des Leistungsdichte-Frequenzspektrums) erzeugt, die den Signalempfang vereinfachen.

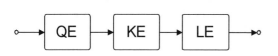

Bild 1.3:
Realisierung des Encoders.
QE Quellen-Encoder;
KE Kanal-Encoder;
LE Leitungs-Encoder;

Kanal

Der Kanal transportiert, verzerrt und stört das übertragene Signal.

Der Kanal transportiert das Ausgangssignal des Encoders zum Eingang des Decoders und überbrückt somit die räumliche Entfernung zwischen Nachrichtenquelle und Nachrichtensenke. Die Störsignalquelle wird immer als Bestandteil des Kanals betrachtet.

Der Kanal besteht aus der Kettenschaltung von Sendeeinheit, Übertragungsmedium (elektrische Leitung, Lichtwellenleiter oder Funkstrecke) mit additiv einwirkender Störsignalquelle, Empfangseinheit und Entzerrer. Der Entzerrer kann auch aus mehreren Teilblöcken bestehen, die an verschiedenen Punkten der Kettenschaltung angeordnet sind, beispielsweise Impulsformer (Entzerrer-Teilblock 1) vor der Sendeeinheit und Empfangs-Entzerrer (Entzerrer-Teilblock 2) hinter der Empfangseinheit.

Das sendeseitig eingespeiste Signal wird bei der Übertragung durch den Kanal durch den resultierenden Frequenzgang (Amplitudengang, Phasengang) linear verzerrt und durch die additiven Störsignale der Störsignalquelle gestört.

Decoder

Der Decoder entscheidet, welche Ausgangs-Zeichenfolge (an die Nachrichtensenke) der empfangenen Kanalzeichen-Folge (aus dem Kanal) zugeordnet wird. Wie beschrieben, kann jedes Kanalzeichen aus einer Sequenz mehrerer Kanalsymbole bestehen, wobei unterschiedliche Kanalsymbole durch unterschiedliche physikalische Signalelemente realisiert sind.

Beim Entscheidungsvorgang wird jedes empfangene Kanalzeichen mit Mustern aller zulässigen Kanalzeichen verglichen. Durch Auswahl des „ähnlichsten" Kanalzeichen-Musters (dasjenige Muster mit „geringstem Abstand" zum empfangenen Kanalzeichen, hierfür wird ein geeignet definiertes „Abstandsmaß" verwendet) entscheidet der Decoder, welches Kanalzeichen der sendeseitige Encoder höchstwahrscheinlich gesendet hat. Diese Entscheidung ist wegen der überlagerten Störsignale mit einer gewissen Unsicherheit behaftet. Der scheinbar erkannten Kanalzeichen-Folge (aus dem Kanal) wird die zugehörige Ausgangs-Zeichenfolge (für die Nachrichtensenke) zugeordnet.

Realisierung des Decoders

Der Decoder wird entsprechend zur sendeseitigen Aufgaben-Zerlegung ebenfalls durch drei Teilblöcke (Bild 1.4) realisiert:

- Leitungs-Decoder,
- Kanal-Decoder,
- Quellen-Decoder.

Der Leitungs-Decoder ordnet der empfangenen Signalelement-Folge (aus dem Kanal) die zugehörige Binärfolge zu. Bei diesem Entscheidungsvorgang werden kleine Störsignale unterdrückt. Größere Störsignale ergeben falsche Binärzeichen am Ausgang des Leitungs-Decoders.

1.1 Schema der Nachrichtenübertragung

Diese fehlerhafte Binärfolge (welche die sendeseitig vom Kanal-Encoder hinzu gefügte systematische Redundanz noch weitgehend beinhaltet) wird an den Kanal-Decoder weitergegeben.

Der Kanal-Decoder benutzt die enthaltene systematische Redundanz (Sicherungsinformation) zur Fehlerkorrektur. Ausgangsseitig wird im Idealfall eine fehlerfreie Binärfolge an den Quellen-Decoder abgegeben.

Der Quellen-Decoder fügt die im Quellen-Encoder entnommene Quellen-Redundanz hinzu (die Redundanz ist aus dem interessanten Anteil der Nachricht berechenbar, siehe Bild 1.2) und erzeugt die Ausgangs-Zeichenfolge für die nachfolgende Nachrichtensenke.

Bild 1.4:
Realisierung des Decoders.
LD Leitungs-Decoder;
KD Kanal-Decoder;
QD Quellen-Decoder;

Information (genauere Definition)

Information von der Nachrichtenquelle zur Nachrichtensenke wird nur dann übermittelt, wenn Unsicherheit darüber besteht, welches Zeichen als nächstes eintreffen wird. Durch Empfang eines Zeichens wird in der Nachrichtensenke die Unsicherheit über das von der Nachrichtenquelle ausgewählte Zeichen weitgehend (da wegen Störungen Entscheidungsfehler auftreten können) beseitigt. Die Verminderung dieser Unsicherheit entspricht dem Zuwachs an Information. Somit gilt:

Ein vorhersagbares Zeichen enthält keine Information.
Ein häufig auftretendes Zeichen enthält wenig Information.
Ein selten auftretendes Zeichen enthält viel Information.

Für eine vertiefte Einarbeitung in die vorstehend beschriebenen Zusammenhänge wird auf [ELSN74, ELSN77, BERG86, MEGU86, SCHW93, HERT00, MEYE02, WEID02, WERN03] verwiesen.

Realisierung von Übertragungssystemen

Einige der hier verwendeten Begriffe werden erst später exakt definiert.

Bei komplexen digitalen Übertragungssystemen sind alle sendeseitigen und empfangsseitigen Teilblöcke aus Bild 1.3 und Bild 1.4 vorhanden. Die Quellencodierung besteht aus Irrelevanzreduktion (durch Bandbegrenzung und Quantisierung) und Redundanzreduktion (durch Optimalcodierung oder Differenzcodierung). Da ein redundanzreduziertes Signal sehr empfindlich gegen Übertragungsstörungen ist, muss eine Kanalcodierung vorgenommen werden (durch Anwendung fehlerkorrigierender Blockcodes oder Faltungscodes). Die Leitungscodierung besteht bei Basisbandübertragung aus einer Umsetzung in vielwertige Leitungssignale (zum Austausch zwischen Störfestigkeit und Bandbreite des Leitungssignals) mit geeigneter Impulsform sowie einer Pegel- und Impedanzanpassung an den Übertragungskanal. Bei frequenzversetzter Übertragung wird das Sendesignal durch einen zusätzlichen Modulationsvorgang in eine vorgegebene Frequenzlage verschoben. Hierbei kann durch Anwendung bandspreizender Modulationsverfahren ein weiterer Austausch zwischen Bandbreite und Störfestigkeit vorgenommen werden.

Bei einfachen analogen Übertragungssystemen (beispielsweise analogen Niederfrequenz-Übertragungssystemen) ist die Quellencodierung auf eine Irrelevanzreduktion durch Bandbegrenzung des Quellensignals reduziert, auf die Redundanzreduktion wird verzichtet. Die natürliche Redundanz des Quellensignals übernimmt dann die Sicherung gegen Übertragungsstörungen, deshalb kann auf eine Kanalcodierung verzichtet werden. Die Leitungscodierung ist bei Basisbandübertragung auf eine Pegel- und Impedanzanpassung an den Übertragungskanal reduziert. Bei frequenzversetzter Übertragung wird das Sendesignal durch einen zusätzlichen Modulationsvorgang in eine vorgegebene Frequenzlage verschoben.

1.2 Signale und Systeme

Voraussetzungen

Die Kenntnis der grundlegenden Zusammenhänge zwischen Signaldarstellung im Zeitbereich oder Frequenzbereich sind für ein Verständnis der nachfolgenden Kapitel zwingend erforderlich. Im Anhang A (Fourier-Transformation) sind die nachfolgend benötigten Grundlagen der Fourier-Transformation und daraus folgende Grundbegriffe der Systemtheorie in gestraffter Form zusammen gestellt. Die dort dargestellten Ergebnisse werden nachfolgend als bekannt vorausgesetzt.

1.2.1 Definitionen zu Signalen

Signal

Ein Signal ist die Darstellung einer Nachricht durch eine physikalische Größe (beispielsweise eine elektrische Spannung, eine optische Intensität, eine elektromagnetische Feldgröße). Ein Signal kann entweder im Zeitbereich durch seine reelle Zeitfunktion u(t) oder im Frequenzbereich durch seine (im allgemeinen) komplexe Frequenzfunktion (komplexes Amplitudendichtespektrum) $\underline{U}(f)$ beschrieben werden. Die Frequenzfunktion ist die Fouriertransformierte der Zeitfunktion. Manche Signalverarbeitungs-Operationen sind einfacher im Zeitbereich, andere einfacher im Frequenzbereich berechenbar. Die Fourier-Transformation (FT) und die Inverse Fourier-Transformation (IFT) ermöglichen einen Wechsel zwischen diesen beiden gleichwertigen, mathematischen Beschreibungsformen für Signale.

Signalklassen

Ein wertkontinuierliches Signal liegt vor, wenn der Signalparameter alle Werte eines Intervalls annehmen kann. Ein wertdiskretes Signal liegt vor, wenn der Signalparameter nur endlich viele verschiedene Werte annehmen kann.

Ein zeitkontinuierliches Signal liegt vor, wenn der Signalparameter für alle Werte des Zeitbereichs definiert ist. Ein zeitdiskretes Signal liegt vor, wenn der Signalparameter entweder nur zu diskreten Zeitpunkten definiert ist oder sich nur zu diskreten Zeitpunkten ändern kann. Ein zeitgerastertes Signal ist ein zeitdiskretes Signal, bei dem der Signalparameter nur zu äquidistanten Zeitpunkten definiert oder veränderlich ist. Von zeitkontinuierlich zu zeitdiskret gelangt man durch Abtastung, von wertkontinuierlich zu wertdiskret gelangt man durch Quantisierung.

1.2 Signale und Systeme

Der Begriff Digitalsignal wird nachfolgend (etwas einfacher als in den entsprechenden Empfehlungen der ITG) wie folgt definiert: Ein Digitalsignal ist ein wertdiskretes und zeitgerastertes Signal.

Bild 1.5 zeigt Beispiele zu den oben definierten Signalklassen [BERG86]. Im Bild sind oben wertkontinuierliche, unten wertdiskrete Signale dargestellt. Links sind zeitkontinuierliche, rechts zeitdiskrete Signale dargestellt. Das Teilbild unten rechts zeigt ein Digitalsignal (zeitdiskret, wertdiskret) entsprechend obiger Definition.

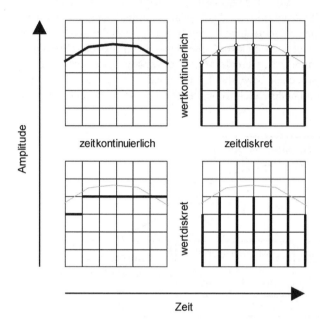

Bild 1.5: Signalklassen.

Signalübertragung

Signalübertragung ist der Transport einer Signal-Zeitfunktion von einem Ursprungsort durch einen (Übertragungs-)Kanal zu einem Zielort. Bei der Signalübertragung wird zwischen folgenden Übertragungsverfahren unterschieden:

- Basisbandübertragung,
- Frequenzversetzte Übertragung.

Basisbandübertragung ist Signalübertragung ohne Modulationsvorgang, frequenzversetzte Übertragung ist Übertragung mit Modulationsvorgang.

Basisbandübertragung

Basisbandübertragung ist Signalübertragung in der originalen Frequenzlage: Das Signal wird ohne Frequenzversatz (also ohne Modulation eines Sinusträgers) direkt auf den Übertragungskanal ausgesendet oder vor der Aussendung lediglich linear (durch lineare Filter) geformt. Man spricht auch dann noch von Basisbandübertragung, wenn das Signal vor der Übertragung nichtlinear (durch nichtlineare Kennlinien) geformt wird, falls dabei kein Frequenzversatz in eine völlig andere Frequenzlage erfolgt.

Frequenzversetzte Übertragung

Frequenzversetzte Übertragung liegt vor, wenn keine Basisbandübertragung vorliegt. Frequenzversetzte Übertragung ist Signalübertragung in einer völlig anderen als der originalen Frequenzlage. Die Umsetzung des Signals in die neue Frequenzlage erfolgt dabei durch einen Modulationsvorgang.

Signalbeeinflussung

Bild 1.6 zeigt eine Klassifizierung von Signalbeeinflussungs-Effekten bei der elektrischen Übertragungstechnik. Bei der Signalübertragung wird das Signal beeinflusst durch Verzerrungen und Störungen. Bei den Verzerrungen unterscheidet man lineare und nichtlineare Verzerrungen. Bei den Störungen unterscheidet man elektromagnetische Beeinflussung (Fremdstörung) und Wärmerauschen (Eigenstörung). Störsignale von Übertragungssystemen innerhalb desselben Kabels werden als Nebensprechen bezeichnet. Störsignale von außen sind durch Funksysteme, Energieverteilsysteme und andere elektromagnetische Umweltvorgänge bewirkt.

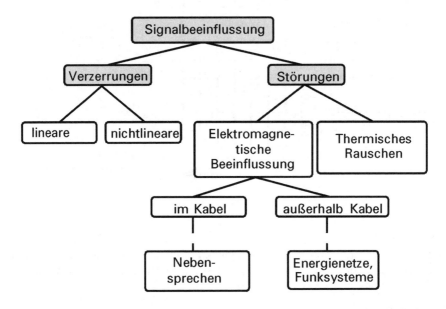

Bild 1.6: Klassifizierung der Signalbeeinflussungseffekte.

1.2.2 Definitionen zu Systemen

Lineare Systeme

Ein System heißt linear, wenn der Überlagerungssatz (das Superpositions-Prinzip) gilt. Ein System heißt zeitinvariant, wenn seine Impulsantwort unabhängig von einer Verschiebung des Zeitnullpunkts stets gleich ist. Lineare, zeitinvariante Systeme werden als LTI-Systeme (Linear Time Invariant Systems) bezeichnet.

1.2 Signale und Systeme

LTI-Systeme werden im Zeitbereich vollständig durch ihre reelle Impulsantwort h(t) beschrieben, im Frequenzbereich vollständig durch ihre (im allgemeinen) komplexe Übertragungsfunktion $\underline{H}$(f). Dabei ist $\underline{H}$(f) die Fouriertransformierte der reellwertigen Impulsantwort h(t). Für eine reelle Impulsantwort ergeben sich bestimmte Symmetrie-Eigenschaften der komplexen Übertragungsfunktion, hierzu wird auf den Anhang A (Fourier-Transformation) verwiesen.

$\underline{H}(f) := \underline{U}_2(f) / \underline{U}_1(f) = H(f) \cdot e^{j\varphi(f)}$; $H(f) = abs[\underline{H}(f)]$; $\varphi(f) = arg[\underline{H}(f)]$;

$\underline{H}(f) = FT\{h(t)\}$

$\underline{U}_1(f)$ Frequenzspektrum der Eingangsspannung;
$\underline{U}_2(f)$ Frequenzspektrum der Ausgangsspannung;
$\underline{H}(f)$ Komplexe Übertragungsfunktion;
h(t)   Relle Impulsantwort;
FT   Fourier-Transformation;

Nichtlineare Systeme

Nichtlineare Systeme sind Systeme, die „nicht linear" sind. Für diese Systeme gilt der Überlagerungssatz nicht. Sie können deshalb auch nicht im Frequenzbereich behandelt werden, sondern nur im Zeitbereich. Beispielsweise sind alle Systeme nichtlinear, die eine nichtlineare Eingangsspannungs- zu Ausgangsspannungs-Kennlinie haben. Nichtlineare Verzerrungen entstehen dadurch, dass Zeitfunktionen mit verschiedener Amplitude verschieden übertragen werden. Im Frequenzbereich sind nichtlineare Systeme daran erkennbar, dass im Frequenzspektrum des Ausgangssignals Frequenzen auftreten, die im Frequenzspektrum des Eingangssignals nicht vorhanden waren. Nichtlineare Verzerrungen von „fast linearen" Systemen werden durch den Klirrfaktor gekennzeichnet.

Nachfolgend werden nur lineare, zeitinvariante, bandbegrenzte Systeme betrachtet. Die einseitige Bandbreite eines Systems (nachfolgend auch als Übertragungskanal bezeichnet) wird mit f_k bezeichnet.

Klassifizierung bandbegrenzter Übertragungskanäle

Theoretische Hochpass-Kanäle sind nicht bandbegrenzt und werden nachfolgend nicht weiter betrachtet. Nachfolgend wird die untere Grenzfrequenz eines Übertragungskanals mit f_u, die obere Grenzfrequenz mit f_o, die nutzbare einseitige Bandbreite mit $f_k = f_o - f_u$ bezeichnet. Bei der Angabe von Grenzfrequenzen ist stets zu beachten, nach welcher Definition (3 dB, 6 dB, 20 dB usw.) diese bestimmt wurden, entsprechendes gilt für die Bandbreite als Differenz zweier Grenzfrequenzen.

Bandbegrenzte Übertragungskanäle können klassifiziert werden (siehe Bild 1.7) in Tiefpass-Kanäle (gekennzeichnet durch $f_u = 0$, $f_o > f_u$) und Bandpass-Kanäle (gekennzeichnet durch $f_u > 0$, $f_o > f_u$). Bei Bandpass-Kanälen wird weiter unterschieden zwischen Breitband-Typ (mit $f_o/f_u \gg 1$) und Schmalband-Typ (mit $f_o/f_u \approx 1$).

Bild 1.8 zeigt den idealisierten Amplitudengang eines Tiefpass-Kanals, eines Schmalbandtyp-Bandpass-Kanals und eines Breitbandtyp-Bandpass-Kanals. Die absolute Kanalbandbreite f_k ist in allen dargestellten Fällen gleich groß.

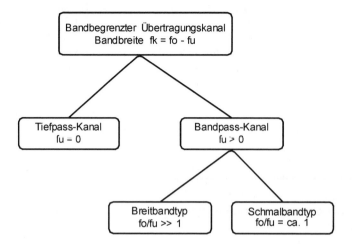

Bild 1.7: Klassifizierung bandbegrenzter Übertragungskanäle.
f_u untere Grenzfrequenz; f_o obere Grenzfrequenz; $f_k = f_o - f_u$ Kanalbandbreite;

Reale Übertragungskanäle

Jede reale, elektrische oder optische Leitung ist im Prinzip ein Tiefpass-Kanal. Jede elektrische Leitung mit Eingangs- und Ausgangsübertrager ist ein Breitbandtyp-Bandpass-Kanal. Jeder Funkkanal ist ein Schmalbandtyp-Bandpass-Kanal.

Digitalsignale sind Tiefpass-Signale oder Breitbandtyp-Bandpass-Signale, dies ergibt sich aus der Form der Leistungsdichtespektren (wird erst später definiert) der verwendeten Übertragungscodes. Digitalsignale werden deshalb über elektrische oder optische Leitungen in ihrer originalen Frequenzlage (Basisbandübertragung, kein Modulationsvorgang) übertragen.

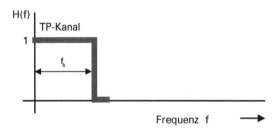

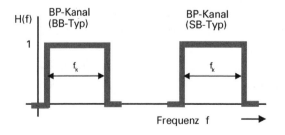

Bild 1.8:
(Einseitiger) Amplitudengang idealisierter Übertragungskanäle.
$H(f) := abs[\underline{U}_2(f)/\underline{U}_1(f)]$;
TP Tiefpass;
BP Bandpass;
BB Breitbandtyp ($f_o/f_u \gg 1$);
SB Schmalbandtyp ($f_o/f_u \approx 1$);

Nachfolgend wird ausschließlich die Basisbandübertragung von Digitalsignalen behandelt. Die frequenzversetzte Übertragung von Digitalsignalen (mit zusätzlichem Modulationsvorgang, beispielsweise AM, PM, FM) wird hier nicht behandelt. Hierzu wird auf [GERD96, GOEB99, WEID02] verwiesen.

1.3 Verzerrungsfreie Signalübertragung

Verzerrungsfreie Signalübertragung: Definition im Zeitbereich

Verzerrungsfreie Signalübertragung (formgetreue Signalübertragung) liegt vor, wenn zwischen Eingangs- und Ausgangssignal im Zeitbereich folgender Zusammenhang besteht:

$$u_2(t) = K \cdot u_1(t-t_0); \qquad t_0 \geq 0; \qquad K \neq 0;$$

Bei verzerrungsfreier Signalübertragung ist das Ausgangssignal gleich dem Eingangssignal ($K = 1$, $t_0 = 0$) oder das Ausgangssignal ist ein verzögertes, formgetreues Abbild des Eingangssignals ($K \neq 0$, $t_0 > 0$). Wenn obige Bedingung nicht erfüllt ist, liegen Verzerrungen vor. Für lineare Systeme kann diese Zeitbereichs-Bedingung auch für den Frequenzbereich formuliert werden.

Verzerrungsfreie Signalübertragung: Definition im Frequenzbereich

Die Fourier-Transformation dieser Zeitbereichs-Bedingung liefert im Frequenzbereich (mit $\omega = 2 \cdot \pi \cdot f$):

$$\underline{U}_2(f) = K \cdot \underline{U}_1(f) \cdot e^{-j \cdot \omega \cdot t_0}$$

$$\underline{H}(f) = \frac{\underline{U}_2(f)}{\underline{U}_1(f)} = K \cdot e^{-j \cdot \omega \cdot t_0} = e^{-[a(f)+j \cdot b(f)]} = H(f) \cdot e^{+j \cdot \varphi(f)}$$

Dabei ist $\underline{g}(f) = a(f) + jb(f)$ das komplexe Übertragungsmaß. Daraus folgt für das Dämpfungsmaß $a(f)$ und das Phasenmaß $b(f)$ eines verzerrungsfreien Systems:

$$a(f) = -\text{ld}(K) = a_0; \qquad b(f) = +\omega \cdot t_0 = +2 \cdot \pi \cdot f \cdot t_0 = -\varphi(f);$$

Die Konstante a_0 ist die frequenzunabhängige Dämpfung in Neper, die Konstante t_0 die frequenzunabhängige Phasenlaufzeit $t_{ph} = b/\omega$ des verzerrungsfreien Übertragungssystems. Zu beachten ist, dass entsprechend obiger Ableitung das Phasenmaß b (zu unterscheiden vom Phasenwinkel $\varphi = -b$ des komplexen Übertragungsfaktors $\underline{H}$) eines verzerrungsfreien Übertragungssystems frequenzproportional sein muss. Daraus folgt, dass ein absolut verzerrungsfreies Übertragungssystem eine konstante Phasenlaufzeit t_{ph} und eine konstante Gruppenlaufzeit t_g aufweisen muss:

$$t_{ph}(f) = \frac{b}{\omega} = \frac{1}{2\pi} \cdot \frac{b(f)}{f} = t_0 = \text{konstant};$$

$$t_g(f) = \frac{db}{d\omega} = \frac{1}{2\pi} \cdot \frac{db(f)}{df} = t_0 = \text{konstant};$$

Für eine exakt verzerrungsfreie Übertragung ist konstante Phasenlaufzeit (dies ergibt auch konstante Gruppenlaufzeit) für den gesamten Signal-Frequenzbereich erforderlich. Für die verzerrungsfreie Übertragung der Hüllkurve von modulierten Signalen ist konstante Gruppenlaufzeit im Modulationsband ausreichend. Bild 1.9 zeigt den erforderlichen Verlauf von Dämpfungsmaß a und Phasenmaß b eines exakt verzerrungsfreien Übertragungssystems in Abhängigkeit von der Frequenz.

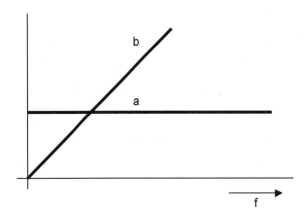

Bild 1.9:
Bedingungen für verzerrungsfreie Signalübertragung.
Dämpfung a konstant,
Phasenmaß b frequenzproportional
(und somit Phasenlaufzeit konstant).

Lineare Verzerrungen

Lineare Verzerrungen eines linearen Systems liegen vor, wenn mindestens eine der beiden Bedingungen für verzerrungsfreie Übertragung im Frequenzbereich nicht erfüllt ist. Man unterscheidet (mit $\omega = 2 \cdot \pi \cdot f$):

$a(f) \neq a_0;$ Dämpfungsverzerrungen;
$b(f) \neq \omega \cdot t_0;$ Phasenverzerrungen (Laufzeitverzerrungen);

Lineare Verzerrungen entstehen durch unterschiedliche Dämpfung (Dämpfungsverzerrung) oder unterschiedliche Laufzeit (Laufzeitverzerrung, Phasenverzerrung) der im Signal enthaltenen Teilschwingungen. Lineare Verzerrungen können durch Entzerrer-Schaltungen (weitgehend) rückgängig gemacht werden.

Dämpfung und Pegel

Das in diesem Kapitel verwendete Dämpfungsmaß a ergibt sich messtechnisch als Differenz zweier (absoluter oder relativer) Pegelwerte. Die Grundlagen der Pegelrechnung sind im Anhang D zusammen gestellt. Für die messtechnische Praxis sind die dort enthaltenen Definitionen und Ableitungen zwingend erforderlich. Die im Anhang D dargestellten Grundkenntnisse der Pegelrechnung werden nachfolgend als bekannt vorausgesetzt.

Literaturhinweise

Für eine weitergehende Einarbeitung in die Themenbereiche Signale und Systeme wird bezüglich der mathematischen Grundlagen auf [MARK95, KLIN01, STIN99], bezüglich der nachrichtentechnischen Grundlagen auf [MARK95, MILD97, MILD99, GOEB99, WERN00, WEID02] verwiesen.

Grundlagen der Wahrscheinlichkeitsrechnung

Für die folgenden Kapitel werden grundlegende Kenntnisse der Wahrscheinlichkeitsrechnung sowie die Kenntnis der Binomialverteilung vorausgesetzt. Zur Einarbeitung in dieses Themengebiet oder zur Auffrischung verschütteter Kenntnisse wird auf [WEBE92, STIN99, ENSC99, PAPU01] verwiesen. Der Leser sollte sich insbesondere mit den Begriffen Wahrscheinlichkeit, bedingte Wahrscheinlichkeit (und damit zusammen hängend statistische Abhängigkeit und Unabhängigkeit von Zufalls-Ereignissen), Zufallsgröße, Erwartungswert (wird sehr häufig gebraucht), Wahrscheinlichkeitsfunktion vertraut machen.

1.4 Übungen

1) Nennen Sie die Definitionen für Nachricht, Information, Signal, Nutzsignal, Störsignal.

2) Beschreiben Sie kurz die Aufgabe der Nachrichtentechnik! Beschreiben und skizzieren Sie das Blockschema der Nachrichtenübertragung!

3) Beschreiben Sie die Funktion der Nachrichtenquelle! Welche Eigenschaft der Nachrichtenquelle bedingt, dass die erzeugte Nachricht Information enthält?

4) Ein Zeichen (oder ein Zeichenanteil) einer Nachricht kann sein: Relevant, irrelevant, redundant, nicht redundant. Nennen Sie jeweils die deutsche Bedeutung dieser Begriffe! Welcher Anteil einer Nachricht ist interessant, welcher ist nicht interessant? Erklären Sie diese Begriffe an einem Beispiel!

5) Nennen Sie die Aufgaben von Quellen-Encoder, Kanal-Encoder, Leitungs-Encoder.

6) Welche Teilfunktionen realisiert der Kanal? Welche Teilfunktionen des Kanals sind erwünscht, welche nicht? Welche Teilblöcke eines realen Übertragungssystems sind im Funktionsblock Nachrichtenkanal (Kanal) enthalten?

7) Welcher Zusammenhang (grobe Beschreibung, keine Formel) besteht zwischen der Wahrscheinlichkeit einer Nachricht und ihrem Informationsgehalt?

8) Nennen Sie die Definition zu Signal! Nach welchen Kriterien klassifiziert man Signale? Welche Signalklassen gibt es? Nennen Sie die verwendete Definition zu Digitalsignal!

9) Definieren Sie Basisbandübertragung und frequenzversetzte Übertragung! Welche Effekte beeinflussen die Signalübertragung? Klassifizieren Sie die Signalbeeinflussungs-Effekte!

10) Welche Eigenschaft kennzeichnet ein lineares System? Welche Konsequenz hat dies für die Analyse im Frequenzbereich?

11) Definieren Sie LTI-System! Wie kann ein LTI-System im Zeitbereich eindeutig beschrieben werden? Wie kann ein LTI-System im Frequenzbereich eindeutig beschrieben werden?

12) Welche Eigenschaft kennzeichnet ein nichtlineares System? Welche Konsequenz hat dies für die Analyse im Frequenzbereich?

13) Nennen Sie die Grundtypen idealisierter Übertragungskanäle! Welcher Grundtyp eignet sich für die Basisbandübertragung? Zu welchem Grundtyp gehören elektrische Leitungen? Welchen Einfluss haben Eingangs- und Ausgangs-Übertrager? Zu welchem Grundtyp gehören Funk-Übertragungssysteme?

14) Welche Eigenschaft kennzeichnet einen Schmalbandtyp-Übertragungskanal? Welche Eigenschaft kennzeichnet einen Breitbandtyp-Übertragungskanal? Welcher Zusammenhang besteht zwischen diesen Typen und der absoluten Bandbreite?

15) Definieren Sie verzerrungsfreie Übertragung im Zeitbereich! Welche Bedingungen folgen daraus für den Frequenzbereich? Wann liegen lineare Verzerrungen vor? Wie können lineare Verzerrungen klassifiziert werden?

2 Digitalsignal-Eigenschaften

2.1 Digitalsignal-Kennwerte

Ein Digitalsignal ist ein wertdiskretes und zeitgerastertes Signal. Wertdiskret bedeutet, dass nur endlich viele unterschiedliche Amplitudenwerte möglich sind. Zeitgerastert bedeutet, dass nur zu äquidistanten (gleichabständigen) Zeitpunkten ein neuer Amplitudenwert möglich ist. Nachfolgend werden vorwiegend elektrische Digitalsignale betrachtet, die Amplitudenwerte sind dann elektrische Spannungen.

Bild 2.1 stellt zwei Digitalsignale entsprechend obiger Definition dar. Im allgemeinen Fall (linkes Teilbild) liegt eine zeitlich äquidistante Folge von Elementarimpulsen mit b möglichen Amplitudenwerten vor, hier als Dirac-Impulse (der Ordinatenwert entspricht dann der Impulsfläche der Dirac-Impulse) dargestellt. Werden Rechteck-Impulse mit einer Impulsdauer gleich der Zeitrasterdauer verwendet, ergibt sich ein Treppenspannungs-Digitalsignal (rechtes Teilbild). Das Treppenspannungs-Digitalsignal kann mathematisch (nicht als technische Realisierung) aus der Dirac-Impulsfolge durch einen Spalt-Tiefpass (dessen Ausgangs-Impulsbreite gleich der Zeitrasterdauer ist) abgeleitet werden.

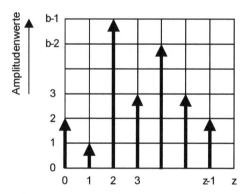
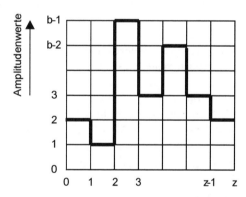

Bild 2.1: Digitalsignal.
Links: Signalparameter ist nur zu diskreten Zeitpunkten definiert!
Rechts: Signalparameter ändert sich nur zu diskreten Zeitpunkten!

Treppenspannungs-Digitalsignal

Ein allgemeines Treppenspannungs-Digitalsignal hat b äquidistante (gleichabständige) Spannungswerte mit der Spannungsdifferenz Δu. Die Spannungsdifferenz Δu wird als Stufenhöhe des Digitalsignals bezeichnet. Der Spannungswert kann sich nur zu äquidistanten (gleichabständigen) Zeitpunkten $k \cdot T$ (mit ganzzahligem k) ändern. Der Zeitabstand T wird als Schrittdauer des Digitalsignal bezeichnet. Die Schrittgeschwindigkeit des Digitalsignals ist die Anzahl der Schritte je Zeiteinheit. Nachfolgend werden diese Begriffe genauer definiert. Dabei wird vorausgesetzt, dass die möglichen Spannungswerte u_i zufällig mit den Wahrscheinlichkeiten p_i (mit i = 1, 2, .., b) auftreten.

Digitalsignal-Kennwerte

Zur Einarbeitung in die Grundzüge der Signaltheorie wird auf [STRU82] verwiesen, die Eigenschaften von Digitalsignalen sind in [LOCH95] dargestellt.

Schrittdauer T
Die Schrittdauer T eines Digitalsignals ist der zeitliche Nennabstand der Signalelemente. Die Schrittdauer hat nichts zu tun mit der Impulsdauer der verwendeten Impulse, letztere kann beliebige Werte von 0 bis T annehmen.

Schrittgeschwindigkeit v
Die Schrittgeschwindigkeit v ist der Kehrwert der Schrittdauer T und somit gleich der Anzahl der Signal-Schritte pro Zeiteinheit.

$$v := 1/T; \quad [bd];$$

Die Schrittgeschwindigkeit hat die Dimension 1/Zeit, die physikalische Einheit 1/s und erhält die Pseudoeinheit [bd] als Abkürzung für baud zugeordnet. Diese Pseudoeinheit wurde zur Erinnerung an den Franzosen Baudot gewählt, einem Begründer der Telegrafentechnik.

Stufenhöhe Δu
Als Stufenhöhe Δu bezeichnet man den Spannungsunterschied zwischen benachbarten, gleichabständigen Spannungswerten.

Signalhub u_{ss}
Als Signalhub u_{ss} bezeichnet man den Spannungsbereich, der vom Signal benutzt wird. Der Signalhub wird auch Aussteuerbereich des Signals genannt.

$$u_{ss} := u_{max} - u_{min} = (b-1) \cdot \Delta u;$$

Gleichanteil u_g
Als Gleichanteil bezeichnet man den Langzeit-Mittelwert des Signals. Bei einem zufälligen Digitalsignal kann der Langzeit-Mittelwert als Erwartungswert (EW) der Digitalsignal-Amplitudenwerte berechnet werden:

$$u_g := EW[u_i] = \sum_{(i)} u_i \cdot p_i ;$$

Die Kurzschreibweise (i) unter dem Summenzeichen bedeutet, dass die Summation über alle zulässigen Werte des Indizes i durchzuführen ist, hier also i = 1, 2, ... b. Beim Gleichanteil sind Amplitude und Effektivwert identisch.

2.1 Digitalsignal-Kennwerte

Gesamt-Effektivwert u_{eff}

Der Gesamt-Effektivwert entspricht derjenigen Gleichspannung, welche an einem ohmschen Widerstand die selbe Leistung wie das betrachtete Signal erzeugt.

$$u_{eff}^2 = EW[u_i^2] = \sum_{(i)} u_i^2 \cdot p_i$$

Scheitelwert u_s

Der Scheitelwert ist definiert als Maximalwert des Signalbetrags.

$$u_s := \max_{(i)} [abs(u_i)];$$

Diese Definition ergibt auch für solche Signale sinnvolle Ergebnisse, deren negativster Momentanwert betragsmäßig größer ist als der positivste Momentanwert. Die häufig verwendete Definition $u_s = u_{max}$ liefert dann falsche Werte, da das mathematische Maximum der positivste Signalwert ist.

Scheitelfaktor K

Der Scheitelfaktor K (auch als crest-Faktor bezeichnet) ist definiert als Quotient von Scheitelwert und Effektivwert:

$K := u_s / u_{eff}$;

Bei Gleichspannung (oder bei einem bipolaren Rechtecksignal) ist K = 1, bei Sinusspannung ist K = 1.414. Bei amplitudenbegrenzten Zufallssignalen mit $u_{max} = |u_{min}| = u_{ss}/2$ folgt als Scheitelfaktor $K = (u_{ss}/2) / u_{eff} = u_{ss} / (2 \cdot u_{eff})$;

Signal-Wechselanteil

Der Wechselanteil eines Signals ergibt sich aus der Signal-Zeitfunktion durch Subtraktion des Gleichanteils. Der Wechselanteil ist eine Signal-Zeitfunktion mit Gleichanteil 0.

$u_w(t) := u(t) - u_g$;

$$EW[u_w] = \sum_{(i)} u_{w,i} \cdot p_i = \sum_{(i)} (u_i - u_g) \cdot p_i = \sum_{(i)} u_i \cdot p_i - u_g \cdot \sum_{(i)} p_i = u_g - u_g = 0;$$

Zusammenhang zwischen Gesamt-, Gleich- und Wechselleistung

Zwischen Gesamt-Effektivwert u_{eff}, Wechsel-Effektivwert $u_{eff,w}$ und Gleichanteil u_g eines Signals besteht nachfolgender Zusammenhang (welcher für deterministische Signale bereits aus der Fourier-Analyse bekannt ist):

$$\boxed{u_{eff}^2 = u_g^2 + u_{eff,w}^2;}$$

Beweis:

$$u_{eff}^2 = EW[(u_g + u_{w,i})^2] = \sum_{(i)} (u_g^2 + 2 \cdot u_g \cdot u_{w,i} + u_{w,i}^2) \cdot p_i$$

$$= u_g^2 \cdot \sum_{(i)} p_i + 2 \cdot u_g \cdot \sum_{(i)} u_{w,i} \cdot p_i + \sum_{(i)} u_{w,i}^2 \cdot p_i$$

$$= u_g^2 \cdot 1 \quad + 2 \cdot u_g \cdot 0 \quad + u_{w,eff}^2$$

Durch Übergang zu den Leistungswerten kann diese Aussage wie folgt formuliert werden:

> Gesamt-Leistung = Gleich-Leistung + Wechsel-Leistung;

Bild 2.2 veranschaulicht den Zusammenhang zwischen den Teil-Effektivwerten (für Gleichanteil und Wechselanteil) und dem Gesamt-Effektivwert in geometrischer Form.

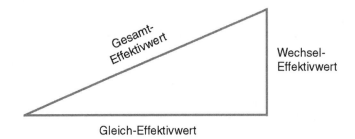

Bild 2.2: Zusammenhang zwischen Gesamt-Effektivwert, Gleich-Effektivwert und Wechsel-Effektivwert. u_{eff} Gesamt-Effektivwert; u_g Gleich-Effektivwert = Gleichanteil; $u_{w,eff}$ Wechsel-Effektivwert;

Beispiel 2.1

Gegeben:
Die möglichen Spannungswerte -1V, 0V, +1V eines dreiwertigen Digitalsignals mit der Schrittdauer 1 ms treten mit den Wahrscheinlichkeiten 0.4, 0.4, 0.2 auf.

Gesucht:
Schrittgeschwindigkeit, Stufenhöhe, Signalhub, Gleichanteil, Gesamt-Effektivwert, Scheitelfaktor, Wechsel-Effektivwert, Wechselanteil des Signals!

Lösung:

Schrittgeschwindigkeit $\quad v = 1/T = 1/(1ms) = 1000\ bd = 1\ kbd;$

Stufenhöhe $\quad \Delta u = 1V;$

Signalhub
(hier Spannungshub) $\quad u_{ss} = +1V - (-1V) = 2V;$

Gleichanteil $\quad u_g = \sum_{(i)} u_i \cdot p_i = (-0.4 + 0 + 0.2)\ V = -0.2\ V;$

Gesamt-Effektivwert	$u_{eff}^2 = \sum_{(i)} u_i^2 \cdot p_i = (1 \cdot 0.4 + 0 + 1 \cdot 0.2)\, V^2 = 0.6\, V^2;$
	$u_{eff} = 0.775\, V;$
Scheitelfaktor	$K = 1/0.775 = 1.29;$
Wechsel-Effektivwert	$u_{w,eff}^2 = u_{eff}^2 - u_g^2 = (0.6 - 0.04)\, V^2 = 0.56\, V^2;$
	$u_{w,eff} = 0.748\, V;$
Wechselanteil (Zeitfunktion mit Gleichanteil 0)	$u_w(t) = u(t) - u_g = u(t) - (-0.2\,V) = u(t) + 0.2\,V;$

2.2 Digitalsignal-Störunterdrückung

Prinzip

Beim Empfang eines Digitalsignals kann auch dann noch richtig entschieden (auf den richtigen, gesendeten Spannungswert geschlossen) werden, wenn dem Digitalsignal kleine Störsignale überlagert sind. Kleine Störsignale werden bei korrekter Entscheidung vollständig aus dem Signal entfernt. Dieser wesentliche Vorteil der Digitalsignal-Übertragung gegenüber der Analogsignal-Übertragung wird als Stör(signal)unterdrückung bzw. Stör(signal)befreiung bezeichnet. Die Störsignalunterdrückung ist der wichtigste Vorteil der digitalen Übertragungstechnik gegenüber der analogen Übertragungstechnik.

Abtast-Entscheider

Die einfachste Entscheiderschaltung ist der Abtastentscheider. Dieser tastet das Digitalsignal in Schrittmitte ab (Entscheidungszeitpunkt). Durch Vergleich des Abtastwertes mit abgespeicherten Amplitudenwerten (Entscheidungsschwellen) entscheidet er über den ausgangsseitig abzugebenden Amplitudenwert. Nur die momentane Störsignalamplitude zum Abtastzeitpunkt ist für die Sicherheit dieser Entscheidung maßgebend.

Bild 2.3 zeigt schematisch (für b = 5) die Abtast-Entscheidung für ein b-wertiges Digitalsignal mit dem Signalhub $u_{ss} = (b-1) \cdot \Delta u$ und der Schrittdauer T. Die (b-1) Entscheiderschwellen liegen mittig zwischen den Amplitudenwerten des Digitalsignals. Liegt der empfangene Abtastwert zwischen zwei Entscheidungsschwellen, wird auf den eingeschlossenen Amplitudenwert entschieden. Ist der Abtastwert kleiner als die kleinste (größer als die größte) Entscheiderschwelle, wird auf den kleinsten (auf den größten) Amplitudenwert entschieden. Dadurch werden alle Störsignale unterdrückt, welche zum Abtastzeitpunkt betragsmäßig kleiner als die halbe Stufenhöhe des Digitalsignals sind. Für ein bandbegrenztes, gestörtes Empfangssignal (in Bild 2.3 als dicke, strichlierte Linie dargestellt) ergeben sich die selben Abtastwerte wie für das ideale, ungestörte Rechtecksignal.

Störunterdrückung des Abtast-Entscheiders

Bei einem b-wertigen Digitalsignal mit dem Signalhub u_{ss} ist die Stufenhöhe des Digitalsignals $\Delta u = u_{ss} / (b-1)$. Somit ist der Scheitelwert der soeben noch unterdrückten Störspannung:

$$\left|u_n\right|_{max} = \frac{\Delta u}{2} = \frac{u_{ss}}{2 \cdot (b-1)} = K_n \cdot u_{n,eff} \; ;$$

Bei vorgegebenem Signalhub u_{ss} ergibt sich die maximale Störunterdrückung bei minimalem b (also bei b=2) und somit beim Binärsignal:

$$\left|u_n\right|_{max} = \frac{u_{ss}}{2} \; .$$

Aus dem oben berechneten maximal zulässigen Scheitelwert des Störsignals folgt unter Verwendung des Scheitelfaktors K_n des Störsignals der maximal zulässige Effektivwert, hieraus ist dann die maximal zulässige Störsignal-Leistung berechenbar.

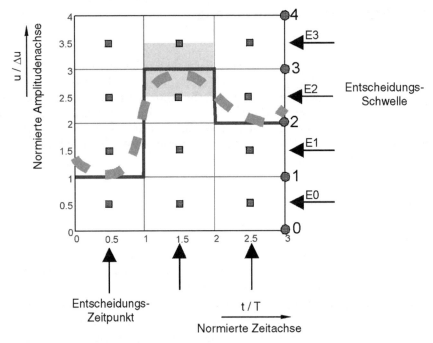

Bild 2.3: Störunterdrückung des Abtastentscheiders.
Entscheidungsschwelle: Mitte zwischen benachbarten Amplitudenwerten;
Entscheidungszeitpunkt: Schrittmitte;

2.3 Digitalsignal-Bandbreitenbedarf

Vorbemerkung

Bei Analogsignal-Übertragungssystemen muss die Signalübertragung (möglichst) verzerrungsfrei erfolgen, damit die Signalform (möglichst) nicht verändert wird. Bei Digitalsignal-Übertragungssystemen muss pro Schrittdauer T nur ein einziger diskreter Amplitudenwert übertragen werden. Eine fehlerfreie Erkennung dieses Amplitudenwerts ist bereits dann möglich,

2.3 Digitalsignal-Bandbreitenbedarf

wenn zum Entscheidungszeitpunkt der empfangene Amplitudenwert innerhalb eines Amplitudenintervalls liegt, siehe Bild 2.3 zum Abtastentscheider. Signalform-Verzerrungen und zusätzliche Störungen sind deshalb zulässig, so weit diese Bedingung nicht verletzt wird. Nachfolgend wird zunächst die Übertragung von Dirac-Impulsen über ein Ideales Tiefpass-Übertragungssystem analysiert [GERD96, LOCH95].

Frequenzgang des Idealen Tiefpasses

Der komplexe Frequenzgang eines Idealen Tiefpasses (Küpfmüller-Tiefpass, Rechteck-Tiefpass) ist wie folgt definiert (zur rect-Funktion siehe Anhang A):

$$\underline{H}(f) := \operatorname{rect}[f/(2 \cdot f_g)] = 1; \quad |f| < f_g;$$
$$= 0.5; \quad |f| = f_g$$
$$= 0; \quad |f| > f_g;$$

Der komplexe Frequenzgang ist reellwertig definiert. Somit hat der Amplitudengang exakt denselben Verlauf und das Phasenmaß b(f) ergibt sich zu b = 0. Die Phasenlaufzeit t_{ph} und die Gruppenlaufzeit t_g sind damit ebenfalls identisch gleich 0. Der ideale Tiefpass ist ein idealisiertes Modell-Übertragungssystem, welches eine einfache Berechnung von prinzipiellen Grenzen der Digitalsignal-Übertragung ermöglicht.

Bild 2.4 zeigt den einseitigen Amplitudengang des Idealen Tiefpasses (Küpfmüller-Tiefpass, Rechteck-Tiefpass) und den einseitigen Amplitudengang des später verwendeten cos-roll-off-Tiefpasses (raised cosine characteristic). Der Ideale Tiefpass kann als Sonderfall des cos-roll-off-Tiefpasses mit dem roll-off-Parameter r = 0 aufgefasst werden. Zunächst wird nur der Ideale Tiefpass betrachtet.

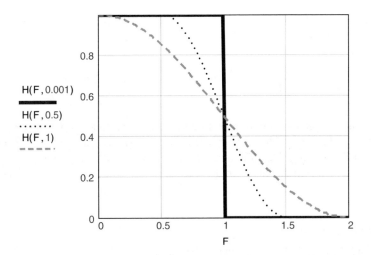

Bild 2.4: Einseitiger Amplitudengang für Idealen Tiefpass und Cos-Roll-Off-Tiefpass. Amplitudengang H(F, r); $F := f / f_g$ normierte Frequenz; f_g Eckfrequenz (6-dB-Grenzfrequenz); r roll-off-Faktor ($0 \leq r \leq 1$);

Impulsantwort des Idealen Tiefpasses

Im Anhang A sind die Grundlagen der Fourier-Transformation dargestellt. Unter Verwendung des dort abgeleiteten Transformationspaars [sinc(t), rect(f)] und des dort abgeleiteten Ähnlichkeitssatzes kann die Impulsantwort eines Idealen Tiefpass-Übertragungssystems in zwei kurzen Rechenschritten ermittelt werden. Nachfolgend wird ohne Rückgriff auf diese Vorkenntnisse die Impulsantwort durch direkte Anwendung des Fourier-Integrals noch einmal berechnet.

Durch Anwendung der Fourier-Transformation (FT) und der Inversen Fourier-Transformation (IFT) ergibt sich die Impulsantwort eines Idealen Tiefpass-Übertragungssystems mit folgendem Rechengang:

Eingangszeitfunktion:	$1[Vs] \cdot \delta(t) = \delta(t)$;
Eingangsspektrum:	$FT[\delta(t)] = 1$;
Komplexer Frequenzgang des Tiefpasses:	$\underline{H}(f)$;
Ausgangsspektrum:	$1[Vs] \cdot \underline{H}(f)$;
Ausgangszeitfunktion:	$IFT[1 \cdot \underline{H}(f)] = h(t)$;

Die Durchführung der inversen Fouriertransformation ergibt (mit $\omega = 2\pi f$):

$$h(t) = IFT[1 \cdot \underline{H}(f)] = \int_{-\infty}^{+\infty} \underline{H}(f) \cdot e^{j\omega t} df = \int_{-f_g}^{+f_g} 1 \cdot e^{j\omega t} df =$$

$$= \left[\frac{e^{j2\pi ft}}{j2\pi t} \right]_{-f_g}^{+f_g} = \frac{e^{j2\pi f_g t} - e^{-j2\pi f_g t}}{j2\pi t} = (2 \cdot f_g) \cdot \frac{\sin(2\pi f_g t)}{(2\pi f_g t)}$$

Mit der si-Funktion $si(x) := \sin(x)/x$ oder der sinc-Funktion $sinc(x) := si(\pi \cdot x)$ und der Abkürzung $T := (1/2 \cdot f_g)$ ergibt sich für die Impulsantwort $h(t)$:

$$h(t) = \frac{1}{T} \cdot sinc\left(\frac{t}{T}\right) = \frac{1}{T} \cdot si\left(\pi \cdot \frac{t}{T}\right); \qquad \text{mit} \quad T := \frac{1}{2 \cdot f_g};$$

Zur reellen geraden Frequenzfunktion (dem zweiseitigen rect-Frequenzgang) ergibt sich eine reelle gerade Zeitfunktion (die sinc-Impulsantwort), siehe Zuordnungssatz der Fourier-Transformation im Anhang. Der Maximalwert ($2 \cdot f_g = 1/T$) der Impulsantwort ist gleich der vom zweiseitigen Amplitudengang im Frequenzbereich eingeschlossenen Fläche (Höhe 1, Breite $2 \cdot f_g$).

Normierte Impulsantwort

Nachfolgend wird folgende Normierung durchgeführt:

Amplitudennormierung: $\quad y = h(t) / h_{max}$; $\qquad$ mit $h_{max} = (2 \cdot f_g) = 1/T$;
Zeitnormierung: $\quad x = t/T$;

2.3 Digitalsignal-Bandbreitenbedarf

Es ergibt sich dann die einfach zu merkende normierte Impulsantwort:

$$y(x) = \text{sinc}(x);$$

Bild 2.5 zeigt den Verlauf der sinc(x)-Funktion. Wesentlich ist folgende Eigenschaft:

$y(x) = \text{sinc}(x)\quad = 1;\quad$ für $\quad x = 0;$
$\phantom{y(x) = \text{sinc}(x)\quad} = 0;\quad$ für $\quad x = k;\quad k \neq 0;\quad k$ ganzzahlig;

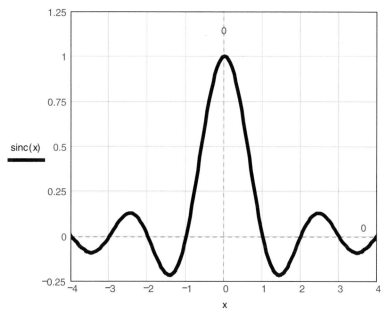

Bild 2.5: sinc(x)-Funktion.
$\text{sinc}(x) := \text{si}(\pi \cdot x) := \sin(\pi \cdot x) / (\pi \cdot x);$

Die sinc-Funktion hat bei $x = 0$ den Maximalwert 1, bei allen übrigen ganzzahligen Werten von x hat sie eine Nullstelle. Der maximale Überschwinger ist mit etwa 22% der Impulsamplitude sehr groß. Die Vor- und Nachschwinger gehen nur sehr langsam mit $1/|x|$ gegen 0. Für die reale Impulsantwort folgt daraus: Die Impulsantwort des Idealen Tiefpasses mit der Grenzfrequenz f_g hat bei $t = 0$ den Maximalwert $h_{max} = (2 \cdot f_g) = 1/T$ und bei allen sonstigen ganzzahligen Vielfachen von T eine Nullstelle. Der maximale Impuls-Überschwinger beträgt rund 22% der Impulsamplitude unabhängig von der Bandbreite des Idealen Tiefpasses. Beispielsweise würde auch bei bei n-facher Bandbreite (n = 2, 3, ..) die Höhe des Überschwingers immer gleich bleiben.

Bei einem linearen System gilt das Superpositionsprinzip. Auf eine Sequenz von Eingangs-Impulsen antwortet das System mit der zugehörigen Sequenz von ausgangsseitigen Impuls-Antworten, welche sich zur resultierenden Ausgangs-Zeitfunktion überlagern. Wenn die Eingangs-Impulse einen geeigneten Zeitabstand (also eine geeignete Schrittdauer) aufweisen, erfolgt die Überlagerung derart, dass keine Nachbarsymbol-Beeinflussung vorliegt.

Keine Nachbarsymbol-Beeinflussung bei richtiger Digitalsignal-Schrittdauer

Wird am Eingang eines Idealen-Tiefpass-Übertragungssystems ein Diracimpuls mit dem Impulsmoment (also der Impulsfläche) $u_k \cdot T$ genau zum Rasterzeitpunkt $t_k = k \cdot T$ gesendet (mit T als zeitlichem Abstand der Sende-Impulse) und wird das Ausgangssignal genau zum Rasterzeitpunkt $t_k = k \cdot T$ abtastet, dann wird der zugehörige Abtastwert genau den erwünschten Amplitudenwert $(u_k \cdot T) / T = u_k$ haben. Dirac-Impulse, welche zu anderen (früheren oder späteren) Rasterzeitpunkten t_k gesendet wurden, können diesen Abtastwert nicht beeinflussen. Es tritt keine Nachbarsymbol-Beeinflussung (Inter Symbol Interference, ISI) auf, wenn als Sende-Schrittdauer $T = 1/(2 \cdot f_g)$ gewählt wird.

Beim Idealen-Tiefpass-Übertragungssystem mit der einseitigen Bandbreite f_g tritt bei der Sende-Schrittgeschwindigkeit $v = 2 \cdot f_g$ keine Nachbarsymbol-Beeinflussung auf.

Bild 2.6 zeigt, wie sich drei sinc-Impulse ohne Nachbarsymbol-Beeinflussung (ISI = 0) überlagern. Die sendeseitig ausgewählte Wertefolge ...0011100... ergibt sich bei zeitrichtiger Abtastung fehlerfrei aus dem empfangsseitigen Summensignal.

Hinweis:
Die sinc-Funktion ist eine bandbegrenzte zeitkontinuierliche Elementarfunktion, welche den Aufbau einer bandbegrenzten zeitkontinuierlichen Zeitfunktion aus den zeitdiskreten Abtastwerten der Zeitfunktion ermöglicht (zwischen den Abtastwerten interpoliert). In Bild 2.6 ist dies beispielhaft dargestellt. In späteren Kapiteln wird diese Möglichkeit des Aufbaus einer zeitkontinuierlichen bandbegrenzten Funktion aus ihren zeitdiskreten Abtastwerten angewendet werden.

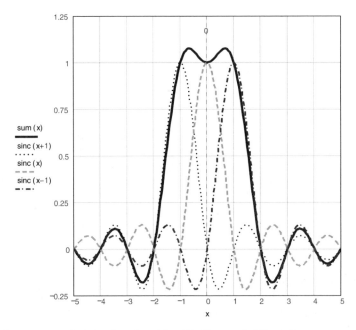

Bild 2.6: Überlagerung von drei sinc-Impulsen ohne Nachbarsymbol-Beeinflussung

2.3 Digitalsignal-Bandbreitenbedarf

Nyquist-Bandbreite

Mit $T = 1/(2 \cdot f_g)$ und $v := 1/T = 2 \cdot f_g$ gilt: Über einen ungestörten Idealen Tiefpass-Kanal mit der Grenzfrequenz f_g können pro Zeiteinheit **genau** $v = 1/T = 2 \cdot f_g$ unabhängige Abtastwerte ohne gegenseitige Beeinflussung übertragen werden. Für die Übertragung von v Abtastwerten pro Zeiteinheit (Schrittgeschwindigkeit v) ohne gegenseitige Beeinflussung wird also mindestens die einseitige Bandbreite $f_g = v/2$ benötigt, diese wird auch als Nyquist-Bandbreite oder Nyquist-Frequenz bezeichnet:

$$f_k = \frac{v}{2} \,;$$

Ein Digitalsignal mit der Schrittgeschwindigkeit v benötigt die einseitige Mindest-Kanalbandbreite v/2, dieser Wert wird als Nyquist-Bandbreite bezeichnet.

Nyquist-Bedingung 1. Art

Die oben diskutierte Eigenschaft der sinc-Funktion (Abtastwerte $y(0) = 1$, $y(k) = 0$ für alle ganzzahligen $k \neq 0$) stellt sicher, dass keine Nachbarsymbol-Beeinflussung auftreten kann. In Kapitel 3 (Nyquist-Bedingungen) wird dies als Nyquist-Bedingung erster Art im Zeitbereich formuliert werden. Jedes Übertragungssystem, dessen Impulsantwort diese Bedingung erfüllt, ermöglicht bei Abwesenheit von Störungen eine fehlerfreie Erkennung (ohne Nachbarsymbol-Beeinflussung) der Signalschritte eines Digitalsignals [GERD96, LOCH95].

Augenmuster (eye pattern)

Das Augenmuster eines zeitlich unbegrenzten Digitalsignals ergibt sich, wenn dessen Signalanteile aus dem k-ten Zeitintervall $[k \cdot T, (k+1) \cdot T]$ für alle ganzzahligen k in das 0-te Zeitintervall $[0, T]$ verschoben (also dort übereinander gezeichnet) werden. Eine Nachbarsymbol-Beeinflussung durch vorherige oder nachfolgende Impulse ist dann optisch sehr einfach zu erkennen. Für eine näherungsweise Berechnung des Augenmusters reicht die Berücksichtigung endlich vieler Zeitintervalle aus (weil die Impuls-Vorläufer und -Nachläufer schnell gegen null gehen). Messtechnisch ergibt sich das Augenmuster, wenn bei Oszilloskop-Darstellung des Digitalsignals bei hoher Nachleuchtdauer mit der Schritt-Taktfrequenz v getriggert wird.

Nachfolgend wird das Augenmuster eines binären Digitalsignals näherungsweise aus wenigen „extremen" Zeitfunktionen des Digitalsignals berechnet. Diese Extremfälle sind dadurch gekennzeichnet sind, dass Zustands-Übergänge schon abgeklungen sind (wie Dauer-1, Dauer-0; dies ergibt dann die äußeren Randlinien des Augenmusters) oder erst eingeleitet wurden (wie eine 1 in 0-Folge, eine 0 in 1-Folge, auch um eine Schrittdauer nach rechts oder links versetzt; dies ergibt dann die inneren Randlinien des Augenmusters).

Bei einer bipolar codierten Binärfolge (jede binäre 0 wird als negativer Dirac-Impuls, jede binäre 1 wird als positiver Dirac-Impuls gesendet) wird das Augenmuster näherungsweise von folgenden Randlinien begrenzt (mit $x = t/T$ = normierte Zeitvariable):

out111(x) :=   Ausgangssignal bei 1-Folge am Eingang;
out000(x) :=   Ausgangssignal bei 0-Folge am Eingang;
out010(x) :=   Ausgangssignal bei genau einer 1 in 0-Folge;
out101(x) :=   Ausgangssignal bei genau einer 0 in 1-Folge;
out101(x-1) := Ausgangssignal bei genau einer 0 in 1-Folge, versetzt nach rechts;
out101(x+1) := Ausgangssignal bei genau einer 0 in 1-Folge, versetzt nach links;
out010(x-1) := Ausgangssignal bei genau einer 1 in 0-Folge, versetzt nach rechts;
out010(x+1) := Ausgangssignal bei genau einer 1 in 0-Folge, versetzt nach links;

Bild 2.7 zeigt das entsprechend obiger Beschreibung berechnete Augenmuster für den Idealen Tiefpass-Kanal.

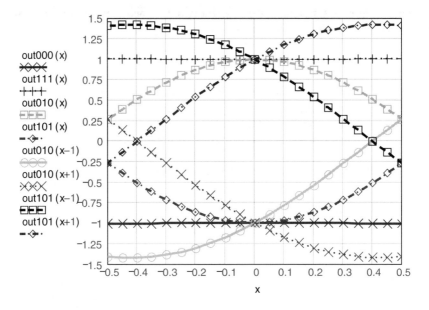

Bild 2.7: Augenmuster am Ausgang eines Idealen Tiefpass-Kanals.

Diskussion des Augenmusters

In Amplitudenrichtung ist das Auge beim Idealen Tiefpass-Übertragungssystem zum Abtastzeitpunkt $x = 0$ voll geöffnet (100% Amplituden-Augenöffnungsgrad). Der Abtastwert zum Zeitpunkt 0 wird bei exakter Abtastung durch benachbarte Impulse nicht beeinflusst (keine Nachbarsymbol-Beeinflussung). Es treten aber starke Überschwing-Effekte auf. Bei kleinen Abweichungen vom exakten Abtastzeitpunkt wird die Augenöffnung (wegen des steilen Durchgangs der begrenzenden Randlinien) sofort kleiner (und damit die Schritt-Fehlerrate bei Störungen sofort ansteigen). Die zeitliche Augenöffnung beträgt nur rund 80% der Schrittdauer (80% Zeit-Augenöffnungsgrad). Die Bedingungen für eine Ableitung der Schritt-Taktfrequenz aus dem Empfangssignal sind nicht optimal, da aus den Nulldurchgängen des Digitalsignals kein jitterfreies Anregungssignal für die Taktrückgewinnung abgeleitet werden kann.

2.3 Digitalsignal-Bandbreitenbedarf

Bewertung des Idealen Tiefpass-Übertragungssystems

Ein Basisband-Übertragungssystem mit Idealem Tiefpass-Frequenzgang ist für theoretische Überlegungen ideal. Der Bandbreitenbedarf ist minimal und bei exakter Abtastung ergibt sich keine Nachbarsymbol-Beeinflussung. Für praktischen Anwendungen ergeben sich folgende Nachteile, welche durch die unendlich steile Filterflanke verursacht werden.

Die Impulsantwort eines Idealen Tiefpass-Übertragungssystems geht nur langsam gegen null, das Abklingen der Impuls-Vorschwinger und -Nachschwinger erfolgt nur proportional $1/|x|$. Der maximale Überschwinger der Impulsantwort ist mit etwa 22% der Maximal-Amplitude sehr groß. Bei kleinen zeitlichen Abweichungen des Sende- oder Empfangs-Taktsignals (als Zittern bzw. jitter des Entscheidungszeitpunkts bezeichnet) ergibt sich deshalb eine starke Beeinflussung des Nutzabtastwertes durch die Vor- und Nachschwinger benachbarter Impulse (Nachbarsymbolbeeinflussung, Impulsnebensprechen, Inter Symbol Interference ISI), wie beim Augenmuster beschrieben.

Die Impulsantwort eines Idealen Tiefpass-Übertragungssystems ist reell und gerade, somit nicht kausal (identisch gleich 0 für t<0) und nicht realisierbar. Nur durch Einführung einer geeigneten Phasenlaufzeit $t_0>0$ (entspricht einem frequenzproportionalem Phasengang $\omega \cdot t_0$ und verschiebt das Maximum der Impulsantwort nach $+t_0>0$) und nachfolgende zeitliche Begrenzung der Impulsantwort auf das Zeitintervall $[0, 2 \cdot t_0]$ erhält man eine kausale Impulsantwort. Der dieser zeitbegrenzten, kausalen Impulsantwort zugehörige Frequenzgang ist näherungsweise realisierbar. Eine gute Approximation erfordert aber wegen des langsamen Abklingens der Impulsausläufer (bedingt durch die unendlich steile Filterflanke im Frequenzbereich) ein großes t_0 und somit einen sehr hohen Schaltungsaufwand.

Diese Nachteile können nur durch einen weichen Übergang vom Übertragungsfaktor 1 zum Übertragungsfaktor 0 beseitigt werden. Die benötigte Gesamt-Bandbreite erhöht sich dann allerdings. Ein solches Tiefpass-Übertragungssystem ist der im nachfolgenden Kapitel behandelte Tiefpass mit cos-roll-off-Amplitudengang.

Ergänzende Hinweise

- Die Bandbreite f_g nach obiger Definition ist die physikalische oder einseitige Bandbreite des Tiefpasses. Die mathematische oder zweiseitige Bandbreite des Tiefpasses ist $2 \cdot f_g$.
- Die Impulsantwort $h(t) = (2 \cdot f_g) \cdot \text{sinc}(..)$ hat scheinbar die Dimension $\dim[h(t)] = \dim(f_g)$ = Frequenz = 1/Zeit. Das Impulsmoment (die Impulsfläche) eines Diracimpulses hat jedoch die Dimension (Amplitude · Zeit), bei Spannungsimpulsen also die Einheit $(V \cdot s)$. Für die Ermittlung der Impulsantwort ist das Impulsmoment 1 und taucht deshalb im Ergebnis als Formelzeichen nicht auf. Die Multiplikation unter Berücksichtigung der Einheiten liefert jedoch wegen $\dim[h(t)]$ = (Amplitude · Zeit)/Zeit = Amplitude bei Spannungsimpulsen wie zu erwarten $[(V \cdot s)/s] = [V]$.
- Das Ergebnis für den Mindest-Bandbreitenbedarf eines Digitalsignals (Nyquist-Bandbreite) kann man auch durch Umkehrung des Abtasttheorems erhalten. Das **Abtasttheorem** lautet:

  Ein auf die Maximalfrequenz f_{max} strikt bandbegrenztes Signal ist durch $f_a > 2 \cdot f_{max}$ Abtastwerte pro Zeiteinheit eindeutig bestimmt.

  Ein Digitalsignal mit der Schrittgeschwindigkeit v ist andererseits eindeutig durch v Abtastwerte je Zeiteinheit definiert. Dieser Abtastwertfolge kann eindeutig ein auf die Grenzfrequenz v/2 bandbegrenztes Signal zugeordnet werden, welches in den Abtastzeitpunkten mit dem Digitalsignal übereinstimmt. Wird anstelle des Digitalsignals dieses

mit dem Digitalsignal übereinstimmt. Wird anstelle des Digitalsignals dieses bandbegrenzte Signal (über den Idealen Tiefpass mit der Grenzfrequenz v/2) verzerrungsfrei übertragen und auf der Empfangsseite zeitrichtig abgetastet, so kann das ursprüngliche Digitalsignal exakt reproduziert werden. Somit folgt im Grenzfall auch aus dem Abtasttheorem (f_a durch v und f_{max} durch f_k ersetzen): $f_k = v/2$;

2.4 Übungen

Aufgabe 2.1

Gegeben:

Gegeben ist ein bipolares Digitalsignal (symmetrisch zur 0-Linie) mit folgenden Kennwerten: 4-wertig, Amplitudenwerte gleichwahrscheinlich, Stufenhöhe 1 V, Schrittdauer 1µs.

Gesucht:

1) Gleichanteil;
2) Signalhub;
3) Gesamt-Effektivwert;
4) Scheitelfaktor;
5) Maximal zulässige Störspannung bei Abtastentscheidung;
6) Erforderliche Mindest-Kanalbandbreite eines Idealen-Tiefpass-Kanals;

Lösung:

Die Amplitudenwerte -1.5 V, -0.5 V, +0.5 V, +1.5 V sind gleichwahrscheinlich, somit folgt:

1) $u_g = 0$ V;
2) $u_{ss} = (b-1) \cdot \Delta u = 3$ V;
3) $u_{eff} = 1.12$ V;
4) K := Betragsmaximum / Effektivwert = 1.5V / 1.12 V = 1.34;
5) $|u_n|_{max} = \Delta u/2 = 0.5$ V;
6) $f_k = v/2 = 500$ kHz;

3 Nyquist-Bedingungen

3.1 Vorbemerkungen

Unterschiedliche Anforderungen bei Analogsignal- und Digitalsignal-Übertragung

Wenn bei einem Übertragungssystem die Bedingungen für verzerrungsfreie Signalübertragung (siehe Kapitel 1) über den gesamten Frequenzbereich eines bandbegrenzten Eingangssignals erfüllt sind, dann ergibt sich als Ausgangssignal ein formgetreues (und eventuell verzögertes) Abbild des Eingangssignals. Bei der Analogsignal-Übertragung wird eine formgetreue Signalübertragung angestrebt, deshalb müssen dort die Bedingungen für verzerrungsfreie Signalübertragung im gesamten Übertragungsband möglichst gut erfüllt sein.

Die Signalelemente eines Digitalsignals sind (in der Regel) auf die Schrittdauer zeitbegrenzte Impulse, beispielsweise Dirac-Impulse oder Rechteck-Impulse. Zeitbegrenzte Impulse haben nach den Rechenregeln der Fourier-Transformation stets ein unbegrenztes Frequenzspektrum. Eine formgetreue Übertragung von Digitalsignalen würde deshalb unendliche Bandbreite erfordern.

Eine formgetreue Übertragung von Digitalsignalen ist aber nicht erforderlich. Es reicht aus, pro Schrittdauer T genau einen repräsentativen Abtastwert exakt zu übertragen (den diskreten Amplitudenwert für diesen Signalschritt). Pro Zeiteinheit müssen also nur $v = 1/T$ Abtastwerte fehlerfrei übertragen werden, nicht aber die exakte Signalform der zeitbegrenzten Impulse. Deshalb sind für die Digitalsignalübertragung geringere Anforderungen als für eine verzerrungsfreie Signalübertragung an das Übertragungssystem ausreichend. Es reicht aus, dass sich aufeinander folgende Impulse zum Abtastzeitpunkt (Auswerte-Zeitpunkt) gegenseitig nicht beeinflussen, also keine „Nachbarsymbol-Beeinflussung" vorliegt. Der Gesamt-Bandbreitenbedarf für die Übertragung von v Abtastwerten pro Zeiteinheit soll möglichst klein sein, damit bei vorgegebener Kanalbandbreite die Schrittgeschwindigkeit möglichst hoch gewählt werden kann.

Nyquist-Bedingungen

Die Bedingungen für eine Digitalsignal-Übertragung ohne Nachbarsymbol-Beeinflussung über einen ungestörten Tiefpass-Übertragungskanal wurden 1928 von Nyquist veröffentlicht. Die Ergebnisse von Nyquist werden in zwei Bedingungen zusammengefasst:

> **Die Nyquist-Bedingung 1. Art (auch Nyquist-Kriterium 1. Art genannt) stellt sicher, dass zum Abtastzeitpunkt keine Nachbarsymbol-Beeinflussung auftreten kann.**

> **Die Nyquist-Bedingung 2. Art (auch Nyquist-Kriterium 2. Art genannt) stellt sicher, dass zum Abtastzeitpunkt keine Nachbarsymbol-Beeinflussung auftreten kann und dass die Schrittdauer fehlerfrei aus dem Empfangssignal ableitbar ist.**

Die Nyquist-Bedingungen sind in [LOCH95, GERD96] dargestellt, weiterführende Betrachtungen finden sich in [PROA94, ZIPE01].

Normierung

Nachfolgend wird (um Ergebnisse einfacher formulieren zu können) die normierte Zeit $x = t/T$ (reale Zeit t normiert auf die Schrittdauer T des zeitdiskreten Digitalsignals) und die normierte Amplitude $y = h(t)/h_{max}$ (reale Impulsantwort h(t) normiert auf ihr Maximum h_{max}) verwendet.

$$x = t/T; \qquad y = h(t)/h_{max}; \qquad h_{max} = 1/T = 2 \cdot f_g ;$$

Hinweis:
Bei reellwertigem Frequenzgang (also Phasengang 0, Phasenlaufzeit 0) ist die Amplitude h(0) der Impulsantwort h(t) im Zeitbereich nach den Regeln der Fourier-Transformation (siehe Anhang A) gegeben durch die im Frequenzbereich vom zweiseitigen Amplitudengang H(f) eingeschlossene Fläche. Beim Idealen Tiefpass ergab sich mit H = 1 und der mathematischen Bandbreite ($2 \cdot f_g$) ein Wert $h(0) = h_{max} = 2 \cdot f_g$. Beim später verwendeten cos-roll-off-Tiefpass ergibt sich mit H(0) = 1 für beliebige Werte des roll-off-Parameters $r \in [0, 1]$ ebenfalls die Fläche $2 \cdot f_g$. Dabei ist f_g die 6 dB-Grenzfrequenz (!) des Tiefpass-Übertragungssystems. Deshalb hat h_{max} bei allen hier verwendeten Tiefpass-Übertragungssystemen den selben Wert.

3.2 Nyquist-Bedingung 1. Art

3.2.1 Nyquist-Bedingung 1. Art im Zeitbereich

Definition im Zeitbereich

Die Einhaltung der Nyquist-Bedingung 1. Art garantiert eine Übertragung ohne Nachbarsymbol-Beeinflussung. Wenn das Ausgangssignal eines bandbegrenzten Übertragungssystems genau im Zeitraster T (im normierten Zeitraster 1) abgetastet wird, ist es ausreichend, wenn die (bei bandbegrenzten Systemen stets auftretenden) Impulsvorläufer und Impulsnachläufer vor und nach dem Maximum der Impulsantwort zu diesen Abtastzeitpunkten null sind [GERD96, LOCH95]. Deshalb lautet die Nyquist-Bedingung 1. Art im Zeitbereich (mit normierter Zeit $x = t/T$ und normierter Amplitude $y = h/h_{max}$) wie folgt:

$$\begin{aligned} y(x) &= 1 ; & \text{für} \quad x &= 0; \\ &= 0 ; & \text{für} \quad x &= \pm 1, \pm 2, ...; \end{aligned}$$

Bild 3.1 stellt die geforderten Abtastwerte graphisch dar.

3.2 Nyquist-Bedingung 1. Art

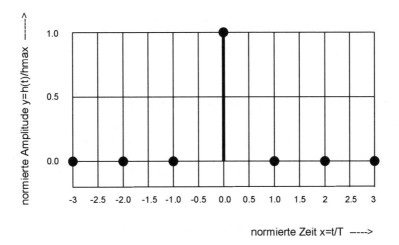

Bild 3.1: Nyquist Bedingung 1. Art im Zeitbereich

Folgerung

Wenn die Nyquist-Bedingung 1. Art erfüllt ist, dann kann ein zum Zeitpunkt 0 gesendeter Abtastwert nicht beeinflusst werden durch die Impulsausläufer von Impulsen, welche zu den Zeitpunkten ±1, ±2 usw. gesendet werden, weil diese zum Abtastzeitpunkt 0 den Amplituden-Beitrag 0 liefern. Dies ermöglicht eine fehlerfreie Abtastung, obwohl die verwendeten, bandbegrenzten Impulse nicht zeitbegrenzt sind. Jede Impulsantwort, welche die vorgegebenen Abtastwerte aufweist, ermöglicht deshalb eine Übertragung ohne Nachbarsymbol-Beeinflussung. Im Augenmuster (siehe Bild 2.7) ergibt sich dann zum korrekten Abtast-Zeitpunkt ein Amplituden-Augenöffnungsgrad von 100%:

Wenn die Nyquist-Bedingung 1. Art erfüllt ist, dann ist das Augenmuster zum Abtastzeitpunkt in Amplitudenrichtung zu 100% geöffnet.

Zugehörige bandbegrenzte Impulsantwort

Ein strikt bandbegrenztes Basisband-Übertragungssystem mit minimaler Bandbreite, welches die Nyquist-Bedingung 1. Art erfüllt, ist das bereits behandelte Ideale Tiefpass-Übertragungssystem mit der normierten Impulsantwort $y(x) = \text{sinc}(x)$. Die normierte Impulsantwort wurde bereits in Bild 2.5 dargestellt.

$$y(x) = \text{sinc}(x);$$

Die sinc(x)-Funktion beinhaltet die durch die Nyquist-Bedingung 1. Art geforderten Abtastwerte. Natürlich würde auch die sinc(n · x)-Funktion die geforderten Abtastwerte aufweisen (und darüber hinaus zusätzliche Nullstellen), hätte aber den großen Nachteil des n-fachen Bandbreitenbedarfs.

Die sinc-Impulse sind bandbegrenzte zeitkontinuierliche Elementar-Signale, welche den Aufbau einer bandbegrenzten, zeitkontinuierlichen Zeitfunktion aus ihren zeitdiskreten Abtastwerten ermöglichen. Diese Eigenschaft der sinc-Zeitfunktion wird später noch mehrfach verwendet werden.

3.2.2 Nyquist-Bedingung 1. Art im Frequenzbereich

Die Nyquist-Bedingung 1. Art für den Zeitbereich kann in den Frequenzbereich transformiert werden. Dies wird hier nicht durchgeführt. Es ergibt sich, dass ein Tiefpass-Übertragungssystem mit dem zweiseitigen Amplitudengang H(f) (der komplexe Frequenzgang H̲(f) wird nachfolgend als reell vorausgesetzt, also sind Phasenmaß und Phasenlaufzeit identisch 0) und $H_{max} = 1$ die Nyquist-Bedingung 1. Art genau dann erfüllt, wenn folgende Bedingung erfüllt ist [LOCH95, PROA94]:

Bei einer periodischen Fortsetzung des zweiseitigen Amplitudengangs H(f) mit der Frequenz-Periode v ist die Summe aller Beiträge für alle Frequenzen f konstant (und bei der hier verwendeten Skalierung gleich 1).

$$\sum_{m=-\infty}^{\infty} H(f - m \cdot v) = 1; \qquad \text{für} \quad f \in (-\infty, +\infty);$$

Tiefpass-Übertragungssystem mit Maximal-Bandbreite v

Nachfolgend beschränken wir uns auf Tiefpass-Übertragungssysteme mit einer strikten Bandbegrenzung auf eine einseitige Bandbreite von maximal v, also ist H(f) = 0 für |f| ≥ v. Für diesen Fall kann die obige Summen-Formel stark vereinfacht werden. Im Frequenzbereich [0, v] tragen dann nur noch die Summen-Glieder für m = 0 und m = 1 zum Ergebnis der Summe bei. Somit ergibt sich:

H(f) + H(f-v) = 1;   für   0 ≤ f ≤ v;   wenn   H(f) ≡ 0 für |f| ≥ v;

Die Summe aus dem zweiseitigen Amplitudengang H(f) und dem um v nach rechts verschobenen Amplitudengang H(f-v) muss im Frequenzbereich [0, v] den konstanten Betrag 1 aufweisen (bei der hier gewählten Skalierung). Da der Amplitudengang stets eine gerade Funktion von f ist, ist H(f) damit im gesamten, zweiseitigen Frequenzbereich -v≤f≤+v bekannt. Nach Voraussetzung ist der Amplitudengang für den restlichen Frequenzbereich |f|>v identisch gleich 0.

Aus obiger Bedingung folgt für den Amplitudengang H(f) des Tiefpass-Übertragungssystems ein spezieller Verlauf, der als Nyquist-Flanke bezeichnet wird. Dieser Verlauf wird nachfolgend abgeleitet. Dabei wird mehrfach benutzt (siehe Anhang A), dass der zweiseitige Amplitudengang H(f) eine gerade Funktion der Frequenz f ist: H(f) = H(-f).

Form der Nyquist-Flanke

Setzt man f = v/2+Δf , dann folgt aus oben stehender Bedingung:

H(v/2+Δf) + H(v/2+Δf - v) = H(v/2+Δf) + H(-v/2+Δf) = H(v/2+Δf) + H(-[v/2-Δf]) =

H(v/2+Δf) + H(v/2-Δf) = 1;

3.2 Nyquist-Bedingung 1. Art

Für $\Delta f = 0$ ergibt sich $2 \cdot H(v/2) = 1$ und somit:

$H(v/2) = 0.50;$

Definiert man
dann folgt
und somit

$\Delta H(\Delta f) := H(v/2+\Delta f)-H(v/2) = H(v/2+\Delta f)-0.5$
$\Delta H(-\Delta f) = H(v/2-\Delta f))-H(v/2) = H(v/2-\Delta f)-0.5$
$\Delta H(\Delta f) + \Delta H(-\Delta f) =$
$[H(v/2+\Delta f)-0.5] + [H(v/2-\Delta f)-0.5]$
$[H(v/2+\Delta f) + H(v/2-\Delta f)] -1 = 1 - 1 = 0;$

Somit ergibt sich, dass ΔH eine ungerade Funktion der Frequenzablage Δf sein muss:

$\Delta H(-\Delta f) = - \Delta H(+\Delta f);$

Aus der Nyquist-Bedingung 1. Art für den Frequenzbereich folgt also:

a) Bei der Frequenz $f = v/2$ muss der Übertragungsfaktor H genau 0.5 sein (entsprechend 6 dB Durchgangsdämpfung);

b) Die Abweichung $\Delta H(\Delta f)$ muss eine ungerade Funktion von Δf sein (mit $\Delta H(\Delta f) := H(v/2+\Delta f) - 0.5$);

Ergebnis

Der Amplitudengang bei der Frequenz v/2 muss (bei der hier gewählten Skalierung) den Wert 0.5 aufweisen (entsprechend 6 dB Durchgangsdämpfung). Der Amplitudengang-Abfall bei einer Frequenz-Erhöhung um $\Delta f > 0$ auf $f = v/2+\Delta f$ muss betragsmäßig identisch sein mit dem Amplitudengang-Anstieg bei einer Frequenz-Verminderung um Δf auf $f = v/2-\Delta f$. Ein derartiger Verlauf des Übergangsbereichs zwischen H = 1 im Durchlassbereich und H = 0 im Sperrbereich wird als Nyquist-Flanke bezeichnet.

Bild 3.2 zeigt zwei idealisierte Tiefpass-Amplitudengänge Ha und Hb mit Nyquist-Flanke. H(f-v) ist der um v nach rechts versetzte zweiseitige Amplitudengang H(f). Vorteilhaft wäre anstatt des gezeichneten Verlaufs ein weicher Übergang vom Durchlassbereich mit H(0) = 1 zum Sperrbereich mit H = 0, weil dann die Impulsvorläufer und Impulsnachläufer besonders schnell gegen 0 gehen und somit auch bei einer Unsicherheit des Abtastzeitpunkts keine oder nur eine geringe Nachbarsymbol-Beeinflussung auftritt. Der später behandelte Cos-Roll-Off-Tiefpass erfüllt für alle Werte des Parameters $r \in [0, 1]$ die Nyquist-Bedingung 1. Art und für $r = 1$ auch die nachfolgend behandelte Nyquist-Bedingung 2. Art.

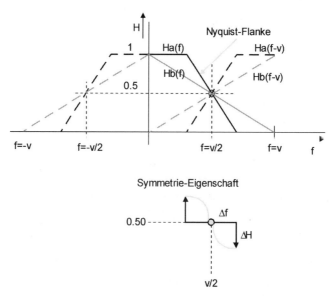

Bild 3.2: Tiefpass mit Nyquist-Flanke.

3.3 Nyquist-Bedingung 2. Art

Definition im Zeitbereich

Bei der Übertragung zeitdiskreter Signale muss empfangsseitig der Schritt-Takt aus dem Empfangssignal abgeleitet werden, damit das Empfangssignal weiter bearbeitet werden kann. Hierzu muss die exakte Schrittdauer T aus dem Empfangssignal ableitbar sein, damit eine zeitlich exakte (jitterfreie) Anregung der Taktrückgewinnungs-Schaltung möglich wird. Dies ist dann möglich, wenn bei einem unipolar codierten Binärsignal mit normierter Ausgangsamplitude 1 der Durchgang des Empfangssignals durch die Referenz-Amplitudenschwelle 0.5 (genau mittig zwischen 0 und 1) exakt im zeitlichen Abstand $k \cdot T$ (mit ganzzahligem k) erfolgt. Bei einem bipolar codierten Binärsignal mit beliebiger Amplitude gilt diese Forderung entsprechend für die Referenz-Amplitudenschwelle 0. Hierfür muss die Impulsantwort nachfolgende Bedingung erfüllen (siehe Bild 3.3), welche als Nyquist-Bedingung 2. Art im Zeitbereich [GERD96] bezeichnet wird:

$$\begin{aligned} y(x) &= 1; & \text{für} \quad x &= 0; \\ &= 0.5; & \text{für} \quad x &= \pm 0.5; \\ &= 0; & \text{für} \quad x &= \pm 1, \ \pm 1.5, \ \pm 2, \ \pm 2.5...; \end{aligned}$$

Die durch die Nyquist-Bedingung 1. Art geforderten Abtastwerte sind ergänzt durch zwei Abtastwerte mit dem Amplitudenwert 1/2 bei $x = \pm 0.5$ und die zusätzlichen Nullstellen genau mittig zwischen den bisherigen Nullstellen.

3.3 Nyquist-Bedingung 2. Art

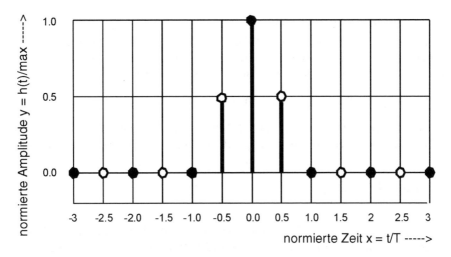

Bild 3.3: Nyquist-Bedingung 2. Art im Zeitbereich

Die in Bild 3.3 schwarz gezeichneten Abtastwerte (bei ganzzahligen Werten der normierten Zeitvariable x) stellen sicher, dass zu den Abtastzeitpunkten keine Nachbarsymbol-Beeinflussung stattfinden kann. Die in Bild 3.3 weiß gezeichneten Abtastwerte (bei halbzahligen Werten der normierten Zeitvariable x) stellen sicher, dass beim Durchgang der Signalflanke durch die Entscheiderschwelle (bei unipolaren Impulsen mit der Amplitude 1 muss diese bei 0.5 liegen) keine Nachbarsymbol-Beeinflussung stattfinden kann.

Die Nyquist-Bedingung 2. Art beinhaltet die Nyquist-Bedingung 1. Art. Im Vergleich zur Nyquist-Bedingung 1. Art werden doppelt so viele Abtastwerte pro Zeiteinheit vorgegeben, die zugehörige bandbegrenzte Impulsantwort und somit der zugehörige Frequenzgang wird deshalb die doppelte Bandbreite aufweisen.

Folgerung

Da auch die Nyquist-Bedingung 1. Art erfüllt ist, liegt keine Nachbarsymbol-Beeinflussung zum Abtastzeitpunkt vor. Die zusätzlichen Nullstellen der Impulsantwort (zwischen den bisher geforderten Nullstellen) stellen sicher, dass die Abtastwerte mit dem Wert 1/2 genau mittig zwischen zwei Signalschritten nicht durch Impulsvorläufer oder Impulsnachläufer von benachbarten Impulsen verfälscht werden können. Empfangsseitig kann somit die exakte Schrittdauer (oder ein ganzzahliges Vielfaches hiervon) aus dem Empfangssignal durch eine Schwellwert-Entscheidung extrahiert werden. Dies ermöglicht eine zeitlich exakte (jitterfreie) Anregung einer Taktrückgewinnungs-Schaltung.

Im Augenmuster (siehe später Bild 3.5) ergibt sich zum korrekten Abtast-Zeitpunkt ein Amplituden-Augenöffnungsgrad von 100% und bei der Referenz-Amplitudenschwelle ein Zeit-Augenöffnungsgrad von 100%:

Wenn die Nyquist-Bedingung 2. Art erfüllt ist, dann ist das Augenmuster zum Abtastzeitpunkt in Amplitudenrichtung zu 100% und bei der Referenz-Amplitudenschwelle in Zeitrichtung zu 100% geöffnet.

Zugehörige, bandbegrenzte Impulsantwort

Eine bandbegrenzte Impulsantwort, welche die Nyquist-Bedingung 2. Art erfüllt, kann aus den vorgegebenen Abtastwerten (siehe Bild 3.3) mit dem normierten Zeitabstand 1/2 aus bandbegrenzten sinc(2 · x)-Elementarsignalen zusammen gesetzt werden:

$y(x) = 0.5 \cdot \text{sinc}(2 \cdot [x+0.5]) + 1 \cdot \text{sinc}(2 \cdot x) + 0.5 \cdot \text{sinc}(2 \cdot [x-0.5]);$

Nach einer längeren Umformung mit mehrfacher Anwendung des Additionstheorems sin(a+b) = sin(a)cos(b) +cos(a)sin(b) folgt aus der obigen Summenformel folgender Ausdruck:

$$\boxed{y(x) = \text{sinc}(x) \cdot \frac{\cos(\pi \cdot x)}{(1 - 4 \cdot x^2)} ;}$$

Bild 3.4 zeigt diese normierte Zeitfunktion y(x), welche die Nyquist-Bedingung 2. Art erfüllt. Diese weist alle geforderten Abtastwerte (siehe Bild 3.3) auf und hat deshalb für y = 0.5 die normierte Breite 1. Außerdem gehen die Impulsvorläufer vor dem Maximum und die Impulsnachläufer nach dem Maximum sehr schnell gegen null, weil sich die Überschwinger der beteiligten Teil-Impulse gegenseitig weitgehend kompensieren.

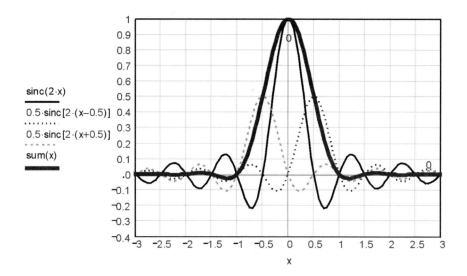

Bild 3.4: Impulsantwort zur Nyquist-Bedingung 2. Art.

Zugehöriger Frequenzgang

Nach Entnormierung kann der Summenausdruck für die Impulsantwort unter Verwendung des Transformationspaares [sinc(t), rect(f)], des Verschiebungssatzes und des Ähnlichkeitssatzes der Fourier-Transformation (siehe Anhang) in den Frequenzbereich transformiert werden, um den Frequenzgang des zugehörigen Übertragungssystems zu erhalten. Mit $\nu = (1/T) = 2 \cdot f_g$ folgt der einseitige Frequenzgang zu:

$$H(f) = \cos^2[(\pi/2) \cdot f/(2 \cdot f_g)]; \qquad 0 \le f \le 2 \cdot f_g;$$
$$= 0; \qquad \text{sonst};$$

Dieser reellwertige Frequenzgang mit der einseitigen Gesamt-Bandbreite $v = 2 \cdot f_g$ erfüllt die Nyquist-Bedingung 2. Art und ergibt sich in Kapitel 3.4 als Sonderfall des cos-roll-off-Tiefpass-Übertragungssystems für den roll-off-Faktor $r = 1$. Die Diskussion der Eigenschaften und die Berechnung des zugehörigen Augenmusters erfolgen dort.

Zusammenfassung

Wenn die Nyquist-Bedingung 2. Art erfüllt ist, dann ist bei Abwesenheit von Störsignalen eine Übertragung ohne Nachbarsymbol-Beeinflussung und zusätzlich eine fehlerfreie Erkennung der Schrittdauer möglich. Im Augenmuster ergibt sich ein Amplituden-Augenöffnungsgrad von 100% und ein Zeit-Augenöffnungsgrad von 100%.

3.4 Cos-roll-off-Tiefpass-Übertragungssystem

Nachfolgend wird das cos-roll-off-Tiefpass-Übertragungssystem betrachtet. Die Bezeichnung cos-roll-off beschreibt einen cos-förmigen weichen Übergang des Amplitudengangs vom Durchlassbereich zum Sperrbereich, alternativ wird dieser Verlauf auch als raised cosine (angehobener cosinus-Verlauf) bezeichnet [PROA94, LOCH95].

Der roll-off-Parameter r bestimmt die Breite des Übergangsbereichs. Für alle Werte von $r \in [0, 1]$ ist die Nyquist-Bedingung 1. Art erfüllt, nur für $r = 1$ ist die Nyquist-Bedingung 2. Art erfüllt. Der Ideale Tiefpass ist als Sonderfall für $r = 0$ enthalten, der $\cos^2$-Tiefpass als Sonderfall für $r = 1$.

Frequenzgang

Der einseitige Frequenzgang (also $f \ge 0$) eines Tiefpass-Übertragungssystems mit roll-off-Faktor r (mit $0 \le r \le 1$) ist definiert zu [PROA94, LOCH95]:

$$H(f) = \begin{cases} 1; & f < f_g \cdot (1-r); \\ \frac{1}{2} \cdot \left\{1 + \cos\left[\frac{\pi}{2} \cdot \frac{f - f_g \cdot (1-r)}{r \cdot f_g}\right]\right\}; & f \in [f_g \cdot (1-r), f_g \cdot (1+r)]; \\ 0; & f > f_g \cdot (1+r); \end{cases}$$

Der einseitige Amplitudengang wurde bereits in Bild 2.4 (für $r = 0$, $r = 0.5$, $r = 1$) dargestellt. Der Phasengang ergibt sich bei reellwertigem Frequenzgang ebenso wie beim schon verwendeten Idealen Tiefpass zu identisch gleich 0. Damit werden auch Phasenlaufzeit und Gruppenlaufzeit jeweils 0. Für $f < f_g \cdot (1-r)$ ist $H = 1$. Bei $f = f_g \cdot (1-r)$ beginnt der weiche Übergang bei $H = 1$, bei $f = f_g$ ist $H = 0.50$, bei $f = f_g \cdot (1+r)$ endet der weiche Übergang bei $H = 0$. Die einseitige (physikalische) Gesamt-Bandbreite f_k des Tiefpass-Übertragungssystems ist somit:

$$f_k = f_g \cdot (1+r);$$

Zu beachten ist, dass die Grenzfrequenz f_g in obiger Formel diejenige Frequenz bezeichnet, bei der H = 0.50 ist, also die 6 dB-Bandbreite. Bei der Frequenz f_k ist H = 0, somit ist f_k die einseitige ∞ dB-Bandbreite.

Impulsantwort

Die Berechnung der Impulsantwort mittels Fourier-Rücktransformation IFT[1 · $\underline{H}$(f)] wird hier nicht durchgeführt. Das Ergebnis lautet [PROA94, LOCH95]:

$$h_c(t) = \left[\frac{1}{T} \cdot \mathrm{sinc}\left(\frac{t}{T}\right)\right] \cdot \frac{\cos(\pi \cdot r \cdot \frac{t}{T})}{1 - 4 \cdot r^2 \cdot \left(\frac{t}{T}\right)^2} = h_i(t) \cdot f_c(t,r);$$

Die Impulsantwort $h_c(t)$ ist gleich dem Produkt aus der Impulsantwort $h_i(t)$ des Idealen Tiefpass-Übertragungssystems und einer Bewertungsfunktion $f_c(t, r)$, welche für r ≫ 0 (aber r ≤ 1) und abs(t/T) > 2 betragsmäßig sehr klein gegen 1 wird. Somit werden weiter vom Nullpunkt entfernte Vor- und Nachläufer der Impulsantwort vernachlässigbar klein. Damit ist die Empfindlichkeit gegen Nachbarsymbol-Beeinflussung (Inter Symbol Interference, ISI) wegen zeitlicher Ungenauigkeiten des Sende- oder Empfangs-Taktsignals (Taktjitter) stark reduziert.

Normierte Impulsantwort

Mit der selben Normierung wie beim Idealen-Tiefpass-Übertragungssystem

x = t/T;   **y = h(t) / h_{max};**   **h_{max} = (2 · f_g)= 1/T;**

ergibt sich die normierte Impulsantwort des cos-roll-off-Tiefpass-Übertragungssystems zu:

$$y(x, r) = \mathrm{sinc}(x) \cdot \frac{\cos(\pi \cdot r \cdot x)}{1 - (2 \cdot r \cdot x)^2};$$

Bild 3.5 zeigt die normierte Impulsantwort für verschiedene r-Werte. Im Vergleich zum Idealen-Tiefpass-Übertragungssystem sind für r≫0 (aber r≤1) die Impulsvorläufer und Impulsnachläufer sehr viel kleiner. Die normierte Impulsantwort hat (ebenso wie die sinc-Funktion) bei x = 0 ihr Maximum und bei allen sonstigen ganzzahligen x eine Nullstelle:

$$y(x, r) = \begin{array}{ll} 1; & \text{für } x = 0; \\ 0; & \text{für } x = \pm 1, \pm 2, \ldots; \end{array}$$

Zusätzlich treten Nullstellen zwischen den oben genannten Nullstellen auf. Nur für r = 1 liegen diese zusätzlichen Nullstellen (wegen des Faktors cos(π · 1 · x)) exakt bei x = ±1.5, ±2.5, ±3.5,...; Außerdem ergibt sich für r = 1 bei x = ±0.5 der Wert 0.50 als Grenzwert eines unbestimmten Ausdrucks.

3.4 Cos-roll-off-Tiefpass-Übertragungssystem

$y(x, 1) =$ 1/2;   für $x = \pm 0.5$;
            0;   für $x = \pm 1.5, \pm 2.5, ...$;

Damit ist für beliebige Werte von $r \in [0, 1]$ die Nyquist-Bedingung 1. Art erfüllt und für $r = 1$ die Nyquist-Bedingung 2. Art erfüllt.

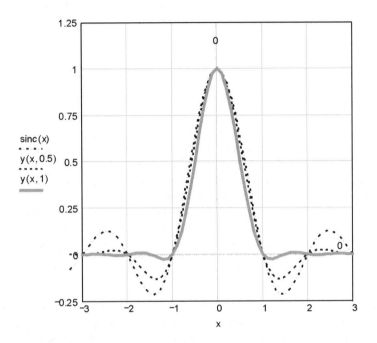

Bild 3.5: Normierte Impulsantwort des cos-roll-off-Tiefpasses bei $r = 0$, $r = 0.5$, $r = 1$.

Zusammenhang Schrittgeschwindigkeit und Kanalbandbreite

Wegen $y(0, r) = 1$ und $y(k, r) = 0$ (bei k ganzzahlig, $k \neq 0$, $r \in [0, 1]$) können wie beim Idealen Tiefpass-Übertragungssystem Impulsfolgen mit genau der normierten Schrittdauer 1 ohne Nachbarsymbol-Beeinflussung übertragen werden. Der normierten Schrittdauer 1 entspricht die absolute Schrittdauer T und somit die Schrittgeschwindigkeit $v = 1/T = 2 \cdot f_g$.

$v = 2 \cdot f_g$;

Die benötigte Gesamtbandbreite $f_k = f_g \cdot (1+r)$ ergibt sich unter Verwendung von $f_g = v/2$ zu:

$$f_k = (v/2) \cdot (1+r);$$

Obige Formel für den einseitigen Bandbreitenbedarf eines Digitalsignals mit der Schrittgeschwindigkeit v bei der Übertragung über einen cos-roll-off-Tiefpass-Übertragungskanal ist allgemein gültig für $r \in [0, 1]$. Die Beziehung für die theoretische Mindest-Kanalbandbreite beim Idealen Tiefpass-Übertragungskanal ist als Sonderfall für $r = 0$ enthalten.

Frequenzgang und Impulsantwort bei r=1

Frequenzgang:
Bei $r = 1$ beginnt der weiche Übergang bereits bei $f = 0$ und endet bei $f = 2 \cdot f_g$. Der resultierende einseitige Amplitudengang H(f) ergibt sich mit $\cos^2(z) = (1/2) \cdot [1+\cos(2 \cdot z)]$ zu:

$$H(f) = (1/2) \cdot \{1+\cos[(\pi/2) \cdot (f/f_g)]\} = \cos^2[(\pi/2) \cdot f/(2 \cdot f_g)]; \qquad 0 \leq f \leq 2 \cdot f_g;$$
$$= 0; \qquad \text{sonst;}$$

Impulsantwort:
Die normierte Impulsantwort für den Sonderfall $r = 1$ lautet (siehe auch Kapitel 3.3)

$$y(x, 1) = \text{sinc}(x) \cdot \frac{\cos(\pi \cdot x)}{1 - 4 \cdot x^2};$$

Die maximalen Überschwinger sind nur noch etwa 3% der maximalen Impulsamplitude gegenüber etwa 22% beim Idealen Tiefpass. Für große Absolutwerte von x sind die Impulsvorläufer und Impulsnachläufer um etwa den Faktor $4x^2$ kleiner als beim Idealen Tiefpass-Übertragungssystem, resultierend ergibt sich ein Abfall proportional zu $1/|x|^3$. Damit ist dieses Tiefpass-System unempfindlich gegen Nachbarsymbolbeeinflussung durch zeitliche Ungenauigkeiten des Sende- oder Abtast-Zeittaktes (Taktjitter). Wegen des weichen Amplitudengangs kann dieses idealisierte Übertragungssystem schaltungstechnisch gut angenähert werden.

Augenmuster bei $r = 1$

Bild 3.6 zeigt das Augenmuster am Ausgang eines cos-roll-off-Tiefpass-Kanals mit $r = 1$ für eine bipolar codierte Binärfolge (0 wird als $-\delta(t)$, 1 als $+\delta(t)$ gesendet). Das Augenmuster ist in Amplitudenrichtung zum korrekten Abtastzeitpunkt $x = 0$ zu 100% geöffnet und in Zeitrichtung bei der Referenz-Amplitudenschwelle $y = 0$ (wegen bipolarer Codierung) zu 100% geöffnet, weil die Nyquist-Bedingung 2. Art erfüllt ist.

Beim Vergleich mit dem Augenmuster am Ausgang des Idealen Tiefpass-Kanals (siehe Kapitel 2, dort ist die Methodik der näherungsweisen Berechnung des Augenmusters beschrieben) ist zu erkennen, dass die Augenöffnung bei Abweichungen vom korrekten Abtastzeitpunkt (wegen Taktjitter) nur langsam (wegen des flachen Maximums bzw. Minimums des Auges bei $x = 0$) abnimmt.

3.4 Cos-roll-off-Tiefpass-Übertragungssystem

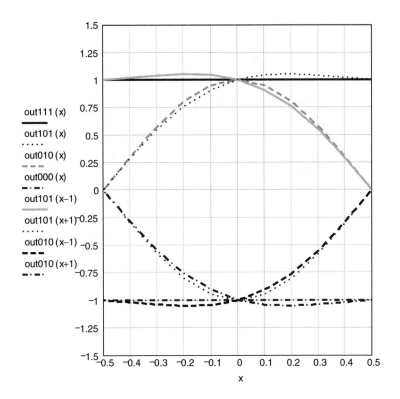

Bild 3.6: Augenmuster am Ausgang eines cos-roll-off-Tiefpass-Kanals mit r = 1.

Realisierung von Basisband-Übertragungssystemen mit r = 1

Bei r = 1 ist (wie oben abgeleitet) der resultierende Amplitudengang $\cos^2$-förmig. Wird dieser Amplitudengang gleichmäßig auf Sendefilter HT(f) und Empfangsfilter HR(f) aufgeteilt, dann gilt:

$$HT(f) = HR(f) = \begin{cases} \cos[(\pi/2) \cdot f/(2 \cdot f_g)]; & 0 \leq f \leq 2 \cdot f_g; \\ 0; & \text{sonst}; \end{cases}$$

Sowohl Sendefilter als auch Empfangsfilter haben dann einen cos-förmigen Amplitudengang, der bei $f = 0$ mit $H = 1$ beginnt und bei $f = 2 \cdot f_g$ mit $H = 0$ endet. Wenn ein additives Störsignal konstante Rauschleistungsdichte hat (also weißes Rauschen als Störung vorliegt), dann ist die beschriebene „gleichmäßige" Aufteilung des Gesamt-Amplitudengangs auf Sende- und Empfangsfilter optimal [PROA94].

Ein Basisband-Übertragungssystem mit $\cos^2$-Amplitudengang erfüllt die Nyquist-Bedingung 2. Art. Somit verschwindet die Nachbarsymbol-Beeinflussung zum Abtastzeitpunkt und die Bedingungen für die Taktrückgewinnung sind optimal. Die Schrittgeschwindigkeit muss $v = 2 \cdot f_g$ sein (mit f_g als 6 dB-Grenzfrequenz des Tiefpass-Übertragungssystems).

3.5 Übungen

1) Wie lautet die Nyquist-Bedingung 1. Art im Zeitbereich? Welche Eigenschaft eines Tiefpass-Übertragungssystems wird damit erzwungen? Wie wirkt sich dies im Augenmuster aus?

2) Nennen Sie die bandbegrenzte Impulsantwort mit minimaler Bandbreite (in normierter Form), welche die Nyquist-Bedingung 1. Art erfüllt! Welchen Verlauf hat der zugehörige Amplitudengang? Wie wird dieses idealisierte Tiefpass-Übertragungssystem bezeichnet?

3) Wie lautet die Nyquist-Bedingung 1. Art im Frequenzbereich (bei der hier verwendeten Skalierung)? Wie vereinfacht sich diese Bedingung für den Frequenzbereich, wenn man nur Tiefpass-Frequenzgänge mit strikter Bandbegrenzung auf die einseitige Grenzfrequenz v zulässt? Welche mathematische Bedingung folgt daraus für die sogenannte Nyquist-Flanke? Beschreiben Sie die Form einer Nyquist-Flanke in Worten!

4) Wie lautet die Nyquist-Bedingung 2. Art im Zeitbereich? Wie unterscheidet sich die Nyquist-Bedingung 2. Art von der Nyquist-Bedingung 1. Art? Welche Eigenschaft eines Tiefpass-Übertragungssystems wird damit erzwungen? Wie wirkt sich dies im Augenmuster aus?

5) Nennen Sie die bandbegrenzte Impulsantwort mit minimaler Bandbreite (in normierter Form), welche die Nyquist-Bedingung 2. Art erfüllt! Welchen Verlauf hat der zugehörige Amplitudengang? Wie wird dieses idealisierte Tiefpass-Übertragungssystem bezeichnet?

6) Wieviel Schritte pro Sekunde und Hertz Bandbreite (also [bd/Hz] = [1]) sind bei einem cos-roll-off-Tiefpass-Übertragungssystem mit roll-off-Faktor r übertragbar? Welche Werte ergeben sich für die Extremfälle $r = 0$ und $r = 1$. Die Bandbreite ist wie bei den abgeleiteten Formeln stets als einseitige (physikalische) Bandbreite zu interpretieren.

Ergebnisse (nur für Rechenaufgaben):

6) Aus $f_k = (v/2) \cdot (1+r)$ folgt $(v/f_k) = 2 / (1+r)$ und somit:

$r = 0$ ergibt $v / f_k = 2$; 2 Schritte pro Hertz Bandbreite;
$r = 1$ ergibt $v / f_k = 1$; 1 Schritt pro Hertz Bandbreite;

Hinweis:

Als einseitige Bandbreite f_k zählt bei der obigen Betrachtung die Frequenz, bei welcher der Amplitudengang 0 (also die Durchgangsdämpfung ∞ dB) wird!

Es ist zu beachten, dass es extrem unterschiedliche Definitionen für die Bandbreite gibt (beispielsweise 3 dB-Bandbreite, 6 dB-Bandbreite, 20 dB-Bandbreite usw.)! Für jede unterschiedliche Bandbreiten-Definition folgen andere Ergebnisse! Verwendet man beispielsweise die 6 dB-Bandbreite, dann ergibt sich beim cos-roll-off-Tiefpass-Übertragungssystem wegen $v = 2 \cdot f_g$ unabhängig vom Wert des roll-off-Parameters $r \in [0, 1]$ stets $v/f_g = 2$.

Werden zweiseitige (mathematische) Bandbreiten verwendet, dann ist zusätzlich noch der Faktor 2 zu berücksichtigen. Hier wurde stets die einseitige (physikalische) Bandbreite angegeben!

4 Codierung

Nachfolgend werden zunächst in den Teil-Kapiteln 4.1 bis 4.4 solche Grundlagen der Codierung [KADE91, STRU82, WEBE92] behandelt, für welche keine Wahrscheinlichkeitsrechnung benötigt wird.

Dann werden in 4.5 bis 4.7 die Größen Entscheidungsgehalt, Entscheidungsfluss, Gleichwahrscheinlichkeits-Redundanz anschaulich definiert und der Austausch zwischen Störfestigkeit und Bandbreite eines Digitalsignals bei Echtzeit-Codierung anschaulich erklärt. Die Teil-Kapitel 4.5 bis 4.7 können auch übersprungen werden, da alle genannten Größen und Gesetzmäßigkeiten später exakt definiert werden.

4.1 Definitionen

Bild 4.1 veranschaulicht die nachfolgenden Definitionen.

Ein **Symbolvorrat** ist eine endliche, nichtleere Menge verschiedener Elemente. Ein **Symbol** ist ein Element des Symbolvorrats. Die **Symbolanzahl** ist die Anzahl der Elemente des Symbolvorrats. Ein **Alphabet** ist ein in vereinbarter Reihenfolge geordneter Symbolvorrat.

Ein **Codewort** über einem Symbolvorrat ist eine Folge von Symbolen des Symbolvorrats, welche eine Einheit bilden. Die **Codewortlänge** ist die Anzahl der Symbole eines Codeworts. Die Codewortlänge wird auch als Stellenanzahl des Codeworts bezeichnet. Die Codeworte über einem gegebenem Symbolvorrat mit der Codewortlänge 1 sind mit den Symbolen des Symbolvorrats identisch. Man verwendet deshalb den Begriff **Zeichen** als Überbegriff für die Begriffe Symbol (einfaches Zeichen) und Codewort (zusammengesetztes Zeichen).

Ein **Zeichenvorrat** ist eine endliche, nichtleere Menge verschiedener Zeichen. Die **Zeichenanzahl** ist die Anzahl der Zeichen des Zeichenvorrats. Ein Zeichenvorrat mit genau zwei Zeichen (Zeichenanzahl 2) wird als **binärer Zeichenvorrat** bezeichnet. Die beiden Zeichen eines binären Zeichenvorrats werden als **Binärzeichen** oder **Bit** (von binary digit) bezeichnet.

Eine **Nachrichtenquelle** ist ein Auswahlmechanismus, der nacheinander mehr oder weniger zufällig jeweils ein Zeichen aus einem vereinbarten Zeichenvorrat mit der Zeichenanzahl s auswählt. Die von der Nachrichtenquelle erzeugte Folge von Zeichen ist die **Nachricht**. Eine Nachrichtenquelle heißt **diskret**, wenn die Zeichenanzahl s endlich ist. Eine Nachrichtenquelle heißt **zeitgerastert**, wenn die Auswahlzeitpunkte äquidistant sind, die Zeichendauer ist dann für jedes Zeichen gleich und somit konstant. Eine Nachrichtenquelle ist **ohne Gedächtnis**, wenn jedes Zeichen statistisch unabhängig von den vorhergehenden Zeichen ausgewählt wird.

In diesem Kapitel wird immer folgendes Quellenmodell verwendet: Diskrete Nachrichtenquelle ohne Gedächtnis mit s gleichwahrscheinlichen Zeichen mit konstanter Zeichendauer T_q. Wegen der Gleichwahrscheinlichkeit aller s Zeichen ist die Wahrscheinlichkeit für jedes einzelne Zeichen genau (1/s), in den abgeleiteten Formeln taucht dann nur noch die Zeichenanzahl s auf.

Symbol, Symbolvorrat
 { e, b, d, f, a, c };
 Symbolanzahl= 6;

Alphabet
 a b c d e f
 1 2 3 4 5 6   Definierte Reihenfolge!

Codewort
Zulässig seien: [a] [bca] [cd] [d] [efa]
Codewortlänge: 1   3   2   1   3

Codeworte mit der Codewortlänge 1 sind mit Symbolen des Symbolvorrats identisch. Als Überbegriff für alle zulässigen Codeworte der Länge 1, 2, 3, ... wird der Begriff Zeichen verwendet.

Zeichenvorrat
 { [a], [cd], [bca], [d], [efa] }
 Zeichenanzahl = 5;

Zeichenfolge
 [a] [d] [bca] [a] [efa] [efa] ......

Nachricht
Eine Nachricht ist eine mehr oder weniger zufällige Folge von Zeichen aus einem vereinbarten Zeichenvorrat.

Bild 4.1: Grundbegriffe der Codierung.

Durch **Codierung** wird einer Original-Zeichenfolge (der Original-Nachricht) eine Bild-Zeichenfolge (die Bild-Nachricht) zugeordnet. Als **Code** wird sowohl die **Codiervorschrift** als auch die bei der Codierung entstehende **Bildmenge** bezeichnet, der Begriff „Code" ist somit nicht eindeutig.

In den ITG-Empfehlungen wird Code (im Sinne einer Codiervorschrift) wie folgt definiert: „Ein Code ist eine Vorschrift für die eindeutige Zuordnung der Zeichen eines Original-Zeichenvorrats zu den Zeichen eines Bild-Zeichenvorrats. Die Zuordnung muss nicht umkehrbar eindeutig sein." Mit dem mathematischen Begriff Abbildung (siehe Anhang B) kann dieser Sachverhalt kürzer wie folgt formuliert werden:

> **Eine Codiervorschrift ist eine Abbildung einer Original-Zeichenmenge in eine Bild-Zeichenmenge.**

Jedem Original-Zeichen ist genau ein Bild-Zeichen zugeordnet. Es kann sein, dass Bild-Elemente nicht benutzt werden. Es kann sein, dass zwei oder mehr Original-Zeichen dasselbe Bild-Zeichen zugeordnet wird. Dann ist die Abbildung nicht umkehrbar. Man spricht dann von einer verlustbehafteten Codierung (wird häufig zur Nachrichten-Reduktion verwendet).

4.1 Definitionen

Im Informatik-Schrifttum wird meist eine engere Definition verwendet. Eine Codiervorschrift wird dort als injektive Abbildung (umkehrbare Abbildung) eines Original-Zeichenvorrats auf einen Bild-Zeichenvorrat definiert. Jedem Original-Zeichen ist genau ein Bild-Zeichen zugeordnet und zwei verschiedenen Original-Zeichen sind stets zwei verschiedene Bild-Zeichen zugeordnet. Es liegt dann eine verlustfreie Codierung vor. Nachfolgend wird die ITG-Definition verwendet, da sie verlustbehaftete Codierungen (welche in der Nachrichtentechnik vorkommen können) mit einschließt.

Codierung mit Informationsverlust

Die Definition der Codiervorschrift als (allgemeine, nicht weiter eingeschränkte) Abbildung lässt zu, dass unterschiedlichen Original-Zeichen das selbe Bild-Zeichen zugeordnet wird. Die Codierung ist dann nicht umkehrbar. Es liegt dann eine Codierung mit Informationsverlust vor, da von einem Bild-Zeichen nicht immer auf das Original-Zeichen zurück geschlossen werden kann. In der Nachrichtentechnik wird beispielsweise zur Irrelevanz-Reduktion bei der Quellencodierung eine Codierung mit Informationsverlust (verlustbehaftete Codierung) angewendet. Eine Codierung mit Informationsverlust liegt immer dann vor, wenn die Anzahl der benutzten Zeichen s_2 des Bildzeichenvorrats kleiner ist als die Zeichenanzahl s_1 des Original-Zeichenvorrats.

$s_2 < s_1$;   **Codierung mit Informationsverlust;**

Codierung ohne Informationsverlust

Eine Codierung ohne Informationsverlust (verlustfreie Codierung) liegt vor, wenn jedem Original-Zeichen genau ein Bild-Zeichen und zwei verschiedenen Original-Zeichen zwei verschiedene Bild-Zeichen zugeordnet sind. Dann ist die Abbildung injektiv, die Zuordnung ist dann umkehrbar. Die Zeichenanzahl des Bild-Zeichenvorrats muss dann größer oder gleich der Zeichenanzahl des Original-Zeichenvorrats sein.

$s_2 \geq s_1$;   **Codierung ohne Informationsverlust;**

Hinweis:
Aus obiger Bedingung für eine Codierung ohne Informationsverlust folgt später mit der Definition des Entscheidungsgehalt $E = ld(s)$ die Bedingung

$E_2 \geq E_1$; $E_2 - E_1 := R \geq 0$; $R = ld(s_2) - ld(s_1) = ld(s_2/s_1) \geq 0$;

Die Größe R wird als Redundanz bezeichnet. Der oben beschriebene Zusammenhang wird dann wie folgt formuliert: Eine verlustfreie Codierung kann nur mit Redundanz $R \geq 0$ realisiert werden.

Darstellung einer verlustfreien Codiervorschrift

Für die Darstellung einer verlustfreien Codiervorschrift (einer injektiven Abbildung) gibt es zwei Möglichkeiten:

1) **Codetabelle,**
2) **Codebaum.**

In der Codetabelle werden die Originalzeichen und die zugeordneten Bildzeichen in Tabellenform aufgelistet. Der Codebaum ist die graphische Darstellung einer verlustfreien Codiervorschrift. Da eine verlustfreie Codiervorschrift eine injektive Abbildung ist, muss der Graph ein Baum sein. Nur dann gibt es von einem Ursprungsknoten (der Wurzel) zu jedem Endknoten genau einen Weg. Den Kanten des Baums sind die Bild-Symbole, den belegten Knoten die Original-Zeichen zugeordnet. Der Weg von der Wurzel zu einem Endknoten (Originalzeichen) ergibt die Sequenz der Bild-Symbole (an den Kanten ablesbar), welche dem betrachteten Original-Zeichen (am Endknoten ablesbar) durch die Codiervorschrift zugeordnet wird.

Bild 4.2 zeigt zwei einfache Beispiele zur Darstellung von verlustfreien Codiervorschriften mittels Codetabelle oder Codebaum. Zur besseren graphischen Erkennbarkeit sind die mit Original-Zeichen belegten Knoten graphisch hervorgehoben (belegte Knoten sind ausgefüllt, nicht belegte Knoten nicht ausgefüllt).

Verlustfreie Codiervorschrift in Tabellenform:

Code 1	
[a]	1
[bca]	2
[cd]	3
[efa]	4
[d]	5

Code 2	
[a]	001
[bca]	010
[cd]	011
[efa]	100
[d]	101

Verlustfreie Codiervorschrift als Codebaum:

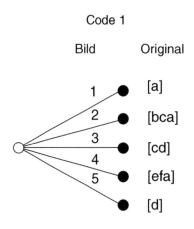
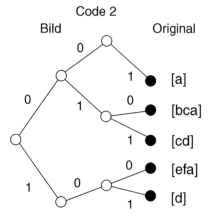

Codierungs-Beispiel:

Original-Zeichenfolge:	[a]	[d]	[bca]	[a]	[efa]	[efa]
Bild-Zeichenfolge 1: (Code 1)	**1**	**5**	**2**	**1**	**4**	**4**
Bild-Zeichenfolge 2: (Code 2)	**001**	**101**	**010**	**001**	**100**	**100**

Bild 4.2: Darstellungs-Möglichkeiten für Codiervorschriften.

4.1 Definitionen

Beispiel 4.1

Definition eines Zeichenvorrats Z1

Betrachtet wird der Symbolvorrat S1= { _, a, b, ..., x, y, z}.

Die in vereinbarter Reihenfolge angeordneten Symbole _, a, b, c,...x, y, z bilden das Alphabet A1 der Kleinbuchstaben einschließlich Leerschritt (hier als tiefliegender Strich dargestellt), der als Trennzeichen verwendet wird. Über dem Symbolvorrat S1 werden die Codeworte null_, eins_, zwei_, drei_, vier_, fünf_,sechs_, sieben_, acht_, neun_ gebildet. Diese Codeworte haben (einschließlich Leerschritt) die Codewortlänge 5, 6 oder 7, da sie aus 5, 6 oder 7 Symbolen des Symbolvorrats bestehen. Die Menge der Codeworte Z1 = {null_, eins_,....neun_} ist der Zeichenvorrat „Zahlworte null_ mit neun_" mit der Zeichenanzahl 10.

Definition eines Zeichenvorrats Z2

Betrachtet wird der Symbolvorrat S2 = {0, 1, 2, ... 9}.

Die in vereinbarter Reihenfolge angeordneten Symbole 0, 1, 2...9 bilden das Alphabet A2 der Dezimalziffern. Über dem Symbolvorrat S2 werden die Codeworte 0, 1, ...9 gebildet. Diese Codeworte haben jeweils die Codewortlänge 1, da sie aus jeweils genau 1 Symbol bestehen. Die Menge der Codeworte Z2 = {0, 1, 2 ... 9} ist der Zeichenvorrat „Dezimalziffern" mit der Zeichenanzahl 10.

Definition eines Zeichenvorrats Z3

Betrachtet wird der Symbolvorrat S3 = {0, 1}.

Die in vereinbarter Reihenfolge angeordneten Symbole 0, 1 bilden das Alphabet A3 der Dualziffern. Über dem Symbolvorrat S3 werden die Codeworte 0000, 0001, 0010, ...1111 gebildet. Diese Codeworte haben jeweils die Codewortlänge 4, da sie jeweils aus genau 4 Symbolen bestehen. Die Menge der Codeworte Z3 = {0000, 0001, 0010...1111} ist der Zeichenvorrat „vierstellige Dualzahlen" mit der Zeichenanzahl 16.

Definition einer Codiervorschrift C12

Betrachtet wird eine Codiervorschrift C12 für die Codierung des Zeichenvorrats Z1 (Zahlworte null_ mit neun_) in den Zeichenvorrat Z2 (Dezimalziffern). Die Codiervorschrift wird durch nachfolgende Codetabelle definiert. Diese Abbildung ist injektiv und surjektiv und somit bijektiv (eineindeutig).

null_	0
eins_	1
zwei_	2
.	.
.	.
neun_	9

Definition einer Codiervorschrift C23

Betrachtet wird eine Codiervorschrift C23 für die Codierung des Zeichenvorrats Z2 (Dezimalziffern) in den Zeichenvorrat Z3 (vierstellige Dualzahlen). Die Codiervorschrift wird durch folgende Tabelle definiert:

0	0000
1	0001
2	0010
.	
.	
9	1001
nicht belegt	1010 1111

Diese Codiervorschrift wird als BCD-Codierung bezeichnet. Die Abbildung ist injektiv (umkehrbar). Sie ist nicht surjektiv, da die Bildzeichen 1010⋯1111 des Zeichenvorrats Z3 nicht verwendet werden.

4.2 Präfix-Bedingung

In der Nachrichtentechnik werden Codeworte (also Symbol-Sequenzen) meist seriell übertragen. Auf der Empfangsseite wird die Sequenz der schon empfangenen Symbole mit der Liste der gültigen Codeworte gleicher Länge (wie die empfangene Symbolsequenz) verglichen. Wenn erstmals ein vollständiges Codewort vorliegt, wird entsprechend der vorliegenden Codetabelle das Codewort in das Originalzeichen decodiert und der Vergleichsvorgang neu gestartet. Damit dies möglich ist, muss die **Präfix-Bedingung** (Fano-Bedingung) erfüllt sein:

Kein Codewort ist der Anfang (der Präfix) eines anderen Codeworts.

Wenn ein Code die Präfix-Bedingung nicht erfüllt, ist er nicht decodierbar und somit nicht einsetzbar. Im Codebaum ist die Einhaltung der Präfix-Bedingung sehr einfach zu erkennen. Wenn kein Codewort Anfang eines anderen Codewortes ist, dann können nur Endknoten des Codebaums mit Codeworten belegt sein.

Bei einem Präfix-Code sind nur Endknoten des Codebaums mit Codeworten belegt.

Möglichkeiten zur Realisierung der Präfix-Bedingung

Es gibt drei Möglichkeiten zur Realisierung der Präfix-Bedingung:
1) **Blockcode,**
2) **Kommacode,**
3) **normaler Präfixcode.**

Die Begriffe Kommacode, Blockcode usw. bezeichnen nicht Eigenschaften einer Codiervorschrift, sondern Eigenschaften der bei der Codierung entstandenen Bildmenge.

Blockcode

Ein Blockcode liegt vor, wenn alle Codeworte gleiche Länge haben.

Jeder Blockcode erfüllt (wenn alle Codeworte verschieden sind) die Präfix-Bedingung, da kein Codewort der Anfang eines anderen Codeworts ist. Beim Empfang der Codeworte eines Blockcodes kann jedoch einfacher verfahren werden als ursprünglich beschrieben. Ausgehend von einer richtigen Anfangssynchronisation erfolgt die Trennung der Codeworte durch **Abzählen der Symbole**. Der nachfolgend beschriebene ASCII-Code ist ein Beispiel für einen Blockcode.

Kommacode

Ein Kommacode liegt vor, wenn ein vereinbartes Symbol am Ende eines jeden Codeworts (alternativ wäre auch möglich am Anfang) als Trennsymbol verwendet wird.

Die Codeworte (einschließlich des Trennsymbols) erfüllen dann die Präfix- Bedingung. Beim Empfang eines Kommacodes kann jedoch einfacher verfahren werden als ursprünglich beschrieben. Die empfangene Symbolsequenz wird **auf das Auftreten des Trennsymbols geprüft**. Wenn ein Trennsymbol auftritt, ist ein Codewort vollständig empfangen und kann decodiert werden. Alle natürlichen Schriften sind (wie die hier verwendete) so konstruiert. Als Trennzeichen wird bei Schriftsprachen der Leerschritt (der Abstand, das „blank") verwendet, der bei der Codierung wie andere „druckbare" Zeichen durch ein Codewort dargestellt wird.

Normaler Präfixcode

Die Codeworte des Zeichenvorrats erfüllen die Präfix-Bedingung und es liegt weder ein Blockcode noch ein Kommacode vor.

Beim Empfang eines „normalen" Präfixcodes (weder Block- noch Kommacode) kann nur durch Vergleich der empfangenen Symbolsequenz mit den gültigen Codeworten gleicher Länge geprüft werden, ob bereits ein vollständiges, decodierbares Codewort vorliegt. Dies kann auch dadurch realisiert werden, daß im Codebaum ausgehend von der Wurzel die durch die empfangene Symbolsequenz definierte Kantenfolge bis zu einem belegten Knoten verfolgt wird. Der im Abschnitt Quellencodierung behandelte Fano- bzw. Huffman-Algorithmus erzeugt unmittelbar einen Präfixcode (und nur in Ausnahmefällen einen Blockcode).

4.3 Codewortanzahl bei Blockcodes und Kommacodes

Die Anzahl der Codeworte eines Codes ist die Codewortanzahl oder Zeichenanzahl, die Menge der Codeworte des Codes der Zeichenvorrat oder Wertevorrat. Nachfolgend wird ein Symbolvorrat mit der Symbolanzahl b vorausgesetzt. Es wird berechnet:

a) Wie groß ist die Codewortanzahl eines Blockcodes mit genau z Stellen?
b) Wie groß ist die Codewortanzahl eines Kommacodes mit maximal z Stellen?

Bild 4.3 zeigt ein Codewort, bei dem die b Symbole durch b verschiedene Amplitudenwerte realisiert werden.

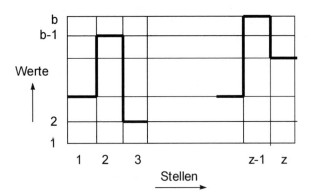

Bild 4.3: Codewort (z Stellen, b Symbole).
Die b Symbole sind durch b verschiedene Amplitudenwerte realisiert.

Codewortanzahl eines Blockcodes mit genau z Stellen

Jede Stelle des Codeworts kann ein beliebiges der b möglichen Symbole enthalten. Die Anzahl der unterscheidbaren Kombinationen bei genau z Stellen ist somit

$s = b \cdot b \cdot ... \cdot b = b^z;$
  1   2   ... z   ← Stelle;
$s = b^z;$

Codewortanzahl eines Kommacodes mit maximal z Stellen (inklusive Trennsymbol)

Bei einem Kommacode wird die Präfix-Bedingung durch Verwendung eines reservierten Trennsymbols erzwungen. Bei insgesamt b Symbolen sind dann nur noch b' = b-1 (b' ≥ 2, also b ≥ 3) verfügbar, von insgesamt z Stellen sind dann nur noch z' = z-1 (z' ≥ 1, also z ≥ 2) mit den verbliebenen (b-1) Symbolen belegbar. Diese Methode ist nur anwendbar, wenn einschließlich Trennsymbol **mindestens drei Symbole** verfügbar sind und Codeworte mit **mindestens zwei Stellen** (einschließlich der Stelle für das Trennsymbol) gebildet werden. Die Zeichenvorräte aller natürlichen Schriften sind Kommacodes, als Trennsymbol wird der Leerschritt (Abstand, blank) verwendet. Die Anzahl der möglichen Codeworte eines Kommacodes ist:

$$s = b'^1 + b'^2 + ... + b'^{z'} = \sum_{j=1}^{z'} b'^j = b' * \frac{b'^{z'} - 1}{b' - 1}$$

Mit den ursprünglichen Parametern b, z ergibt sich für die Anzahl der möglichen Codeworte mit maximal z Stellen (inklusive Trennsymbol):

$$s = (b-1) * \frac{(b-1)^{(z-1)} - 1}{(b-2)} \quad ; \quad b \geq 3; z \geq 2$$

4.3 Codewortanzahl bei Blockcodes und Kommacodes

Beispiel 4.2

Gegeben:

Der Symbolvorrat sei {0,1}. Die Codewortlänge sei genau 3.

Gesucht:
1) Berechnen Sie die Anzahl der möglichen Codeworte!
2) Geben Sie die möglichen Codeworte an!
3) Geben Sie eine zufällige Zeichenfolge an!

Lösung:
1) $s = 2^3 = 8$;
2) 000, 001, 010, ... 110, 111;
3) 001 010 110 101 110....
   123 123 123 123 123
   Die einzelnen Codeworte sind durch Abzählen eindeutig trennbar!

Beispiel 4.3

Gegeben:

Der Symbolvorrat sei {0, 1, _}, das Symbol _ wird ausschließlich als Trennsymbol benutzt. Die Stellenanzahl der Codeworte einschließlich Trennsymbol sei maximal 3.

Gesucht:
1) Berechnen Sie die Anzahl der möglichen Codeworte!
2) Geben Sie die möglichen Codeworte an!
3) Geben Sie eine zufällige Zeichenfolge an!

Lösung:
1) $s = 2 \cdot (2^2-1)/1 = 6$;
2) 0_, 1_, 00_, 01_, 10_, 11_
3) 10_0_1_10_00_.....

Durch das Trennsymbol _ am Ende des Codeworts sind die einzelnen Codeworte eindeutig voneinander trennbar!

ASCII-Code

Bild 4.4 zeigt die ASCII-Codetabelle. Die Codeworte haben die konstante Länge 7 bit, es handelt sich also um einen Blockcode. Man unterscheidet Steuerzeichen und (auf Bildschirm oder Drucker) darstellbare Zeichen. Aus dem Original-ASCII-Code wurden durch die Ersetzung einiger internationaler Sonderzeichen durch nationale Sonderzeichen verschiedene nationale Codetabellen (beispielsweise der Code DIN 66003) abgeleitet.

	Hexdez.	0.	1.	2.	3.	4.	5.	6.	7.
Hexdez.	Binär	000....	001....	010....	011....	100....	101....	110....	111....
.0	...0000	NUL	DLE	SP	0	@	P	`	p
.1	...0001	SOH	DC1	!	1	A	Q	a	q
.2	...0010	STX	DC2	"	2	B	R	b	r
.3	...0011	ETX	DC3	#	3	C	S	c	s
.4	...0100	EOT	DC4	$	4	D	T	d	t
.5	...0101	ENQ	NAK	%	5	E	U	e	u
.6	...0110	ACK	SYN	&	6	F	V	f	v
.7	...0111	BEL	ETB	'	7	G	W	g	w
.8	...1000	BS	CAN	(	8	H	X	h	x
.9	...1001	HT	EM	)	9	I	Y	i	y
.A	...1010	LF	SUB	*	:	J	Z	j	z
.B	...1011	VT	ESC	+	;	K	[	k	{
.C	...1100	FF	FS	,	<	L	\	l	|
.D	...1101	CR	GS	-	=	M	]	m	}
.E	...1110	SO	RS	.	>	N	~	n	¯
.F	...1111	SI	US	/	?	O	_	o	DEL

Bild 4.4: ASCII-Codiervorschrift.
ASCII-Code = ISO-7 bit-Code = CCITT-Alphabet Nr. 5 ≈ Code DIN 66003;
ASCII American Standard Code for Information Interchange; ISO International Standard Organization; CCITT Comite Consultatif International Telegraphique et Telephonique; heute: ITU International Telecommunication Union; DIN Deutsche Industrie Norm;

Bild 4.5 zeigt die ASCII-Steuerzeichen 00h ... 1Fh (dezimal 0 ... 31). Diese werden unterteilt in Übertragungssteuerzeichen (zur Steuerung des Übertragungsvorgangs bei zeichenorientierten Protokollen), Formatsteuerzeichen (zur optischen Formatierung der Ausgabe auf einen Drucker oder Bildschirm) und Steuerzeichen zur Codeerweiterung. Im Bild 4.5 sind die Steuerzeichen kurz erklärt.

Übertragungs-Steuerzeichen

SOH	Start of Header	Kopf-Anfang
STX	Start of Text	Text-Anfang
ETX	End of Text	Text-Ende
EOT	End of Transmission	Übertragungs-Ende
ENQ	Enquiry	Aufforderung
ACK	Acknowledge	Positive Rückmeldung
DLE	Data Link Escape	Datenübertragungs-Umschaltung
NAK	Negative Acknowledge	Negative Rückmeldung
SYN	Synchronous Idle	Synchronisier-Zeichen
ETB	End of Transmission Block	Blockende

Format-Steuerzeichen

BS	Backspace	Rückwärtsschritt
HT	Horizontal Tabulation	Horizontal-Tabulator
LF	Line Feed	Zeilen-Vorschub
VT	Vertical Tabulation	Vertikal-Tabulator
FF	Form Feed	Formular-Vorschub
CR	Carriage Return	Wagen-Rücklauf

Codeerweiterungs-Steuerzeichen

SO	Shift Out	Dauer-Umschaltung
SI	Shift In	Rückschaltung
ESC	Escape	Code-Umschaltung

Bild 4.5: ASCII-Steuerzeichen.

4.4 Blockcode-Sonderfälle

Blockcode mit minimaler Stellenanzahl

Die minimale Codewortlänge ist 1, die Symbolanzahl muss dann maximal werden:

$$s = b^z = b_{max}^1 = b_{max}; \qquad b_{max} = s;$$

Jeder Zeichenvorrat mit s Zeichen kann in einstellige Codeworte mit $b_{max} = s$ Bild-Symbolen (also in einstellige Zahlen zur Basis s) codiert werden.

Jedes zeit- und wertdiskrete Signal mit s möglichen Amplitudenwerten kann als Folge von Codeworten mit $b = s$, $z = 1$ aufgefasst werden. Beispielsweise ist ein quantisiertes PAM-Signal (wegen der Quantisierung liegt bereits ein PCM-Signal vor, siehe Kapitel Pulscodemodulation) eine solche Folge von Codeworten.

Blockcode mit minimaler Symbolanzahl

Die minimale Symbolanzahl eines Codeworts ist 2, die Stellenanzahl ist dann maximal:

$$s = b^z = 2^{z_{max}}; \qquad z_{max} \geq ld(s); \qquad z_{max} = ceil(ld(s));$$

Die Funktion ceil(x) stellt die „Aufrundung" auf die nächsthöhere, ganze Zahl dar entsprechend folgender Definition: ceil(x):= kleinste, ganze Zahl größer oder gleich x.

Jeder Zeichenvorrat mit s Zeichen kann in binäre Codeworte mit ceil[ld(s)] Binärstellen codiert werden.

Anmerkungen

Es zeigt sich später, dass bei gleichwahrscheinlichen Zeichen und geschickter Codierung eine mittlere Codewortlänge von nur $ld(s) \leq \text{ceil}[ld(s)]$ möglich ist und dass eine mittleren Codewortlänge kleiner als $ld(s)$ Binärzeichen unmöglich ist. Die untere Schranke $ld(s)$ wird als Entscheidungsgehalt E bezeichnet:

Der Entscheidungsgehalt kann entsprechend obiger Ableitung anschaulich als Mindest-Stellenanzahl eines Binärworts gedeutet werden, mit dem die Zeichen der Nachrichtenquelle nummeriert (durchgezählt) werden können.

In den nachfolgenden Teil-Kapiteln 4.5 bis 4.7 werden die Größen Entscheidungsgehalt, Entscheidungsfluss, Gleichwahrscheinlichkeits-Redundanz anschaulich definiert und der Austausch zwischen Störfestigkeit und Bandbreite eines Digitalsignals bei Echtzeit-Codierung anschaulich erklärt. Der Entscheidungsgehalt wird sich später als Maximalwert der Entropie erweisen, der Entscheidungsfluss als maximaler Informationsfluss einer Nachrichtenquelle, die Gleichwahrscheinlichkeits-Redundanz als Sonderfall der allgemeinen Redundanz. Die hier gewählte Vorgehensweise ermöglicht eine anschauliche Einführung wichtiger Grundbegriffe der Codierung. Die Teil-Kapitel 4.5 bis 4.7 können auch übersprungen werden, da alle genannten Größen und Gesetzmäßigkeiten später noch einmal exakt definiert werden.

4.5 Entscheidungsgehalt und Entscheidungsfluss

Vorbemerkung

Nachfolgende Ableitungen gelten für die
a) Quellencodierung des Zeichenvorrats einer Nachrichtenquelle in einen Blockcode,
b) Umcodierung zwischen zwei Blockcodes.

Die Parameter der Nachrichtenquelle (alternativ des Eingangs-Blockcodes) werden mit dem Index 1, die Parameter des Ausgangs-Blockcodes mit dem Index 2 gekennzeichnet. Die eingangsseitige Gesamt-Zeichendauer wird mit T_q, die ausgangsseitige Gesamt-Zeichendauer mit T_c bezeichnet, bei Echtzeit-Codierung muss $T_q \geq T_c$ sein. Die Zeichendauern (Codewortdauern) T_q und T_c sind streng zu unterscheiden von den Schrittdauern (Symboldauern) T_1 und T_2.

$$s_1 = b_1^{z_1}; \quad s_2 = b_2^{z_2}; \quad T_q = z_1 \cdot T_1; \quad T_c = z_2 \cdot T_2;$$

Die Annahme $s_1 = b_1^{z_1}$ für eine Nachrichtenquelle mit s_1 Zeichen ist wegen $s_1 = (s_1)^1$ für beliebige s_1 durch $b_1 = s_1$, $z_1 = 1$ erfüllt und ergibt keine Einschränkung der Allgemeinheit.

Entscheidungsgehalt

Der Entscheidungsgehalt E eines Zeichenvorrats mit s Zeichen ist die Binärelemente-Anzahl, die bei gleichwahrscheinlichen Zeichen zur Binärcodierung eines Zeichens mindestens erforderlich ist. Diese Anzahl wurde im vorigen Abschnitt berechnet zu:

$$E = ld(s); \quad [\text{bit}]$$

Der Entscheidungsgehalt E hat als Funktionswert einer log-Funktion die Dimension 1 und erhält die Pseudoeinheit bit. Bei der Schreibweise ist zu beachten: Bit (mit großem B) bedeutet technisch realisierbares Binärzeichen, bit (mit kleinem b) ist die Pseudo-Einheit des Informations- und Entscheidungsgehalts. Bei gleichwahrscheinlichen Zeichen ist der oben definierte Entscheidungsgehalt mit dem später definierten Informationsgehalt identisch.

Entscheidungsfluss, Übertragungsgeschwindigkeit

Entscheidungsfluss und Übertragungsgeschwindigkeit sind Synonyme. Der Entscheidungsfluss (die Übertragungsgeschwindigkeit) EF einer Nachrichtenquelle ist der Entscheidungsgehalt, den eine Nachrichtenquelle pro Zeiteinheit erzeugt. Bei konstanter Zeichendauer T_q ist:

$EF = E/T_q$;   [bit/s]

Der Entscheidungsfluss hat die Dimension 1/Zeit, die Einheit 1/s und erhält die Pseudoeinheit bit/s.

4.6 Gleichwahrscheinlichkeits-Redundanz

Durch den Codiervorgang werden s_1 Eingangs-Zeichen auf s_2 Ausgangs-Zeichen abgebildet. Aus der Bedingung für verlustfreie Codierung folgt:

$s_2 \geq s_1$;   → $ld(s_2) \geq ld(s_1)$ → $E_2 \geq E_1$;

Absolute Gleichwahrscheinlichkeits-Redundanz

Die Differenz $R = E_2 - E_1 \geq 0$ (bei verlustfreier Codierung stets positiv oder null) bezeichnet man als absolute Gleichwahrscheinlichkeits-Redundanz. Die absolute Gleichwahrscheinlichkeits-Redundanz R eines Codes ist die Anzahl der bit, die pro Codewort bei bestmöglicher Codierung noch eingespart werden könnte. Die Gleichwahrscheinlichkeits-Redundanz ist ein Sonderfall der in der Informationstheorie allgemein definierten Redundanz. Verlustfreie Codierung ist nur mit Redundanz $R \geq 0$ möglich.

$R := E_2 - E_1 = ld(s_2) - ld(s_1) = ld(s_2/s_1) = z_2 \cdot ld(b_2) - z_1 \cdot ld(b_1) \geq 0$;   [bit]

Relative Gleichwahrscheinlichkeits-Redundanz

Der Anteil der absoluten Redundanz am Entscheidungsgehalt eines Ausgangs-Codeworts ist die relative Redundanz. Die relative Gleichwahrscheinlichkeits-Redundanz gibt an, welcher Anteil der tatsächlich verwendeten Binärelemente (alternativ welcher Anteil des zur Übertragung verwendeten Entscheidungsflusses) bei redundanzfreier Codierung (mit r = 0) eingespart werden könnte.

$r := R / E_2 = (E_2 - E_1)/E_2 = 1 - E_1/E_2$; $(0 \leq r \leq 1)$;

$r = 1 - [z_1 \cdot ld(b_1)]/[z_2 \cdot ld(b_2)]$;

Eine Codierung mit $s_2 = s_1$ und somit $R = E_2 - E_1 = 0$; $r = 0$ wird als redundanzfreie Codierung bezeichnet. Eine Codierung mit minimaler Redundanz wird als optimale Codierung bezeichnet. Abhängig von den Randbedingungen ist bei endlichem Codieraufwand manchmal R = 0 möglich, meist aber nur R > 0 erreichbar.

Beispiel 4.4

Gegeben:
Einer Nachrichtenquelle (200 gleichwahrscheinliche Zeichen, konstante Zeichendauer 10 ms) wird ein Echtzeit-Blockcoder nachgeschaltet, der die Zeichen in einen binären Blockcode mit minimaler Redundanz codiert.

Gesucht:
1) Stellenanzahl;
2) Relativ-Redundanz in Prozent;
3) Übertragungsgeschwindigkeit;

Lösung:
1) $2^z \geq 200$; z ganzzahlig; → $z = \text{ceil}[\text{ld}(200)] = 8$;
2) $R = 8 \cdot \text{ld}(2) - 1 \cdot \text{ld}(200) = 8 - 7.64 = 0.36$ bit; $r = 0.36/8 = 0.045 = 4.5\%$;
3) $EF_2 = E_2/T_q = 8$ bit / 10 ms = 800 bit/s;

4.7 Verlustfreie Echtzeit-Blockcodierung

Vorbemerkung

Die nachfolgenden Ableitungen gelten sowohl für die Quellencodierung des Zeichenvorrats einer Nachrichtenquelle in einen Blockcode als auch für die Umcodierung zwischen zwei Blockcodes. Zur Bezeichnungsweise sei auf die Ausführungen am Anfang des Kapitel 4.5 verwiesen!

Codierung Zeichenfolge in Digitalsignal

Verlustfreie Codierung erfordert $s_2 \geq s_1$. Bei vorgegebenem s_1 kann diese Bedingung durch kleines b_2 und großes z_2 oder durch großes b_2 und kleines z_2 erfüllt werden. Kleines b_2 und gleichzeitig kleines z_2 schließen sich gegenseitig aus.

Am Blockcoder-Ausgang liegt eine Zeichenfolge mit den Parametern b_2, z_2, T_2 vor. Wird jedem (abstrakten) Ausgangs-Symbol ein unterschiedlicher Amplitudenwert zugeordnet, ergibt sich ein (reales) physikalisches Digitalsignal mit b_2 Amplitudenwerten. Bei elektrischer Übertragungstechnik werden die Amplitudenwerte als Spannungswerte, bei optischer Übertragungstechnik als optische Intensitäten realisiert. Bild 4.6 zeigt die Codierung der (abstrakten) Zeichenfolgen aus Bild 4.2 in (reale) physikalische Digitalsignale.

Echtzeit-Codierung erfordert $T_c \leq T_q$, im Grenzfall ist $T_c = T_q$. Aus der Echtzeit-Bedingung folgt die Übertragungsgeschwindigkeit (der Entscheidungsfluss) des Digitalsignals zu:

$EF_2 = E_2/T_c = E_2/T_q$;   mit $E_2 = \text{ld}(s_2)$; $T_c = T_q = z_1 \cdot T_1 = z_2 \cdot T_2$;

Digitalsignal-Bandbreitenbedarf

Aus der Echtzeit-Bedingung folgt die Digitalsignal-Schrittdauer zu $T_2 = T_q/z_2$. Mit $v = 1/T$ und $f_k = v/2$ ergibt sich, dass der Digitalsignal-Bandbreitenbedarf proportional zur Stellenanzahl z_2 der Ausgangs-Codeworte ist:

$$f_k = \frac{v_2}{2} = \frac{v_q}{2} \cdot z_2 \propto z_2;$$

4.7 Verlustfreie Echtzeit-Blockcodierung

Codiervorschrift aus Bild 4.2:

Original-Zeichenfolge:	a	d	bca	a	efa	efa
Bild-Zeichenfolge 1: (Code 1)	1	5	2	1	4	4
Bild-Zeichenfolge 2: (Code 2)	001	101	010	001	100	100

Zugeordnete Digitalsignale:

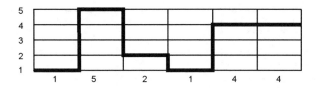

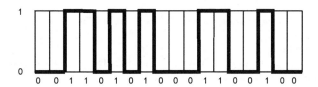

Bild 4.6: Codierung einer Zeichenfolge in ein Digitalsignal.

Digitalsignal-Störfestigkeit

Bei vorgegebenem Signalhub u_{ss} und äquidistanten Amplitudenwerten ist die Stufenhöhe des Digitalsignals $\Delta u = u_{ss}/(b_2-1)$. Die maximal zulässige Störspannung für fehlerfreie Übertragung (die Digitalsignal-Störfestigkeit) ist somit umgekehrt proportional zur Werteanzahl b_2:

$$\left|u_n\right|_{max} = \frac{\Delta u}{2} = \frac{u_{ss}}{2 \cdot (b_2 - 1)} \propto \frac{1}{b_2} \, ;$$

Hohe Störfestigkeit erfordert ein Digitalsignal mit kleinem b_2, dies bedingt ein großes z_2 und somit hohe Bandbreite. Niedrige Bandbreite erfordert ein Digitalsignal mit kleinem z_2, dies bedingt ein großes b_2 und somit geringe Störfestigkeit. Erhöhte Störfestigkeit und reduzierte Bandbreite schließen sich also gegenseitig aus.

Bild 4.7 zeigt, wie ein Zeichenvorrat mit der Zeichenanzahl 16 durch unterschiedliche Digitalsignale dargestellt werden kann. Bei hoher Werteanzahl und somit kleiner Stellenanzahl ergibt sich ein störanfälliges Digitalsignal mit geringer Bandbreite (linkes Teilbild). Bei niedriger Werteanzahl und somit hoher Stellenanzahl ergibt sich ein störfestes Digitalsignal mit hoher Bandbreite (rechtes Teilbild).

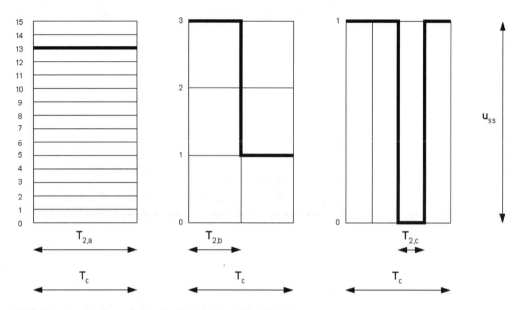

Bild 4.7: Austausch zwischen Störfestigkeit und Bandbreite.

Codiervorschrift:
Das Zeichen x_i, i = 0, 1, ... 15 wird als Zahl i zur Basis b in Positionsschreibweise dargestellt.
Zeichenanzahl: $s = 16 = b^z = 16^1 = 4^2 = 2^4$;

Beispiele

Basis b = 16:	$13_{10} =$	$13 \cdot 16^0 =$	D_{16}
Basis b = 4:	$13_{10} =$	$3 \cdot 4^1 + 1 \cdot 4^0 =$	31_4;
Basis b = 2:	$13_{10} =$	$1 \cdot 2^3 + 1 \cdot 2^2 + 0 \cdot 2^1 + 1 \cdot 2^0 =$	1101_2;

Austausch zwischen Störfestigkeit und Bandbreite

Soll durch Umcodierung ein Digitalsignal mit erhöhter Störfestigkeit entstehen, ist dies stets mit erhöhtem Bandbreitenbedarf verbunden. Soll durch Umcodierung ein Digitalsignal mit reduzierter Bandbreite entstehen, so ist dies stets mit reduzierter Störfestigkeit verbunden. Es gibt kein Codierverfahren oder Modulationsverfahren, bei dem beide Vorteile (kleinere Bandbreite, höhere Störfestigkeit) gleichzeitig realisierbar sind. Dieses Ergebnis hat fundamentale Bedeutung in der Nachrichtentechnik und wird folgendermaßen formuliert:

Störfestigkeit und Bandbreitenbedarf eines Digitalsignals sind durch Codierung austauschbar.

In Kapitel 6 wird dieser hier nur qualitativ formulierte Zusammenhang durch die Shannon-Formel zur Kanalkapazität mathematisch exakt formuliert.

4.8 Übungen

Aufgabe 4.1

Gegeben:
Eine Nachrichtenquelle mit 5 gleichwahrscheinlichen Zeichen wählt alle 10 ms eines der Zeichen aus und übergibt es einem nachgeschalteten Quellen-Encoder. Dieser fasst z_1 Zeichen blockweise zusammen und codiert diese in ein Binärwort mit konstanter, minimaler Stellenanzahl.

Gesucht:
Berechnen Sie für $z_1 = 1, 2, 3, 10$ folgende Werte:

1) Übertragungsgeschwindigkeit (Entscheidungsfluss) am Ausgang der Nachrichtenquelle;
2) Stellenanzahl der Binärworte am Ausgang des Quellen-Encoders;
3) Anzahl e der bit pro Zeichen der Nachrichtenquelle;
4) Absolute Gleichwahrscheinlichkeits-Redundanz pro Binärwort;
5) Relative Gleichwahrscheinlichkeits-Redundanz;
6) Übertragungsgeschwindigkeit (Entscheidungsfluss) am Ausgang des Quellen-Encoders;
7) Zahlenwert für z_1, bei dem die Quellencodierung redundanzfrei wird.
   Unterstellen Sie zur Lösung dieser Teilaufgabe, dass $ld(5) = 2.322$ exakt wäre.

Lösung:
Nachfolgend wird folgende Indizierung verwendet:
Index 0 = Ausgang der Nachrichtenquelle;
Index 1 = Ausgang des Pufferspeichers = Eingang des Coders;
Index 2 = Ausgang des Coders;

1) $EF_0 = v_0 \cdot ld(b_0) = 232.2$ bit/s;
2) $R = z_2 \cdot ld(b_2) - z_1 \cdot ld(b_1) > 0;$ $\quad z_2 = ceil[z_1 \cdot ld(b_1)];$ $\quad E_2 = z_2 \cdot ld(2) = z_2;$
3) $e = z_2/z_1;$
4) $R = E_2 - E_1 = z_2 \cdot ld(b_2) - z_1 \cdot ld(b_1) = z_2 - z_1 \cdot ld(b_1);$ $\quad$ (mit $b_2 = 2$);
5) $r = R/E_2;$
6) $z_1 \cdot T_1 = z_2 \cdot T_2;$ $\quad v_2 = v_1 \cdot (z_2/z_1) = v_1 \cdot e;$ $\quad EF_2 = v_2 \cdot ld(b_2) = v_1 \cdot (z_2/z_1) \cdot 1 = v_1 \cdot e;$

Zahlenwerte zu Teilaufgaben 2) bis 6)

$z_1 =$	1	2	3
E_1/bit =	2.322	4.644	6.966
E_2/bit =	3	5	7
$e = z_2/z_1 =$	3	2.5	2.333
R/bit =	0.678	0.356	0.034
r =	0.226	0.071	0.005
EF_2/(bit/s) =	300	250	233.3

7) $R = E_2 - E_1 = z_2 \cdot ld(b_2) - z_1 \cdot ld(b_1) = 0$;
$z_2/z_1 = ld(b_1)/ld(b_2) = 2.322 = 2322/1000 = [2322/GGT]/[1000/GGT] = 1161/500$;
GGT = Größter Gemeinsamer Teiler von 2322 und 1000;

Redundanzfreie Codierung ergibt sich (unter den angegebenen Voraussetzungen und der Annahme $ld(5) = 2.322$) für $z_1 = 500$, $z_2 = 1161$. Der Aufwand für eine redundanzfreie Codierung wäre also astronomisch groß und nicht realisierbar (die Codetabelle müsste 2^{1161} Einträge aufweisen). Andererseits ergab sich für $z_1 = 3$ eine Relativ-Redundanz von nur noch 0.5%.

5 Grundbegriffe der Informationstheorie

Die Informationstheorie wurde im Jahre 1948 durch Claude Elwood Shannon begründet. Shannon beschreibt in „The Mathematical Theory of Communication" [SHAN48, SHWE72] das fundamentale Problem der Kommunikationstechnik wie folgt:

> „The fundamental problem of communication is that of reproducing at one point exactly or approximately a message selected at another point. .... The significant aspect is that the actual message is one selected from a set of possible messages."

Einige Grundbegriffe und Definitionen dieser „Mathematischen Theorie der Kommunikation" werden in diesem Abschnitt behandelt. Für eine vertiefte Einarbeitung in die Grundlagen der Informationstheorie wird auf [SHAN48, KADE91, ROHL95] verwiesen. Die unidirektionale Informationstheorie von C. E. Shannon wurde 1973 durch H. Marko zur bidirektionalen Kommunikationstheorie erweitert [MARK73].

5.1 Quellenmodell

Nachfolgend wird eine diskrete Nachrichtenquelle ohne Gedächtnis mit der Zeichenanzahl s vorausgesetzt. Wesentlich ist, daß wegen der Eigenschaft „ohne Gedächtnis" die Auswahl jedes Quellenzeichens statistisch unabhängig von der Auswahl der vorhergehenden Quellenzeichen erfolgt. Die Auftrittswahrscheinlichkeiten und Zeichendauern der Quellenzeichen seien bekannt. Die Nachrichtenquelle ist in diesem Fall vollständig durch folgende Angaben definiert:

Zeichen	$x_i =$	x_1	x_2	....	x_s
Wahrscheinlichkeit	$p_i = p(x_i) =$	p_1	p_2	....	p_s
Zeichendauer	$T_i = T(x_i) =$	T_1	T_2	....	T_s

Kurzform: $x_i, T_i, p_i,$ $i = 1, 2, ... s;$

Dabei wird unterstellt, daß die Zeichen lückenlos aufeinander folgen: Nach Auswahl eines Zeichens x_i laufen genau T_i Zeiteinheiten (Zeichendauer des Zeichens x_i) bis zur Auswahl des nächsten Zeichens ab.

Bild 5.1 zeigt eine Nachrichtenquelle mit dem Zeichenvorrat x_i (mit $i = 1, 2, ... s$), den zugehörigen Zeichendauern T_i (mit $i = 1, 2, ... s$) und dem Auswahlmechanismus, der die Zeichen x_i mit den Wahrscheinlichkeiten p_i (mit $i = 1, 2, ... s$) auswählt und nacheinander auf dem Ausgabekanal ausgibt. Nachfolgend werden folgende Teilprobleme behandelt:

- Welchen Informationsgehalt hat ein bestimmtes Quellenzeichen?
- Welchen mittleren Informationsgehalt hat ein Quellenzeichen?
- Welchen mittleren Informationsgehalt pro Zeiteinheit (als Informationsfluss der Nachrichtenquelle bezeichnet) gibt die Nachrichtenquelle ab?

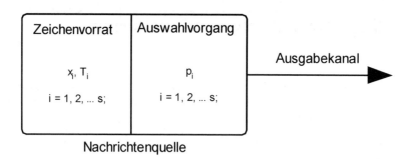

Bild 5.1: Nachrichtenquelle.

5.2 Informationsgehalt

Forderungen an ein Maß für den Informationsgehalt

Ein mathematisches Maß für den Informationsgehalt $I(X_i)$ eines Ereignisses X_i (beispielsweise der Auswahl des Quellenzeichens x_i, nachfolgend wird deshalb die vereinfachte Schreibweise $I(x_i) = I_i$ verwendet) soll folgende Bedingungen erfüllen:

1) $I(x_i) \geq 0$;
   Der Informationsgehalt ist stets positiv oder null, niemals negativ.

2) Das sichere Ereignis soll den Informationsgehalt 0 erhalten. Häufige Zeichen sollen einen niedrigen Informationsgehalt, seltene Zeichen einen hohen Informationsgehalt erhalten.

3) $I(x_i\, x_j) = I(x_i) + I(x_j)$ \quad bei statistischer Unabhängigkeit von x_i und x_j.
   Der Informationsgehalt $I(x_i\, x_j)$ des Verbundereignisses (x_i, x_j) soll bei statistischer Unabhängigkeit der Einzelereignisse x_i, x_j gleich der Summe der beiden Informationsgehalte sein.

4) Der Informationsgehalt bei der Elementar-Auswahl aus zwei gleichwahrscheinlichen Ereignissen soll den Zahlenwert 1 haben.

Vorüberlegung

Die Häufigkeit eines Ereignisses wird durch dessen Wahrscheinlichkeit p beschrieben. Deshalb muss in einem Maß für den Informationsgehalt die Wahrscheinlichkeit p auftreten. Damit sich bei kleinen (großen) Wahrscheinlichkeiten große (kleine) Informationswerte ergeben, muss der Informationsgehalt von (1/p) abhängen. Damit sich für p = 1 der Informationsgehalt 0 ergibt und damit sich bei statistischer Unabhängigkeit zweier Ereignisse (die zugehörigen Wahrscheinlichkeiten werden dann multipliziert) die Informationsgehalte addieren, muss eine log-Funktion log(1/p) verwendet werden. Damit sich bei p = 1/2 der Informationsgehalt 1 ergibt, muss die log-Funktion zur Basis 2 (die ld-Funktion) verwendet werden. Resultierend ergibt sich damit für den Informationsgehalt die (nachfolgend angegebene und später noch einmal überprüfte) Abhängigkeit $I = ld(1/p)$.

5.2 Informationsgehalt

Definition des Informationsgehalts

Das nachfolgend angegebene mathematische Maß für den Informationsgehalt I(x) des Ereignisses „Quellenzeichen x wurde ausgewählt" erfüllt als einziges alle Forderungen und ist von fundamentaler Bedeutung für die Informationstheorie:

$$I(x) := \text{ld}\left(\frac{1}{p(x)}\right) = -\text{ld}\,[p(x)]; \qquad [\text{bit}];$$

Der Informationsgehalt hat die Dimension 1 (ist eine dimensionslose Größe) und erhält die Pseudoeinheit bit (mit kleinem b) zugeordnet. Die Wortschöpfung bit ist die Abkürzung des englischen Begriffs binary digit (Binärziffer). Bild 5.2 zeigt den Informationsgehalt I(x) eines Ereignisses „Auswahl des Zeichens x" in Abhängigkeit von dessen Auftrittswahrscheinlichkeit p(x).

Hinweis:

Bei einer Nachrichtenquelle mit s gleichwahrscheinlichen Zeichen ist $p_i = p = (1/s)$ für alle i, somit folgt für den Informationsgehalt eines jeden Zeichens $I_i = -\text{ld}(1/s) = +\text{ld}(s)$. Der mittlere Informationsgehalt pro Zeichen ist dann ebenfalls ld(s). Bei Gleichwahrscheinlichkeit aller Zeichen ist also der mittlere Informationsgehalt eines Zeichens gleich dem früher schon definierten Entscheidungsgehalt der Nachrichtenquelle.

Für die Forderung 4) gibt es auch andere Festlegungen. Dies ergibt eine andere Basis der log-Funktion und eine andere Pseudoeinheit und wird hier nicht weiter betrachtet.

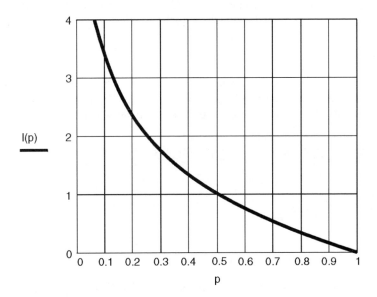

Bild 5.2: Informationsgehalt eines Ereignisses.
I(p) Informationsgehalt in bit; p Wahrscheinlichkeit;

Eigenschaften des Informationsgehalts

Es wird nachgewiesen, dass alle ursprünglich formulierten Forderungen erfüllt werden:

1) $0 \leq p \leq 1$ ergibt $-ld(p) \geq 0$;

2) $p = 1$ ergibt $-ld(1) = 0$.
   $p \approx 1$ ergibt kleine Werte für den Informationsgehalt.
   $0 < p \ll 1$ ergibt große Werte für den Informationsgehalt.

3) x_i, x_j statistisch unabhängig ergibt $p(x_i x_j) = p(x_i) \cdot p(x_j)$ und somit
   $I(x_i x_j) = -ld[p(x_i x_j)] = -ld[p(x_i) \cdot p(x_j)] = -ld[p(x_i)] - ld[p(x_j)] = I(x_i) + I(x_j)$;

4) $p = 1/2$ ergibt $-ld(1/2) = +ld(2) = 1$;

Beispiel 5.1

Berechnen Sie die Informationsgehalte der Zeichen der nachfolgenden Nachrichtenquelle ohne Gedächtnis:

i =   1   2   3   4   5;
p_i = 0.4   ?   0.2 0.1 0.1;

Lösung:
$I_1 = -ld(0.4) = 1.32$ bit; $I_{2,3} = -ld(0.2) = 2.32$ bit; $I_{4,5} = -ld(0.1) = 3.32$ bit;

5.3 Entropie

Der mittlere Informationsgehalt eines Quellenzeichens wird als Entropie H der Nachrichtenquelle bezeichnet.

Berechnung der Entropie

Die nachfolgend verwendete Kurzschreibweise (i) unter dem Summen-Symbol bedeutet „über alle zulässigen Werte von i", hier also i = 1, 2, ... s. Der Mittelwert einer Zufallsgröße $I(x_i) = I_i$ ist nach den Regeln der Wahrscheinlichkeitsrechnung wie folgt definiert:

$$EW[I_i] := \sum_{(i)} p_i \cdot I_i = \sum_{(i)} p_i \cdot ld\left(\frac{1}{p_i}\right) = -\sum_{(i)} p_i \cdot ld(p_i) := H;$$

$$\boxed{H := -\sum_{(i)} p_i \cdot ld(p_i); \qquad [bit];}$$

Beispiel 5.2

Berechnen Sie die Entropie der Nachrichtenquelle des Beispiels aus Kapitel 5.2.

Lösung:
$H = 0.4 \cdot 1.32 + 0.2 \cdot 2.32 \cdot 2 + 0.1 \cdot 3.32 \cdot 2 = 2.12$ bit;

5.3 Entropie

Eigenschaften der Entropie

$H \geq 0$;

Wegen $p_i \geq 0$ und $I_i \geq 0$ ist stets $p_i \cdot I_i \geq 0$ und somit $\sum (p_i \cdot I_i) \geq 0$.
Der Mittelwert einer Zufallsgröße ≥ 0 kann nur ≥ 0 sein!

$H_{max} = ld(s)$;

H wird maximal bei Gleichwahrscheinlichkeit der Zeichen. Bei s gleichwahrscheinlichen Zeichen ist für alle i die Zeichenwahrscheinlichkeit $p_i = 1/s$. Damit ergibt sich:

$$H_{max} = -\sum_{1}^{s} \frac{1}{s} \cdot ld\left(\frac{1}{s}\right) = s \cdot \frac{1}{s} \cdot ld(s) = ld(s);$$

Das sichere Ereignis (p = 1) oder das unmögliche Ereignis (p = 0) liefern keinen Beitrag zu H: Wegen $-1 \cdot ld(1) = -1 \cdot 0 = 0$ liefert das sichere Ereignis keinen Beitrag zu H, ein Ereignis mit $p \approx 1$ liefert nur einen kleinen Beitrag zu H.

Wegen $\lim_{p \to 0}[-p \cdot ld(p)] = 0$ liefert das unmögliche Ereignis keinen Beitrag zu H, ein Ereignis mit $p \approx 0$ liefert nur einen kleinen Beitrag zu H.

Bild 5.3 zeigt den Beitrag eines Einzelzeichens mit der Wahrscheinlichkeit p bei der Berechnung von H, nämlich $-p \cdot ld(p)$. Ein sehr seltenes Ereignis ($p \approx 0$, $p > 0$) weist zwar einen sehr hohen Informationsgehalt $I = -ld(p)$ auf, durch die Multiplikation mit $p \approx 0$ bei der Mittelwertbildung ist entsprechend der obigen Grenzwertaussage der resultierende Beitrag zu H jedoch sehr klein.

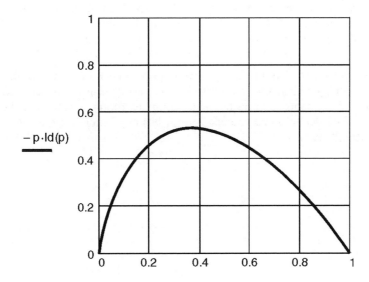

Bild 5.3: Beitrag eines Zeichens zur Entropie.

Wertebereich der Entropie

Für die Entropie H einer diskreten Nachrichtenquelle ohne Gedächtnis mit s Quellenzeichen ergibt sich $H_{min} = 0$ bei Einpunkt-Verteilung und $H_{max} = ld(s)$ bei Gleichverteilung der Zeichen.

$$0 \equiv H_{min} \leq H \leq H_{max} \equiv ld(s);$$

Entropie der Binärquelle

Für die Binärquelle (Zeichen 1 = „low", Zeichen 2 = „high") ergibt sich für die Entropie H mit $p_1 = p$, $p_2 = 1-p_1 = 1-p$ nachfolgende Funktion von p, welche auch als Shannon-Funktion sha(p) (oder als horseshoe-function, Hufeisenfunktion) bezeichnet wird:

$$H(p) = -p \cdot ld(p) - (1-p) \cdot ld(1-p) =: sha(p);$$

Bild 5.4 zeigt den Verlauf von H(p) für eine Binärquelle. Bei p = 0 oder p = 1 ist wegen der sicheren Auswahl H = 0. Das Maximum ergibt sich für p = 0.5 (größter Überraschungswert bei Gleichverteilung der Zeichen) zu ld(2) = 1 bit. Bild 5.4 folgt aus Bild 5.3, wenn der Funktionsverlauf aus Bild 5.3 zu dem bei p = 0.5 gespiegelten Funktionsverlauf addiert wird.

Folgerungen für die Quellencodierung

Ein technischer Binärschritt (1 Bit) kann nur dann eine Informationseinheit (1 bit) transportieren, wenn die Folge der Binärschritte statistisch unabhängig ist und die Wahrscheinlichkeit p(low) = p(high) = p = 0.5 aufweist. Andernfalls ist die im Mittel pro Binärschritt transportierte Informationsmenge kleiner als 1 bit.

Jedes optimale Quellencodierungs-Verfahren (siehe Kapitel Quellencodierung) muss deshalb eine statistisch unabhängige Folge von Binärzeichen mit p(low) = p(high) = 0.50 erzeugen (oder diesen Fall möglichst gut annähern), weil nur dann durch einen technischen Binärschritt (1 Bit) auch eine Informationseinheit (1 bit) transportiert werden kann.

Die nachfolgend definierte Übertragungsgeschwindigkeit eines Binärsignals ist die Anzahl der Binärschritte (in Bit) pro Zeiteinheit, also die Anzahl der „Transportbehälter" pro Zeiteinheit für maximal 1 bit Information. Der nachfolgend definierte Informationsfluss ist die tatsächlich transportierte Anzahl der Informationseinheiten (in bit) pro Zeiteinheit (also der tatsächliche Inhalt der Transportbehälter).

5.4 Quellenredundanz

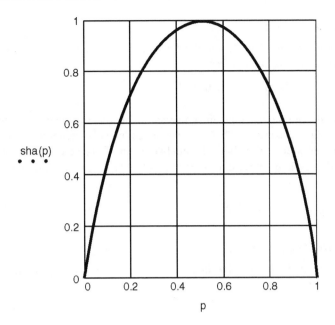

Bild 5.4: Entropie der Binärquelle.
sha(p) Shannon-Funktion; p Wahrscheinlichkeit;

Entscheidungsgehalt

Als Entscheidungsgehalt E_q einer Nachrichtenquelle bezeichnet man den Maximalwert der Entropie H.

Nach den bisherigen Überlegungen ergibt sich der Maximalwert der Entropie H bei Gleichwahrscheinlichkeit der Quellensymbole, also $p_i = 1/s$ für alle $i = 1, 2, \dots s$.

$$H_{max} = -\sum_{1}^{s}\left(\frac{1}{s}\right) \cdot ld\left(\frac{1}{s}\right) = s \cdot \left(\frac{1}{s}\right) \cdot ld(s) = ld(s) := E_q;$$

$$E_q := H_{max} = ld(s); \qquad [bit];$$

Der Entscheidungsgehalt (also der Maximalwert der Entropie) einer Nachrichtenquelle mit genau s Zeichen ist ld(s). Mit diesem Ergebnis wird die in Kapitel 4 (Codierung) verwendete, anschauliche Definition des Entscheidungsgehalts einer Nachrichtenquelle gerechtfertigt.

5.4 Quellenredundanz

Die Quellenredundanz R_q (mit Index q) ist streng zu unterscheiden von der später definierten Coderedundanz R_c (mit Index c bzw. ohne Index).

Absolute Quellenredundanz

Die absolute Quellen-Redundanz R_q ist die Differenz zwischen Entscheidungsgehalt E_q und der Entropie H einer Nachrichtenquelle:

$$R_q := E_q - H = H_{max} - H \geq 0; \quad [\text{bit}]$$

Die absolute Quellenredundanz gibt an, um wieviel bit die Entropie (der mittlere Informationsgehalt eines Quellenzeichens bei der vorliegenden Wahrscheinlichkeitsverteilung der Quellenzeichen) von ihrem möglichen Maximalwert (dem Entscheidungsgehalt bei Gleichverteilung der Quellenzeichen) abweicht. Wegen $0 \leq H \leq H_{max}$ gilt für die absolute Quellenredundanz:

$$0 \leq R_q \leq H_{max} = E_q\,;$$

Relative Quellenredundanz

Die relative Quellen-Redundanz r_q ist die auf den Entscheidungsgehalt E_q normierte absolute Quellen-Redundanz R_q:

$$r_q := R_q / E_q = 1 - H/E_q;$$

Wegen $0 \leq H \leq E_q$ gilt für die relative Quellenredundanz $0 \leq r_q \leq 1$.

5.5 Informationsfluss und Entscheidungsfluss

Informationsfluss

Als Informationsfluss HF einer Nachrichtenquelle bezeichnet man den durchschnittlich pro Zeiteinheit abgegebenen Informationsgehalt.

$$HF := \frac{(\text{mittlerer Informationsgehalt eines Zeichens})}{(\text{mittlere Dauer eines Zeichens})} = \frac{EW[I_i]}{EW[T_i]};$$

Mit $\quad EW[I_i] = \sum_{(i)} (p_i \cdot I_i) := H\,; \quad EW[T_i] = \sum_{(i)} (p_i \cdot T_i) := T_q\,; \quad v_q = 1/T_q \quad$ folgt:

$$\boxed{HF = \frac{H}{T_q} = H \cdot v_q\,; \quad [\text{bit}/\text{s}];}$$

Entscheidungsfluss

Als Entscheidungsfluss einer Nachrichtenquelle bezeichnet man den Maximalwert des Informationsflusses. Der maximale Informationsfluss HF_{max} einer Nachrichtenquelle ergibt sich, wenn die Entropie maximal wird, dies ist bei Gleichwahrscheinlichkeit der Quellenzeichen der Fall. Bei einer Nachrichtenquelle mit s möglichen, gleichwahrscheinlichen Quellenzeichen ist

$H_{max} = E_q = ld(s)$. Der zugehörige maximale Informationsfluss wird als Entscheidungsfluss bezeichnet und folgt zu:

$$HF_{max} = \frac{H_{max}}{T_q} = \frac{E_q}{T_q} = E_q \cdot v_q := EF; \quad [bit/s];$$

Hinweis:

Mit diesem Ergebnis wird die im Abschnitt Codierung verwendete, anschauliche Definition des Entscheidungsflusses einer Nachrichtenquelle gerechtfertigt. Erzeugt eine Nachrichtenquelle gleichwahrscheinliche b-wertige Symbole (der Entscheidungsgehalt pro Symbol ist dann ld(b) [bit]) mit der Schrittgeschwindigkeit v, dann resultiert eine Übertragungsgeschwindigkeit $EF = v \cdot ld(b)$ [bit/s].

Beispiel 5.3

Berechnen Sie den Informationsfluss folgender Nachrichtenquelle:

Zeichen:	1	2	3	4	5;
Wahrscheinlichkeit:	0.4	0.2	0.2	0.1	?;
Dauer/ms:	1	2	3	4	5;

Lösung:

H = 2.12 bit;
$T_q = (0.4 \cdot 1 + 0.2 \cdot 2 + 0.2 \cdot 3 + 0.1 \cdot 4 + 0.1 \cdot 5)$ ms = 2.30 ms;
HF = 2.12 bit / 2.30 ms = 921.7 bit/s = 0.922 kbit/s;

5.6 Informationsübertragung

Bild 5.5 zeigt das Blockschaltbild der Nachrichtenübertragung mit Erläuterungen. Die von der Nachrichtenquelle erzeugten Quellenzeichen werden durch den sendeseitigen Encoder in Kanal-Eingangszeichen codiert. Diese werden durch den im allgemeinen gestörten Kanal übertragen (transportiert und beeinflusst) und bewirken ausgangsseitig Kanal-Ausgangszeichen. Der empfangsseitige Decoder ordnet den Kanal-Ausgangszeichen die Senkenzeichen zu, welche an die Nachrichtensenke ausgegeben werden. Häufig sind die Senkenzeichen und die Quellenzeichen identisch (beispielsweise bei der Datenübertragung), manchmal sind die Senkenzeichen den Quellenzeichen nur ähnlich (Sprach- und Bildübertragung mit Redundanz- und Irrelevanz-Reduktion).

Nachfolgend betrachten wir zunächst einen diskreten Kanal (also einen Kanal mit einer endlichen Anzahl von Kanal-Eingangszeichen und Kanal-Ausgangszeichen). Dessen Übertragungsverhalten kann mit einem Übergangs-Graph dargestellt werden. Bild 5.5 zeigt die Übergangsgraphen eines ungestörten Kanals (Teilbild unten links) und eines gestörten Kanals (Teilbild unten rechts, die Übergänge sind beim gestörten Kanal nur teilweise dargestellt).

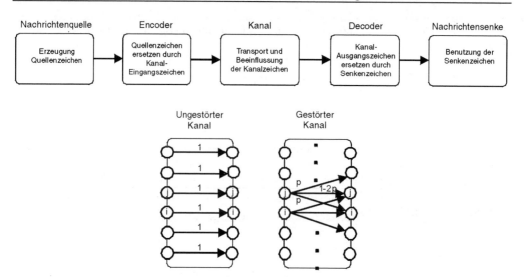

Bild 5.5: Blockschema der Nachrichtenübertragung mit Kanal-Übergangs-Graphen.
Unten links: Ungestörter Kanal; Unten rechts: Gestörter Kanal, Übergänge nur teilweise dargestellt.

Ungestörter Kanal

Bild 5.5 (unten links) zeigt den Übergangs-Graph eines ungestörten Kanals. Die den Kanten des Graphs zugeordneten Zahlenwerte geben die bedingte Wahrscheinlichkeit an, mit der auf ein links angeordnetes Kanal-Eingangszeichen ein rechts angeordnetes Kanal-Ausgangszeichen folgt. Beim ungestörten Kanal treten alle eingezeichneten Übergänge mit der Übergangswahrscheinlichkeit 1 auf, die Kanal-Ausgangszeichen sind somit vollständig abhängig von den Kanal-Eingangszeichen. Resultierend ergibt sich eine 1 zu 1-Zuordnung zwischen Kanal-Eingangszeichen und Kanal-Ausgangszeichen. Die am Kanaleingang eingespeiste Information ist beim ungestörten Kanal am Kanalausgang ohne Verluste verfügbar.

Zur technischen Realisierung wird im einfachsten Fall jedes Kanal-Eingangszeichen durch den physikalischen Wert eines Signalparameters (beispielsweise elektrische Spannung, Phasenlage eines Trägersignals, optische Intensität) realisiert. Das Signal wird am Kanaleingang eingespeist und zum Kanalausgang transportiert. Beim ungestörten Kanal sind alle benutzten Werte des Signalparameters am Kanalausgang eindeutig unterscheidbar.

Hinweis:
Es kann (anders als oben beschrieben) jedes Kanal-Eingangszeichen durch eine Sequenz von elementaren Kanal-Symbolen (ein Kanal-Codewort aus z Kanal-Symbolen mit b Wertemöglichkeiten) dargestellt werden, dem ein entsprechendes Kanal-Ausgangszeichen zugeordnet wird. Der abstrakte Übergangs-Graph beinhaltet auch diesen allgemeinen Fall. Die obige Beschreibung, bei der jedes Kanal-Zeichen durch einen Wert des Signalparameters dargestellt wurde, stellt lediglich den einfachsten Fall dar.

5.6 Informationsübertragung

Gestörter Kanal

Bild 5.5 (unten rechts) zeigt einen möglichen Übergangs-Graph eines gestörten Kanals. Durch Störungen im Kanal verursacht ein Kanal-Eingangszeichen nicht immer das erwünschte Kanal-Ausgangszeichen (im Bild mit der Übergangswahrscheinlichkeit 1-2·p), sondern wird manchmal in andere Kanal-Ausgangszeichen verfälscht (im Bild mit der Übergangswahrscheinlichkeit p in die unmittelbar benachbarten Kanal-Ausgangszeichen). Die Summe der von einem Kanal-Eingangszeichen ausgehenden Übergangswahrscheinlichkeiten muss natürlich identisch gleich 1 sein. Die Kanal-Ausgangszeichen sind bei diesem Kanal für kleines p zwar weitgehend, aber nicht vollständig von den Kanal-Eingangszeichen abhängig. Je stärker die Störungen im Kanal sind, desto stärkere Verfälschungen treten auf und desto geringer ist die statistische Abhängigkeit der Kanal-Ausgangszeichen von den Kanal-Eingangszeichen. Die am Kanaleingang eingespeiste Information ist beim gestörten Kanal (weil falsche Ausgangszeichen auftreten können) nur teilweise am Kanalausgang verfügbar.

Mittlerer Transinformationsgehalt

Nachfolgend werden die Kanal-Eingangszeichen mit x_i, die Kanal-Ausgangszeichen mit y_j bezeichnet. Es wird angenommen, dass das Kanal-Eingangs-Alphabet gleich dem Kanal-Ausgangs-Alphabet ist, somit haben i und j den selben Wertebereich 1, 2, ... s (siehe auch Bild 5.5 links). Nach Shannon ist der mittlere Transinformations-Gehalt (TG) je Eingangs-Ausgangs-Zeichenpaar (x, y) durch folgenden Erwartungswert gegeben:

$$TG = \sum_{(i)}\sum_{(j)} p(x_i, y_j) \cdot ld \frac{p(x_i, y_j)}{p(x_i) \cdot p(y_j)} \quad ;$$

Für den ld-Ausdruck in der Doppelsumme sind wegen $p(x_i, y_j) = p(x_i \mid y_j) \cdot p(y_j) = p(y_j \mid x_i) \cdot p(x_i)$ mehrere Schreibweisen möglich (von denen nachfolgend die letzte noch verwendet wird):

$$TG(x_i, y_j) = ld\left(\frac{p(x_i, y_j)}{p(x_i) \cdot p(y_j)}\right) = ld\left(\frac{p(x_i \mid y_j)}{p(x_i)}\right) = ld\left(\frac{p(y_j \mid x_i)}{p(y_j)}\right) \quad ;$$

Für eine ausführliche Diskussion des mittleren Transinformations-Gehalts beim diskreten Kanals wird auf [SHAN48, KADE91] verwiesen. Nachfolgend werden zwei wichtige Sonderfälle betrachtet, welche den Wertebereich des Transinformations-Gehalts abgrenzen [ELSN77].

Sonderfall 1: Statistische Unabhängigkeit

Wenn die Kanal-Ausgangszeichen von den Kanal-Eingangszeichen **statistisch unabhängig** sind, ist $p(x_i, y_j) = p(x_i) \cdot p(y_j)$. Dann wird für alle möglichen Eingangs-Ausgangs-Zeichenpaare (x_i, y_j) der Wert $TG(x_i, y_j) = ld(1) = 0$. Somit folgt auch für den Erwartungswert TG = 0.

TG = 0;   [bit];

Dieser Sonderfall wird als „total gestörter Kanal" bezeichnet. Die ausgangsseitige Zeichenfolge ergibt sich hier durch die Störungen im Kanal, die Kanal-Eingangszeichen „wirken nicht ein" auf die Kanal-Ausgangszeichen.

Sonderfall 2: Vollständige Abhängigkeit

Dieser Sonderfall beschreibt den ungestörten Kanal (siehe Bild 5.5 unten links). Wenn die Kanal-Ausgangszeichen **vollständig abhängig** von den Kanal-Eingangszeichen sind (also durch diese mit Wahrscheinlichkeit 1 bestimmt werden), dann gilt für die Übergangs-Wahrscheinlichkeiten:

$$p(y_j \mid x_i) = 1; \quad \text{für } j = i;$$
$$= 0; \quad \text{für } j \neq i;$$

Zeichenpaare mit $i \neq j$ treten dann nicht auf, deshalb ist $p(x_i, y_j) = 0$ für $i \neq j$. In der Doppelsumme für den mittleren Transinformations-Gehalt ergeben sich für $i \neq j$ jeweils Terme mit $0 \cdot \text{ld}(0)$, welche wegen $p \cdot \text{ld}(p) \to 0$ für $p \to 0$ keinen Beitrag liefern.

Für die möglichen Zeichenpaare (x_i, y_i) folgt wegen $p(y_i \mid x_i) = 1$ und somit $p(y_i) = p(x_i)$ (siehe hierzu den Übergangs-Graph in Bild 5.5 unten links) unter Verwendung einer geeigneten Schreibweise für $TG(x_i, y_j)$:

$$TG(x_i, y_i) = \text{ld}\left(\frac{p(y_i \mid x_i)}{p(y_i)}\right) = \text{ld}\left(\frac{1}{p(x_i)}\right) = -\text{ld}[p(x_i)] \;;$$

Wegen $\sum_{(j)} p(x_i, y_j) = p(x_i)$ folgt für den mittleren Transinformations-Gehalt:

$$TG = -\sum_{(i)} \left\{ \text{ld}[p(x_i)] \sum_{(j)} p(x_i, y_j) \right\} = -\sum_{(i)} p(x_i) \cdot \text{ld}[p(x_i)] = H(X) \;; \qquad [\text{bit}];$$

Der mittlere Transinformations-Gehalt pro Eingangs-Ausgangs-Zeichenpaar (also pro übertragenem Zeichen) ist beim ungestörten Kanal gleich dem mittleren Informationsgehalt eines Kanal-Eingangszeichens, da ausgangsseitig der zufällige Auswahlvorgang der Eingangsseite exakt reproduziert wird und somit dort die Ungewissheit über diese Auswahl vollständig beseitigt wird. Aus der Betrachtung des Übergangs-Graphs für den ungestörten Fall (siehe Bild 5.5 unten links) wäre dies auch ohne Rechnung unmittelbar ersichtlich gewesen.

Normalfall: Gestörter Kanal

Wenn weder statistische Unabhängigkeit (total gestörter Kanal) noch vollständige Abhängigkeit (ungestörter Kanal) vorliegen (sondern ein „normal" gestörter Kanal), dann wird der resultierende Transinformations-Gehalt pro übertragenem Zeichen zwischen diesen beiden Extremwerten liegen:

$$0 \leq TG \leq H(X); \qquad [\text{bit}];$$

Bei einer quasi fehlerfreien Informationsübertragung (Informationsübertragung mit sehr kleiner Fehlerwahrscheinlichkeit) wird $TG \approx H(X)$, jedoch $TG < H(X)$.

5.6 Informationsübertragung

Transinformationsfluss

Als Transinformationsfluss (Informationsfluss **durch** den Kanal) bezeichnet man den vom Kanal-Eingang zum Kanal-Ausgang transportierten Transinformations-Gehalt pro Zeiteinheit. Bei Echtzeit-Übertragung ist die mittlere Dauer eines Übertragungs-Vorgangs gleich der mittleren Quellenzeichen-Dauer T_q. Somit folgt für den Transinformationsfluss (mit $v_q = 1/T_q$):

$$\boxed{TF = \frac{TG}{T_q} = TG \cdot v_q \; ; \qquad [bit/s];}$$

$0 \leq TG \leq H(X)$ (in [bit]) bedingt $0 \leq TF \leq HF$ (in [bit/s]).

Der Transinformationsfluss beim total gestörten Kanal ist 0, beim ungestörten Kanal gleich dem Informationsfluss $HF = H/T_q = H \cdot v_q$ der eingangsseitig angeschalteten Nachrichtenquelle. Bei quasi fehlerfreier Übertragung (Fehlerwahrscheinlichkeit extrem klein) wird $TF \approx HF$, jedoch $TF < HF$.

Kanalkapazität

Als Kanalkapazität C eines Kanals bezeichnet man dasjenige Maximum des Transinformationsflusses, welches sich bei vorgegebenem Kanal-Übergangsgraph durch Variation der Wahrscheinlichkeitsverteilung $p(x_i)$ für die Kanal-Eingangszeichen ergibt. Dieses Maximum ist nur von den Kanal-Eigenschaften (Kanal-Übergangsgraph) abhängig.

$$\boxed{C := \max_{\{p(x_i)\}}(TF); \qquad [bit/s]; \qquad \text{Bei Variation der } p(x_i)\,!}$$

Fehlerkorrektur bei gestörtem Kanal

Für eine fehlerfreie Informationsübertragung beim gestörten Kanal dürfen nicht alle Kanal-Eingangszeichen benutzt werden, sondern nur solche, die so weit voneinander entfernt sind (also eine ausreichend große „Distanz" zueinander aufweisen, wobei diese Distanz noch geeignet mathematisch definiert werden muss), dass die entstehenden fehlerhaften Kanal-Ausgangszeichen korrigierbar sind.

Bild 5.6 zeigt schematisch diese Situation. Die graphische Anordnung der Kanal-Eingangs- und Kanal-Ausgangszeichen soll ihrer mathematischen Distanz zueinander entsprechen. Von den verfügbaren Kanal-Eingangszeichen werden nur noch die beiden im Bild mit 0 und 1 bezeichneten Kanal-Eingangszeichen benutzt. Wenn bei Störungen nur Übergänge in richtige oder unmittelbar benachbarte Kanal-Ausgangszeichen auftreten (siehe vorliegenden Übergangs-Graph), kann am Kanalausgang auf das Kanal-Eingangszeichen 0 (alternativ 1) nur eines der Kanal-Ausgangszeichen a, b, c (alternativ u, v, w) folgen. Deshalb werden die Kanal-Ausgangszeichen a, b, c zum Korrekturbereich KB0 zusammengefasst, die Kanal-Ausgangszeichen u, v, w zum Korrekturbereich KB1. Durch einen nachfolgenden Entscheidungsvorgang (im empfangsseitigen Decoder realisiert) wird jedem Kanal-Ausgangszeichen des Korrekturbereichs KB0 das korrigierte Ausgangszeichen 0 zugeordnet, jedem Kanal-Ausgangszeichen des Korrekturbereichs KB1 das korrigierte Ausgangszeichen 1. Trotz Störungen im Kanal wird durch diese Vorgehensweise (nur Kanal-Zeichen mit ausreichend großer Distanz benutzen) eine fehlerfreie Übertragung ermöglicht. Der hier beschriebene Fall mit nur zwei Kanalzeichen (Binärsignal-Übertragung) ist ein häufig verwendeter Extremfall, das Prinzip lässt sich ebenso auf eine mehrwertige Übertragung (mit Werteanzahl b) durch den Kanal anwenden. Wesentlich ist nur, dass die entstehenden Korrekturbereiche disjunkt sind (sich nicht überschneiden).

Hinweis:
Es sei nochmals darauf hingewiesen, dass ein Kanal-Zeichen auch als Sequenz von elementaren Kanal-Symbolen (ein Codewort aus z Kanal-Symbolen mit b Wertemöglichkeiten) dargestellt werden kann. Die obige Beschreibung gilt sinngemäß auch für diesen Fall. Beispielsweise sind bei einem Blockcode (7, 4) mit der Blocklänge 7 und 4 Nutzbit insgesamt $2^7 = 128$ Kanal-Zeichen (alle möglichen 7-Bit-Kombinationen) verfügbar, von denen nur $2^4 = 16$ ausgewählte Kanalzeichen (16 der 7-Bit-Kombinationen mit möglichst großer Distanz zueinander) benutzt werden. Dies wird später noch genauer analysiert.

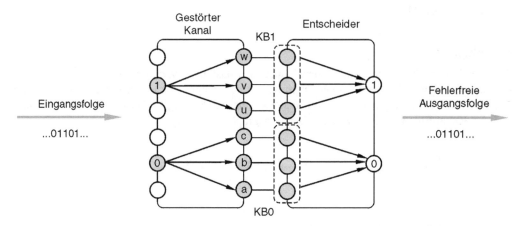

Bild 5.6: Fehlerfreie Übertragung über einen gestörten Kanal.
KB Korrekturbereich.

Austausch zwischen Störfestigkeit und Bandbreite

Beim ungestörten Kanal sind b > 2 Kanalzeichen unterscheidbar (im Bild 5.5 war beispielsweise b = 6) und somit ein maximaler Informationsgehalt von ld(b) > 1 bit pro Kanalzeichen übertragbar. Beim beispielhaft beschriebenen fehlerkorrigierenden Verfahren (Bild 5.6) sind nur noch 2 Kanalzeichen verwendbar, somit ist pro Kanalzeichen nur noch ein maximaler Informationsgehalt von ld(2) = 1 bit übertragbar. Die Übertragungsgeschwindigkeit im Kanal muss deshalb beim gestörten Kanal mit Fehlerkorrektur um den Faktor ld(b)/ld(2) = ld(b) erhöht werden, wenn der Transinformationsfluss konstant bleiben soll. Dies entspricht dem schon diskutierten Austausch zwischen Störfestigkeit (abhängig von der Werteanzahl b) und Bandbreite (abhängig von der Zeichendauer).

Weitere Vorgehensweise

Nachfolgend wird die oben beispielhaft beschriebene Problematik in mehrere Teilprobleme zerlegt, welche nacheinander genauer behandelt werden:

- Kanalkapazität (Kapitel 6):
  Welcher Informationsfluss ist über einen gestörten, kontinuierlichen, bandbegrenzten Übertragungskanal (gekennzeichnet durch Bandbreite, Signalleistung und Störleistung) maximal übertragbar? Die Antwort hierzu gibt die Shannon-Formel für die Kanalkapazität des Gauß-Kanals, welche in Kapitel 6 behandelt wird.

- Quellencodierung (Kapitel 7):
  Welche mittlere Binärzeichen-Anzahl pro Quellenzeichen ist bei der Quellencodierung mindestens erforderlich? Die Antwort hierzu gibt der Quellencodierungs-Satz von Shannon. Ein reales Codierverfahren, welches diesen theoretischen Grenzwert annähert, ist der behandelte Fano-Algorithmus.

- Kanalcodierung (Kapitel 8, 9):
  Wie muss eine Binärfolge codiert werden, damit die Kanalkapazität eines vorgegebenen Übertragungskanals möglichst vollständig genutzt wird? Die Antwort hierzu sind Kanalcodierungs-Verfahren mit Fehler-Erkennung und Fehler-Korrektur. Die Grundlagen der Fehler-Erkennung und Fehler-Korrektur werden in Kapitel 8 behandelt.
  In Kapitel 9 erfolgt eine Einführung in die mathematische Behandlung von linearen Blockcodes. Außerdem wird berechnet, um welchen Faktor (genannt Codierungs-Gewinn) die Blockfehlerwahrscheinlichkeit bei Einsatz eines fehlerkorrigierenden Kanalcodes kleiner wird als ohne Kanalcodierung.

- Leitungscodierung (Kapitel 10):
  Nach der Quellencodierung oder Kanalcodierung liegt eine Binärfolge vor. Welche physikalischen Signal-Elemente müssen einer Binärfolge zugeordnet werden, damit diese über einen vorgegebenen physikalischen Übertragungskanal (elektrische Leitung, optischer Lichtwellenleiter, Funkkanal) übertragen werden kann? Die empfangsseitige Signal-Aufbereitung (Kopplung, Entscheidung, Taktrückgewinnung) soll schaltungstechnisch einfach realisierbar sein. Es werden Kennwerte für Leitungscodes definiert und einige häufig verwendete Leitungscodes behandelt.

5.7 Übungen

Aufgabe 5.1

Gegeben:
Gegeben ist eine diskrete Nachrichtenquelle ohne Gedächtnis. Zeichen ohne vorgegebene Wahrscheinlichkeit sind gleichwahrscheinlich.

Zeichen:	1	2	3	4	5	6
Wahrscheinlichkeit:	0.3	0.2	0.2	?	?	?
Zeichendauer/ms:	2	3	4	2	1	1

Gesucht:

1) Entropie der Nachrichtenquelle;
2) Mittlere Zeichendauer;
3) Informationsfluss;
4) Entscheidungsgehalt der Quelle;
5) Absolute Quellen-Redundanz (pro Zeichen);
6) Relative Quellen-Redundanz.

Lösung:

1) $H = 2.447$ bit;
2) $T_q = 2.4$ ms;
3) $HF = 1020$ bit/s;
4) $E_q = 2.585$ bit;
5) $R_q = 0.138$ bit;
6) $r_q = 0.053 = 5.3\%$;

6 Kanalkapazität

6.1 Kanalcodierungs-Satz

Über einen ungestörten, idealen Tiefpass-Kanal mit der einseitigen Bandbreite f_k kann bei Verwendung b-wertiger Digitalsignale der Informationsfluss $HF = (2 \cdot f_k) \cdot ld(b)$ übertragen werden. Ohne Störsignale könnte die Werteanzahl b beliebig erhöht werden, so dass resultierend ein unendlich hoher Informationsfluss möglich wäre. Jeder reale, physikalisch existente Kanal weist jedoch Störungen auf. Diese Störungen begrenzen die Anzahl der am Kanalausgang unterscheidbaren Amplitudenwerte, so dass resultierend nur ein endlicher Informationsfluss übertragen werden kann.

Bild 6.1 zeigt schematisch, dass in einem gestörten Kanal mit vorgegebenem Signalhub des Nutzsignals die unterscheidbare Werteanzahl durch die Stärke der Störsignale begrenzt wird. Durch die Überlagerung von Störsignalen wird aus einem Amplitudenwert ein Amplitudenintervall, im Bild als Balken dargestellt. Bei vorgegebenem Signalhub sind bei kleinem Störsignal (links dargestellt) viele Amplitudenwerte, bei großem Störsignal (rechts dargestellt) wenig Amplitudenwerte sicher unterscheidbar.

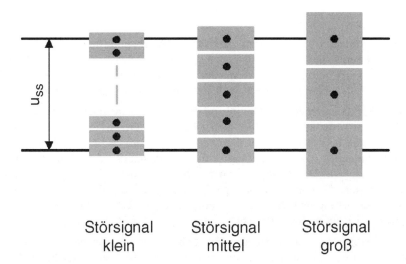

Bild 6.1: Unterscheidbare Werteanzahl.
u_{ss} Signalhub des Nutzsignals; • Unterscheidbare Amplitudenwerte;

Es stellt sich die Frage, wie viele Informationseinheiten (wie viele bit) pro Zeiteinheit über einen Kanal mit vorgegebenen Eigenschaften (Bandbreite f_k, Störsignal-Leistung N) mit einer vorgegebenen Nutzsignal-Leistung S fehlerfrei (!) übertragen werden können. Anders formuliert: Welcher Informationsfluss HF ist bei gegebenen Kanaleigenschaften (einseitige Bandbreite f_k, Störsignal-Leistung N) mit einer vorgegebenen Nutzsignal-Leistung S maximal übertragbar? Shannon hat 1948 dieses Problem exakt gelöst, das Ergebnis wird als Kanalcodierungs-Satz bezeichnet [SHAN48, KADE91, ROHL95].

Kanalcodierungs-Satz in Kurzform

> **Es existiert eine obere Schranke für den Informationsfluss HF, der über einen gestörten Kanal übertragen werden kann, genannt Kanalkapazität C.**
> **Die Kanalkapazität C ist abhängig von der Kanalbandbreite f_k und dem Signal-Geräusch-Verhältnis S/N. Jeder Informationsfluss HF < C kann bei geeigneter Codierung über einen Kanal mit der Kanalkapazität C fehlerfrei übertragen werden.**

Der Kanalcodierungs-Satz von Shannon besagt, dass man für jeden gestörten Kanal eine obere Schranke für den übertragbaren Informationsfluss berechnen kann. Diese obere Schranke wird als Kanalkapazität C bezeichnet. Jede Nachrichtenquelle mit einem Informationsfluss HF < C kann stets so codiert werden, dass die Übertragung über den gestörten Kanal mit der Kanalkapazität C bei endlichem Aufwand (bezüglich Schaltungsaufwand, Laufzeit, Rechenzeit) mit einer endlichen (beliebig klein vorgebbaren) Fehlerwahrscheinlichkeit erfolgt. Wird eine kleinere Fehlerwahrscheinlichkeit vorgegeben, steigt der Aufwand. Bei unendlichem Aufwand kann im Grenzfall der Informationsfluss HF = C (also können maximal C Informationseinheiten (bit) pro Zeiteinheit **fehlerfrei** am Kanalausgang entnommen werden) übertragen werden.

Kanalcodierungs-Verfahren

Die Codierungsverfahren, welche zum Ziel haben, Übertragungsfehler bei der Übertragung über einen gestörten Kanal zu vermeiden oder zu reduzieren, werden unter dem Namen Kanalcodierung zusammen gefasst. Damit kann der übertragbare Informationsfluss HF gesteigert werden und somit die obere Schranke Kanalkapazität besser angenähert werden.

Ein wichtiges Kanalcodierungs-Verfahren sind die später behandelten Blockcodes. Dabei wird ein Block aus m Informationsbit durch k Sicherungsbit ergänzt, welche in geeigneter Form aus den Informationsbit berechnet wurden. Der Nutzinformation wird also sendeseitig berechnete Redundanz hinzu gefügt, welche empfangsseitig die Erkennung oder Korrektur von auftretenden Fehlern ermöglicht. Die Relativ-Redundanz bei der Blockcodierung ist r = k/(m+k). Es zeigt sich, dass mit steigender Blocklänge (also höherem Schaltungsaufwand und höherer Laufzeit für Encodierung und Decodierung) eine geringere Relativ-Redundanz für gleich bleibende Korrektur-Eigenschaften ausreicht.

Der Kanalcodierungs-Satz wird nachfolgend nicht bewiesen, sondern nur veranschaulicht. Dazu wird zunächst die Kanalkapazität eines einfach berechenbaren Kanalmodells mit amplitudenbegrenztem Störsignal, genannt „Idealer Abtastkanal", exakt berechnet. Die Berechnung dieses einfachen Kanal-Modell ermöglicht ein besseres Verständnis der Ergebnisse von Shannon. Anschließend werden die exakten Ergebnisse von Shannon für den Gauß-Kanal diskutiert.

6.2 Idealer Abtastkanal

Definition „Idealer Abtastkanal"

Als Idealer Abtastkanal wird hier ein Kanal mit folgenden Eigenschaften definiert:
- Idealer Tiefpass-Übertragungskanal mit Grenzfrequenz f_k;
- Amplitudenbegrenztes Nutzsignal;
- Amplitudenbegrenztes Störsignal;
- Nutzsignal und Störsignal haben gleiche Amplitudenverteilung;
- Abtastentscheidung;

Gleiche Amplitudenverteilung für Nutz- und Störsignal würde beispielsweise dann vorliegen, wenn die Störungen überwiegend durch frequenzunabhängiges Nebensprechen zwischen gleichartigen Übertragungssystemen (durch frequenzunabhängige ohmsche Kopplung) bedingt wären.

Kanalkapazität des Idealen Abtastkanals

Wenn die Amplitudenwerte eines b-wertigen Digitalsignals gleichwahrscheinlich sind (gleichverteiltes, b-wertiges Digitalsignal) und statistisch unabhängig aufeinander folgen (Informationsquelle ohne Gedächtnis), dann wird der pro Signalschritt transportierte mittlere Informationsgehalt (die Entropie H) maximal. Dieser Maximalwert wird als Entscheidungsgehalt E bezeichnet und hat den Wert:

$$H_{max} = E = ld(b); \quad [bit];$$

Der durch ein b-wertiges Digitalsignal mit der Schrittgeschwindigkeit v maximal transportierbare Informationsfluss ist also $HF(v, b) = v \cdot E = v \cdot ld(b)$. Die Kanalkapazität ergibt sich, wenn sowohl die Schrittgeschwindigkeit v als auch die Werteanzahl b auf die Maximalwerte gesteigert werden, bei denen eine fehlerfreie Übertragung soeben noch möglich ist.

$$C := max[HF(v, b)] = v_{max} \cdot H_{max} = v_{max} \cdot ld(b_{max}); \quad [bit/s];$$

Beim Idealen-Tiefpass-Kanal mit der einseitigen Kanalbandbreite f_k ist die maximale Schrittgeschwindigkeit:

$$v_{max} = 2 \cdot f_k;$$

Wegen der im Kanal vorhandenen Störsignale kann die Werteanzahl b nicht beliebig erhöht werden. Bei Abtastentscheidung können alle gleichanteilsfreien Störsignale vollständig unterdrückt werden, für die gilt:

$$u_{n,ss} \leq = \frac{u_{s,ss}}{b-1};$$

Daraus folgt für fehlerfreie Abtastentscheidung die maximal zulässige Werteanzahl b_{max} zu:

$$b_{max} = 1 + \frac{u_{s,ss}}{u_{n,ss}}.$$

Unter Verwendung des Scheitelfaktors $K = (u_{max}/u_{eff})$ ergibt sich der Signalhub u_{ss} eines Zufallssignals ohne Gleichanteil zu $u_{ss} = 2 \cdot u_{max} = 2 \cdot K \cdot u_{eff}$. Bei gleicher Amplitudenverteilung für Nutz- und Störsignal (auch das Störsignal ist dann ein gleichverteiltes, b-wertiges Digitalsignal) folgt mit $u_{s,eff} = U_s$ und $u_{n,eff} = U_n$:

$$u_{s,ss} = 2 \cdot K \cdot u_{s,eff} = 2 \cdot K \cdot U_s;$$

$$u_{n,ss} = 2 \cdot K \cdot u_{n,eff} = 2 \cdot K \cdot U_n;$$

$$b_{max} = 1 + \frac{U_s}{U_n} = 1 + \sqrt{\frac{S}{N}};$$

Die Kanalkapazität C des Idealen Abtastkanals ist damit exakt:

$$C = v_{max} \cdot H_{max} = (2 \cdot f_k) \cdot ld(b_{max}) = (2 \cdot f_k) \cdot ld\left(1 + \frac{U_s}{U_n}\right); \qquad [bit/s];$$

Näherung für den schwach gestörten Abtastkanal

Nachfolgend wird ein schwach gestörter Kanal betrachtet. Diese Annahme ermöglicht, die Kanalkapazität in Abhängigkeit vom Signal-Geräusch-Verhältnis a_k des Kanals (auch als Kanaldynamik bezeichnet) darzustellen.

Als schwach gestörter Kanal wird ein Kanal mit $(U_s/U_n) \gg 1$ definiert, beispielsweise $(U_s/U_n) \geq 10$ (entsprechend $S/N \geq 100$). Der Signal-Geräusch-Abstand ist dann mindestens $a_k/dB = 10 \cdot \log(S/N) \geq 20$. In der oben abgeleiteten Formel für die maximale Werteanzahl kann dann die 1 vernachlässigt werden, so dass gilt:

$$b_{max} \approx \sqrt{\frac{S}{N}} = \frac{U_s}{U_n};$$

Pro Abtastwert wird der Informationsgehalt $ld(b_{max}) = ld(U_s/U_n)$ [bit] transportiert. Bei zweifacher (bei zehnfacher) Nutzsignalspannung kann die zweifache (die zehnfache) Werteanzahl unterschieden werden. Damit steigt der pro Abtastwert übertragbare Informationsgehalt um $ld(2) = 1$ bit (um $ld(10) = 3.32$ bit) an. Die Kanalkapazität ergibt sich beim schwach gestörten Idealen Abtastkanal näherungsweise (für $S/N \gg 1$) zu:

$$C \approx 2 \cdot f_k \cdot ld\left(\frac{U_s}{U_n}\right) = f_k \cdot ld\left(\frac{S}{N}\right);$$

Mit den nachfolgenden Umformungen kann die Kanalkapazität in Abhängigkeit von der Kanal-Bandbreite und dem Signal-Geräusch-Abstand des Kanals in Dezibel dargestellt werden:

$\log(x) = 0.30103 \cdot ld(x) \approx 0.30 \cdot ld(x);$

$a_k/dB = 10 \cdot \log(S/N) = 20 \cdot \log(U_s/U_n) \approx 6 \cdot ld(U_s/U_n);$

$ld(U_s/U_n) = a_k/6dB;$

$$C \approx (2 \cdot f_k) \cdot ld(U_s/U_n) = (2 \cdot f_k) \cdot (a_k/6db) = f_k \cdot ld(S/N) = f_k \cdot (a_k/3dB); \qquad [bit/s];$$

6.2 Idealer Abtastkanal

Ergebnis

Für den schwach gestörten Idealen Abtastkanal ($a_k \geq 20\text{dB}$) ergibt sich:

$$\frac{C}{f_k} = 2 \cdot \text{ld}(b_{max}) \approx 2 \cdot \text{ld}\left(\frac{U_s}{U_n}\right) = 2 \cdot \frac{a_k}{6\text{dB}} = \frac{a_k}{3\text{dB}} = \text{ld}\left(\frac{S}{N}\right); \qquad \text{[bit]};$$

C/f_k ist die Kanalkapazität pro Hertz Bandbreite. Die zugehörige Einheit ist bit pro Sekunde und Hertz Bandbreite, also [bit/(s · Hz)] = [bit]. Das Ergebnis besagt, dass pro Hertz Bandbreite genau 2 Abtastwerte pro Sekunde übertragbar sind und jeder Abtastwert näherungsweise maximal (a_k/6dB) bit Information transportieren kann. Resultierend kann also bei einem schwach gestörten Kanal im langzeitlichen Mittel pro Sekunde und Hertz Bandbreite und 3 dB Kanaldynamik ein bit fehlerfrei übertragen werden. Dieses Ergebnis für $C/f_k = a_k/3\text{dB}$ wird in Bild 6.2 durch die gestrichelte Gerade dargestellt.

Hinweis:
Wegen $\text{ld}(U_s/U_n) = a_k/6\text{dB}$; $\log(U_s/U_n) = a_k/20\text{dB}$ folgt für die Anzahl der unterscheidbaren Amplitudenwerte:

$$b_{max} \approx \frac{U_s}{U_n} = 10^{\frac{a_k}{20\text{dB}}} = 2^{\frac{a_k}{6\text{dB}}};$$

Je 6 dB Signal-Geräusch-Abstand im Kanal verdoppelt (je 20 dB verzehnfacht) sich die Anzahl der unterscheidbaren Amplitudenwerte im Kanal.

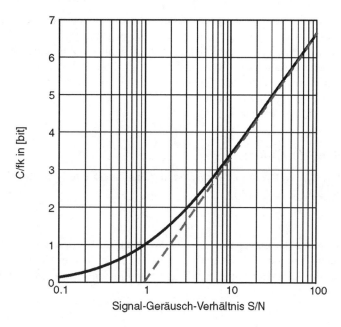

Bild 6.2: Kanalkapazität je Bandbreiteneinheit:
S Nutzsignalleistung; N Störsignalleistung; C Kanalkapazität; f_k Kanalbandbreite;

6.3 Gauss-Kanal

Definition „Gauß-Kanal"

Als Gauß-Kanal wird ein Idealer-Tiefpass-Kanal bezeichnet, der durch weißes, gauß'sches Rauschen gestört ist. Shannon hat 1948 die Kanalkapazität des Gauß-Kanals mit der einseitigen Bandbreite f_k, der Nutzsignalleistung S und der Störsignalleistung N exakt berechnet [SHAN48].

Ein Rauschsignal wird als weiß bezeichnet, wenn seine spektrale Leistungsdichte (ebenso wie bei weißem Licht) im Übertragungsband frequenzunabhängig (also konstant) ist. Dies ist der Fall, wenn aufeinander folgende Abtastwerte des Rauschsignals statistisch voneinander unabhängig sind.

Ein Rauschsignal hat gauß'sche Amplitudenverteilung, wenn die Wahrscheinlichkeitsdichtefunktion der Amplitudenwerte eine Gauß-Funktion ist. Dies ist der Fall, wenn sich das Rauschsignal als Überlagerung vieler statistisch unabhängiger gleichartiger Beiträge ergibt. Nach dem zentralen Grenzwertsatz der Wahrscheinlichkeitsrechnung ergibt sich dann für das Summensignal eine Gauß-Verteilung.

Weißes, gauß'sches Rauschen ist Rauschen mit konstanter spektraler Leistungsdichte und gauß'scher Amplitudenverteilung. Dieses mathematische Rauschsignal wird in der Theorie der Nachrichtenübertragung als Modell für reale Rauschsignale verwendet.

Ein Rauschsignal mit gauß'scher Amplitudenverteilung ist nicht amplitudenbegrenzt. Wird ein Übertragungskanal durch gauß'sches Rauschen gestört, so ist bei Verwendung eines Abtastentscheiders jede Einzel-Entscheidung nur mit einer endlichen Fehlerwahrscheinlichkeit möglich.

Shannon hat bewiesen, dass bei geeigneter Codierung (bestehend aus optimaler sendeseitiger Encodierung und optimaler empfangsseitiger Decodierung und Entscheidung) über einen gestörten Gauß-Kanal **fehlerfrei** eine endliche Anzahl von bit pro Zeiteinheit (der Informationsfluss HF) übertragen werden kann. Bei gegebener Signalleistung S wird der übertragbare Informationsfluss maximal, wenn das Nutzsignal (bedingt durch die sendeseitige Codierung) ebenfalls zum weißen, gauß'schen Signal wird. Der maximal übertragbare Informationsfluss wird als Kanalkapazität C bezeichnet.

Kanalkapazität des Gauß-Kanals

Beim Idealen-Tiefpass-Kanal mit der einseitigen Kanalbandbreite f_k ist die maximale Schrittgeschwindigkeit:

$v_{max} = 2 \cdot f_k$;

Die exakte Berechnung der maximal zulässigen Werteanzahl b_{max} ist mathematisch aufwendig und wird hier nicht durchgeführt. Es ergibt sich, dass bei optimaler Codierung und Entscheidung die Anzahl der fehlerfrei unterscheidbaren Amplitudenwerte exakt durch folgende Beziehung gegeben ist:

$$b_{max} = \sqrt{\frac{S+N}{N}} = \frac{U_{s+n}}{U_n} = \frac{U_{ges}}{U_n};$$

6.3 Gauss-Kanal

Die maximal unterscheidbare Werteanzahl ist also exakt durch das Verhältnis von Gesamt-Effektivwert $U_{ges} = U_{s+n}$ (aus Nutzsignal plus Störsignal) und Störsignal-Effektivwert U_n bestimmt. Gegenüber dem früher behandelten einfachen Kanal-Modell steht im Zähler der Gesamt-Effektivwert U_{s+n} anstatt des Signal-Effektivwerts U_s, ansonsten ergibt sich die gleiche Formel. Die Kanalkapazität des Gauß-Kanals ergibt sich resultierend zu:

$$C = v_{max} \cdot ld\,(b_{max}) = 2 \cdot f_k \cdot ld\,(b_{max}) = 2 \cdot f_k \cdot ld\,\sqrt{\frac{S+N}{N}} = f_k \cdot ld\left(1 + \frac{S}{N}\right); \qquad [bit/s];$$

$$\frac{C}{f_k} = 2 \cdot ld\,(b_{max}) = 2 \cdot ld\left(\frac{U_{s+n}}{U_n}\right) = ld\left(1 + \frac{S}{N}\right); \qquad [bit];$$

Die Kanalkapazität je Bandbreiteneinheit C/f_k des Gauß-Kanals ist vollständig bestimmt durch das Signal-Geräusch-Verhältnis S/N. Es sind auch bei beliebig kleinen Werten von S/N im langzeitlichen Mittel exakt ld(1+S/N) Informationseinheiten (bit) pro Sekunde und Hertz Bandbreite fehlerfrei übertragbar.

$$\boxed{\frac{C}{f_k} = ld\left(1 + \frac{S}{N}\right); \qquad [bit];}$$

Diese exakte Formel für die Kanalkapazität des Gauß-Kanals ist eines der wichtigsten Ergebnisse der Shannon'schen Informationstheorie. Bei vorgegebener Bandbreite f_k und Störleistung N kann durch höhere Signalleistung S (und somit höheres S/N) die Kanalkapazität pro Bandbreiteneinheit beliebig erhöht werden. Die Kanalkapazität je Bandbreiteneinheit des Gauß-Kanals ist in Bild 6.2 durch die durchgezogene Kurve gegeben, diese ist für beliebige Werte der Kanaldynamik a_k exakt gültig. Auch bei extrem kleinem Signal-Geräusch-Verhältnis kann noch eine endliche (allerdings sehr kleine) Anzahl von Informationseinheiten (bit) pro Sekunde und Hertz Bandbreite fehlerfrei übertragen werden, wie nachfolgende Berechnung zeigt.

Shannon-Grenze

Durch Umformung der Shannon-Formel für die Kanalkapazität folgt der Mindestwert für das Signal-Geräusch-Verhältnis (S/N), welches soeben eine Kanalkapazität pro Bandbreiteneinheit von C/f_k ermöglicht:

$$\frac{S}{N} = 2^{C/f_k} - 1;$$

Für sehr kleine Werte von C/f_k (also $C \ll f_k$) folgt daraus unter Verwendung von $2^x = e^{x \cdot ln(2)} = 1 + x \cdot ln(2) + ... \approx 1 + x \cdot 0.69$ für $x \ll 1$ die Näherungsformel

$$\boxed{\left(\frac{S}{N}\right) = 0.69 \cdot \left(\frac{C}{f_k}\right); \qquad \text{für} \quad \left(\frac{C}{f_k}\right) \ll 1;}$$

Nimmt man an, dass ein Übertragungsverfahren die Kanalkapazität C nach der Shannon-Formel soeben realisiert (also C bit pro Zeiteinheit fehlerfrei überträgt), dann folgt durch Einsetzen von

$S = C \cdot E_{bit}$; mit E_{bit} = Energie pro fehlerfrei übertragenem bit in Ws;

$N = f_k \cdot N_0$; mit N_0 = einseitige Rauschleistungsdichte in W/Hz = Ws;

folgender theoretische Grenzwert für Übertragungssysteme mit $C \ll f_k$:

$$\frac{E_{bit}}{N_0} = 0.69; \qquad \text{für} \qquad C \ll f_k;$$

Diese Formel gibt an, welche Energie pro Informationseinheit (nämlich $E_{bit} = 0.69 \cdot N_0$) beim Gauß-Kanal für eine fehlerfreie Übertragung mindestens erforderlich ist. Dieser Grenzwert wird als Shannon-Grenze bezeichnet. Unterhalb dieses Grenzwerts ist prinzipiell keine fehlerfreie Übertragung mehr möglich. Der Grenzwert kann nur mit sehr hohem Aufwand angenähert werden, beispielsweise durch Spread-Spectrum-Übertragungssysteme mit Korrelationsempfang.

In obiger Formel stellt N_0 die einseitige Rauschleistungsdichte dar. Wird die zweiseitige Rauschleistungsdichte $N_{02} = N_0/2$ (wegen $N = N_{02} \cdot 2 \cdot f_k = N_0 \cdot f_k$) verwendet, ergibt sich $E_{bit} = 1.38 \cdot N_{02}$. Beim Vergleich der Ergebnisse mit anderen Literaturstellen sollten diese Zusammenhänge stets beachtet werden.

Beispiel 6.1

Ein idealer Tiefpass-Kanal hat die einseitige Kanalbandbreite 1000 Hz. Als Störsignal liegt weißes, gauß'sches Rauschen mit 1 mW Leistung vor. Welche mittlere Signalleistung ist mindestens erforderlich, damit 10 bit/s fehlerfrei übertragen werden können.

Lösung:
Mit C = 10 bit/s und f_k = 1000 Hz folgt $C/f_k = 0.01 \ll 1$. Damit ergibt sich aus der Shannon-Formel eine Mindest-Signalleistung S = 1000 µW · 0.69 · 0.01 = 6.9 µW. Diese extrem geringe Signalleistung (verglichen mit der Störleistung von 1000 µW) reicht (als theoretischer Grenzwert bei geeigneter Codierung) soeben für eine fehlerfreie Übertragung von 10 bit/s (bei 1000 Hz einseitiger Kanalbandbreite) aus. Pro Informationseinheit wird dabei eine Energie von 0.69 µWs aufgewendet. Mit einer kleineren mittleren Signalleistung ist unter den vorgegebenen Randbedingungen (auch bei beliebig großem Codier-Aufwand) keine fehlerfreie Übertragung mehr möglich.

Näherung für den schwach gestörten Gauß-Kanal

Mit $\log(x) = 0.30 \cdot \text{ld}(x)$ und $a_k/dB = 10 \cdot \log(S/N) = 3 \cdot \text{ld}(S/N)$ folgt bei $S/N \gg 1$ (beispielsweise $S/N \geq 10$) für die Kanalkapazität pro Bandbreiteneinheit die gleiche Näherungsformel, wie sie bereits für das einfache Kanalmodell (Idealer Abtastkanal) abgeleitet wurde:

$$\frac{C}{f_k} = \text{ld}\left(1 + \frac{S}{N}\right) \approx \text{ld}\left(\frac{S}{N}\right) = \frac{a_k}{3db} = 2 \cdot \left(\frac{a_k}{6dB}\right); \quad [\text{bit}];$$

Das Ergebnis kann wie folgt interpretiert werden: Bei einem schwach gestörten Kanal kann im langzeitlichen Mittel pro Sekunde und Hertz Bandbreite und 3 dB Kanaldynamik ein bit fehlerfrei übertragen werden. C/f_k gemäß obiger Näherungsformel ist in Bild 6.2 durch eine strichlierte Gerade dargestellt.

6.4 Anpassung Signal an Kanal

Der Kanalcodierungs-Satz von Shannon beinhaltet die Aussage:

> **Der Informationsfluss HF < C kann bei geeigneter Codierung über einen Kanal mit der Kanalkapazität C fehlerfrei übertragen werden.**

Nachfolgend wird schematisch gezeigt, wie ein Signal mit der einseitigen Bandbreite f_s und dem Signal-Geräusch-Abstand a_s (Signaldynamik) an einen vorgegebenen Kanal mit der einseitigen Bandbreite f_k und dem Signal-Geräusch-Abstand a_k (Kanaldynamik) angepasst werden kann [ELSN74]. Dabei wird Echtzeit-Übertragung unterstellt.

In Kapitel 4.7 wurde diese Anpassung durch Codierung schon einmal anschaulich erklärt. Das Ergebnis wurde dort wie folgt formuliert: Störfestigkeit und Bandbreitenbedarf eines Digitalsignals sind durch Codierung austauschbar. Nachfolgend wird dieser Austausch formelmäßig dargestellt.

Redundanzfreie Umcodierung

Im Kapitel 4.7 wurde abgeleitet, dass ein Digitalsignal mit der Schrittgeschwindigkeit v_1 (ergibt f_{s1}) und der Stufenanzahl b_1 (ergibt a_{s1}) bei entsprechendem Aufwand redundanzfrei in ein Digitalsignal mit der Schrittgeschwindigkeit v_2 und der Stufenanzahl b_2 codiert werden kann, wobei gilt:

$v_1 \cdot \text{ld}(b_1) = v_2 \cdot \text{ld}(b_2);$

Dieser Gleichung entspricht die Gleichung:

$f_{s1} \cdot a_{s1} = f_{s2} \cdot a_{s2};$

Dies bedeutet, dass durch redundanzfreie Umcodierung ein „Signal-Rechteck" in ein geeignetes, flächengleiches „Signal-Rechteck" (bei redundanter Umcodierung ergibt sich ein flächengrößeres Signal-Rechteck) umgeformt werden kann.

Anpassung Signal an Kanal durch Umcodierung

Die Anpassung eines Signals an einen Kanal kann bei HF < C durch geeignete Umcodierung (Austausch zwischen Störfestigkeit und Bandbreitenbedarf) erreicht werden. Der Informationsfluss HF des Signal und die Kanalkapazität C des Kanals sind (näherungsweise bei ausreichend großen Werten von S/N):

HF ≈ (1/3) · f_s · a_s/dB;

C ≈ (1/3) · f_k · a_k/dB;

Für HF ≤ C und somit (f_s · a_s) ≤ (f_k · a_k) ist nach dem Kanalcodierungs-Satz eine fehlerfreie Übertragung möglich. Bild 6.3 zeigt schematisch die Situation (bei Echtzeit-Übertragung). HF wird (ohne Faktor 1/3) durch ein Signal-Rechteck mit den Kantenlängen f_s und a_s dargestellt, entsprechend C durch ein Kanal-Rechteck mit den Kantenlängen f_k und a_k. Nach Shannon ist eine fehlerfreie Signalübertragung über den Nachrichtenkanal möglich, wenn die Voraussetzung HF ≤ C erfüllt ist, also die Signal-Rechteckfläche kleiner oder gleich der Kanal-Rechteckfläche ist. Um ein „Abschneiden" der Signalbandbreite oder Signaldynamik bei der Übertragung durch den Kanal zu vermeiden, müssen jedoch zusätzlich die beiden nachfolgenden Bedingungen erfüllt sein:

(f_s ≤ f_k)   UND   (a_s ≤ a_k);

Falls diese Bedingungen ohnehin erfüllt sind, kann das Signal direkt (ohne zusätzliche Anpassungs-Maßnahmen) über den vorgegebenen Kanal übertragen werden. In der Regel wird dies nicht der Fall sein. Ist entweder f_s > f_k (wegen HF < C ist dann a_s < a_k) oder a_s > a_k (wegen HF < C ist dann f_s < f_k), dann muss zunächst das Signals an den Kanal „angepasst" werden.

Bei a_s > a_k wird in ein Signal mit kleinerer Stufenanzahl codiert. Dies verringert a_s und erhöht f_s, so dass die obigen Bedingungen für eine fehlerfreie Übertragung (f_s ≤ f_k, a_s ≤ a_k) erfüllt werden können. Bei f_s > f_k wird in ein Signal mit höherer Stufenanzahl codiert. Dies erhöht a_s und verringert f_s, so dass wiederum eine fehlerfreie Übertragung möglich wird.

Informationsquader

Eine Nachricht mit (einseitiger) Bandbreite f_s, Signaldynamik a_s und Nachrichtendauer t_s enthält die Informationsmenge:

IM = HF · t_s = (1/3) · f_s · (a_s/dB) · t_s;   [bit];

Wird t_s in Bild 6.3 senkrecht zur Zeichenebene eingezeichnet, erhält man den Informationsquader, dessen Volumen proportional zur Informationsmenge ist [ELSN74]. Bei idealer, redundanzfreier Umcodierung bleibt die Informationsmenge konstant, somit gilt:

f_{s1} · a_{s1} · t_{s1} = f_{s2} · a_{s2} · t_{s2};

Wenn die Nachrichtendauer verändert werden kann (beispielsweise sendeseitige Zwischenspeicherung der Nachricht, Auslesen/Übertragen mit anderer Geschwindigkeit, empfangsseitige Zwischenspeicherung, Auslesen mit Original-Geschwindigkeit) entsteht eine zusätzliche Möglichkeit für die Anpassung eines Signals an einen Kanal (durch Veränderung der Nachrichten-Dauer). Es entsteht dabei jedoch zwangsläufig eine Verzögerungszeit.

Hier wird stets von einer Echtzeitübertragung (t_{s1} = t_{s2}, keine Verzögerungszeit) ausgegangen. Die Zeitkoordinate steht dann für eine Anpassung nicht zur Verfügung. Bei Echtzeitübertragung verbleibt somit nur ein Austausch zwischen Signaldynamik (Störfestigkeit) und Signalbandbreite. Deshalb wurde Bild 6.3 zweidimensional gezeichnet.

6.4 Anpassung Signal an Kanal

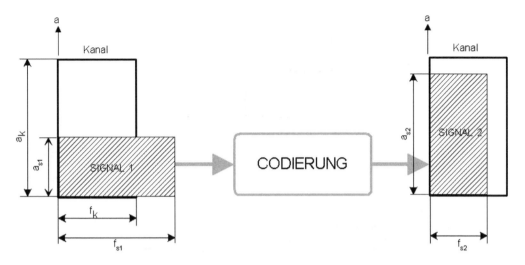

Bild 6.3: Anpassung Signal an Kanal durch Codierung (bei Echtzeit-Übertragung).
a_s Signaldynamik; a_k Kanaldynamik; f_s Signalbandbreite; f_k Kanalbandbreite;

Beispiel zur Umcodierung

Bild 6.4 zeigt schematisch den Austausch zwischen Störfestigkeit und Bandbreite durch Umcodierung:

Die Betrachtung von oben nach unten zeigt, wie ein Signal mit kleiner Werteanzahl (hier 3) und großer Bandbreite an einen Kanal mit kleiner Bandbreite und kleinen Störungen angepasst wird. Die Betrachtung von unten nach oben zeigt, wie ein Signal mit hoher Werteanzahl (hier 9) und kleiner Bandbreite an einen Kanal mit hoher Bandbreite und starken Störungen angepasst wird.

Für die Umcodierung wurde als Codiervorschrift die Zahlendarstellung in Positionsschreibweise zur Basis b (mit b = 3 bzw. b = 9) verwendet. Beispielsweise ergibt sich dann:

$(21)_3 = (7)_9;$ $(02)_3 = (2)_9;$ $(12)_3 = (5)_9;$

Die Symbolfolge 2 1 (oben, Basis 3) wird in das Symbol 7 (unten, Basis 9) codiert und umgekehrt usw..

Zusammenfassung

Über einen Kanal mit der Kanalkapazität C kann ein Informationsfluss HF < C fehlerfrei übertragen werden. Hierzu ist eventuell durch Umcodierung des Signals eine Anpassung der Signal-Parameter (f_s, a_s) an die vorgegebenen Kanal-Parameter (f_k, a_k) durchzuführen, damit resultierend $f_s \leq f_k$ und $a_s \leq a_k$ wird. Bei allen digitalen Übertragungsverfahren ist diese Anpassung durch Umcodierung möglich. Die später behandelte Pulscodemodulation ist ein Beispiel hierfür.

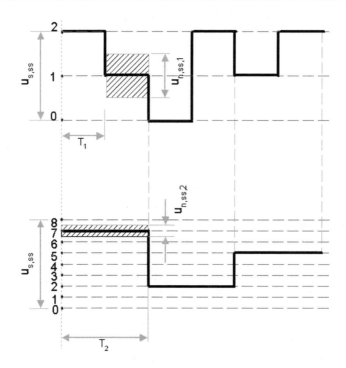

Bild 6.4: Austausch zwischen Bandbreite und Störfestigkeit durch Codierung.
Oben: 3-wertiges Signal; Unten: 9-wertiges Signal; u_{ss} Signalhub; T Schrittdauer;

6.5 Übungen

Aufgabe 6.1

Was ist die Kanalkapazität C eines Übertragungskanals? Welche Einheit hat C? Von welchen Größen eines Übertragungskanals ist die Kanalkapazität abhängig? Wie lautet die Formel für die Kanalkapazität eines Idealen Tiefpass-Kanals mit der einseitigen Kanalbandbreite f_k und weißem, gaußschem Rauschen als Störsignal? Stellen Sie die auf die einseitige Kanalbandbreite f_k normierte Kanalkapazität C/f_k in Abhängigkeit vom Signal-Geräusch-Abstand a_k/dB dar! $a_k/dB = 10 \cdot \log(S/N) \in [-10, 40]$;

Aufgabe 6.2

Ein Übertragungskanal hat die einseitige Bandbreite 10 kHz, der Signal-Geräusch-Abstand am Ausgang des Übertragungskanals beträgt 20 dB. Berechnen Sie die Kanalkapazität!

Aufgabe 6.3

Ein Signal hat die einseitige Bandbreite 4 kHz und den Signal-Geräusch-Abstand (Signaldynamik) 36 dB! Welche Kanalkapazität ist für die Übertragung mindestens erforderlich? Kann das Signal über einen Übertragungskanal mit f_k = 3 kHz und a_k = 60 dB fehlerfrei übertragen werden? Kurze Begründung! Ist hierzu eine Umcodierung erforderlich? Kurze Begründung!

6.5 Übungen

Aufgabe 6.4

Wie erfolgt die Anpassung eines Signals an den Kanal, wenn die Signalbandbreite größer als die Kanalbandbreite ist? Zeigen Sie dies anschaulich mit einem Diagramm anhand eines einfachen Beispiels!

Aufgabe 6.5

Berechnen Sie allgemein die Kanalkapazität eines Kanals mit der einseitigen Bandbreite f_k, über den b-wertige Signale soeben noch fehlerfrei übertragen werden können! Berechnen Sie die auf die Kanalbandbreite bezogene Kanalkapazität! Berechnen Sie die Zahlenwerte für die Kanalbandbreite 3100 Hz und b = 2, 4, 8, 16;

Aufgabe 6.6

Leiten Sie aus der allgemeinen Formel für die Kanalkapazität pro Bandbreiteneinheit eine exakte Beziehung her, bei der auf der rechten Formelseite nur noch die Kanaldynamik a_k/dB = $10 \cdot \log(S/N)$ auftaucht!

Ergebnisse (nur für Rechenaufgaben):

Aufgabe 6.2

$C = f_k \cdot ld(1+S/N) \approx (2 \cdot f_k) \cdot (a_k/6dB)$;   mit a_k/dB = $10 \cdot \log(S/N)$;
f_k = 10 kHz; a_k = 20 dB;   C = 66 kbit/s;

Aufgabe 6.3
1) f_s = 4 kHz; a_s = 36 dB;   HF = 48 kbit/s;
2) f_k = 3 kHz; a_k = 60 dB;   C = 60 kbit/s;
3) Fehlerfreie Übertragung ist möglich! Begründung: HF < C;
4) Umcodierung ist erforderlich! Begründung: $f_s > f_k$;

Aufgabe 6.4

Bei $f_s > f_k$ (jedoch HF < C) erfolgt die Anpassung des Signals an den Kanal durch Übergang zu einer höheren Stufenanzahl und somit niedrigerer Schrittgeschwindigkeit (siehe Bild 6.4).

Aufgabe 6.5

$C = v_{max} \cdot ld(b_{max})$; $v_{max} = 2 \cdot f_k$; $C = 2 \cdot f_k \cdot ld(b_{max})$;   [bit/s];
$C/f_k = 2 \cdot ld(b_{max})$;   [bit/s/Hz] = [bit]

b	(C/f_k)/bit;	C/(bit/s);
2	2	6200
4	4	12400
8	6	18600
16	8	24800

Im früheren Analog-Fernsprechnetz (Durchschalte-Vermittlungstechnik mit Hebdrehwählern oder Edelmetall-Motor-Drehwählern, Trägerfrequenz-Übertragungstechnik im Fernnetz) konnten maximal achtwertige Datensignale (8PSK) mit v = 3200 bd übertragen werden. Als Kanalkapazität ergab sich:

$C = 3200 \cdot \text{ld}(8) = 9600$ bit/s;

Über Digital-Teilnehmeranschlüsse am Digital-Fernsprechnetz (ISDN-Teilnehmeranschluss $2 \cdot B+D$) ist eine maximale Übertragungsgeschwindigkeit von 64 kbit/s bei Benutzung eines B-Kanals (bzw. 128 kbit/s bei Benutzung zweier B-Kanäle) möglich:

$C = 64\,000$ bit/s   (bzw. $128\,000$ bit/s);

Aufgabe 6.6

$C/f_k = \text{ld}(1+S/N); \quad a_k/dB = 10 \cdot \log(S/N); \quad S/N = 10^{(a_k/10dB)};$

$C/f_k = \text{ld}[1+10^{(a_k/10dB)}]; \quad [\text{bit}];$

7 Quellencodierung

7.1 Quellencodierungssatz

Voraussetzungen

Nachfolgend wird eine diskrete Nachrichtenquelle ohne Gedächtnis mit konstanter Zeichendauer T_q vorausgesetzt. Wenn unterschiedliche Zeichendauern vorliegen, wird der Nachrichtenquelle ein Pufferspeicher nachgeschaltet, in den die Quellenzeichen mit dem ungleichen Quellentakt T_i eingelesen und mit dem konstanten Auslesetakt $T_q = EW[T_i]$ ausgelesen werden. Die Original-Nachrichtenquelle plus nachgeschaltetem Pufferspeicher ergibt resultierend eine Nachrichtenquelle mit konstanter Zeichendauer. Die Voraussetzung konstante Zeichendauer ergibt also keine Beschränkung der Allgemeinheit.

Aufgabe der Quellencodierung

Aufgabe der Quellencodierung ist die Codierung einer von einer Nachrichtenquelle abgegebenen Zeichenfolge in eine Binärfolge mit minimaler Schrittgeschwindigkeit.

Dies ist genau dann der Fall, wenn die mittlere Stellenanzahl der binären Codeworte (die mittlere Anzahl der Bit je Binärwort) am Quellencoder-Ausgang minimal ist. Alternativ kann man deshalb die Aufgabe der Quellencodierung wie folgt formulieren:

Aufgabe der Quellencodierung ist die Codierung einer von einer Nachrichtenquelle abgegebenen Zeichenfolge in einen Binärcode mit minimaler, mittlerer Stellenanzahl.

Quellencodierungssatz von Shannon

Der Quellencodierungssatz von Shannon [SHAN48] gibt vor, welche minimale, mittlere Stellenanzahl bei bestmöglicher Quellencodierung erreicht werden kann:

Eine unendlich lange Folge von Quellenzeichen kann immer so codiert werden, dass im Mittel nicht mehr als (H+δ) Binärstellen (Bit) pro Quellenzeichen nötig sind. Dabei ist H der mittlere Informationsgehalt eines Quellenzeichens (die Entropie der Quelle) und δ eine beliebig kleine positive Zahl.

Bei einer unendlich langen Folge von Quellenzeichen ist die Quellenstatistik exakt bekannt. Die Kenntnis der Quellenstatistik ist eine wesentliche Voraussetzung für eine optimale Quellencodierung. Zum Beweis des Quellencodierungssatzes wird auf [SHAN48, KADE91] verwiesen.

Kürzere Formulierung des Quellencodierungssatzes

Die Code-Redundanz R_c ist als Differenz zwischen dem mittleren Entscheidungsgehalt E_c eines Codeworts am Quellenencoder-Ausgang und dem mittleren Informationsgehalt H eines Quellenzeichens definiert.

$R_c := E_c - H;$

Ein Binärwort der Länge $(H+\delta)$ hat den Entscheidungsgehalt $E_c = (H+\delta) \cdot ld(2) = (H+\delta) > H;$
Damit ist die Code-Redundanz R_c:

$R_c = E_c - H = (H+\delta) - H = \delta > 0;$ $\qquad \delta > 0$ **beliebig klein** vorgebbar;

Der Quellencodierungssatz kann deshalb auch wie folgt formuliert werden:

Eine unendlich lange Folge von Quellenzeichen kann immer so codiert werden, dass die Code-Redundanz R_c beliebig klein wird (gegen 0 geht).

Bild 7.1 veranschaulicht die Aussage des Quellencodierungssatzes. Die Original-Quelle mit nachgeschaltetem Quellen-Encoder ergibt bei optimaler Quellencodierung eine Binärquelle, welche eine statistisch unabhängige Binärfolge mit p(0)=p(1)=0.50 abgibt. Nur dann wird pro (technisch realisiertem) Binärschritt (Bit) ein (mathematisch berechenbarer) Informationsgehalt von 1 bit transportiert (vergleiche die Shannon-Funktion im Kapitel Informationstheorie). Dies ist gleichbedeutend mit optimaler Quellencodierung, nämlich dass die Code-Redundanz 0 wird.

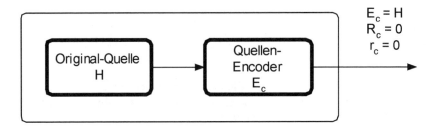

Bild 7.1: Quellencodierungssatz.
Bei bekannter Quellenstatistik ist redundanzfreie Quellencodierung möglich.

7.2 Optimale Quellencodierung

Ein Quellencode heißt optimal, wenn es keinen anderen Quellencode mit kleinerer Redundanz gibt. Ein optimaler Quellencode hat also minimale Redundanz.

Ziel der Quellencodierung ist die Konstruktion optimaler Codes. Bild 7.2 zeigt schematisch die Aufgabenstellung der optimalen Quellencodierung: Welche Binärworte müssen den Quellenzeichen zugeordnet werden, damit die Code-Redundanz entweder 0 oder minimal wird?

7.2 Optimale Quellencodierung

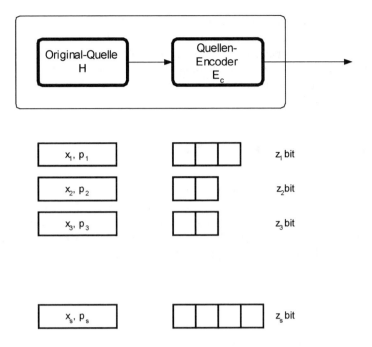

Bild 7.2: Optimale Quellencodierung.
Welche Binärworte müssen den Quellenzeichen zugeordnet werden, damit die Redundanz minimal wird?

Bedingung für optimale Quellencodierung

Die Code-Redundanz R_c ergibt sich bei einer Codierung von Quellenzeichen x_i in Binärworte der Länge z_i zu:

$$E_c = \sum_{(i)}(p_i \cdot z_i); \qquad H = \sum_{(i)}(p_i \cdot I_i); \qquad R_c = E_c - H = \sum_{(i)}[p_i \cdot (z_i - I_i)];$$

Die Code-Redundanz R_c wird nach obiger Formel genau dann 0, wenn für alle i gilt: $(z_i - I_i) = 0$. Also muss für einen optimalen Code gelten:

$$z_i = I_i = -ld(p_i); \qquad \text{für alle i;}$$

**Jedes Quellenzeichen muss in ein Binärwort codiert werden, dessen Stellenanzahl dem Informationsgehalt des Quellenzeichens möglichst nahe kommt.
Häufige Quellenzeichen müssen deshalb durch kurze Binärworte, seltene Quellenzeichen durch lange Binärworte codiert werden.**

Strategie zur Konstruktion optimaler Quellencodes

Optimale Quellencodierung ergibt sich nach obiger Ableitung genau dann, wenn jedes Quellenzeichen in ein Binärwort codiert wird, dessen Stellenanzahl z_i dem Informationsgehalt I_i

des Quellenzeichens möglichst nahe kommt. Dies erfordert, dass für eine Auswahl aus 2^k gleichwahrscheinlichen Möglichkeiten möglichst nur $-\text{ld}(1/2^k) = +\text{ld}(2^k) = k$ [bit] verbraucht werden, bei zwei gleichwahrscheinlichen Alternativen also möglichst nur $-\text{ld}(1/2) = +\text{ld}(2) = 1$ bit. Alle Algorithmen zur Optimalcodierung sind nach diesem Prinzip konstruiert. Grob formuliert erfordert eine effiziente Quellencodierung, dass Quellenzeichen mit großer (mit kleiner) Wahrscheinlichkeit in kurze (in lange) Binärworte codiert werden.

7.3 Kennwerte eines Quellencodes

Voraussetzung: Zeichenweise Quellencodierung

Es wird zeichenweise Quellencodierung vorausgesetzt. Dabei wird jedes Quellenzeichen x_i einzeln in ein Binärwort mit der Stellenanzahl z_i codiert. Zunächst wird angenommen, dass die Codetabelle { x_i → Code(x_i) } und somit die Stellenanzahl z_i bereits vorliegen. Dann können alle interessierenden Größen wie folgt berechnet werden:

Die mittlere Stellenanzahl eines Binärworts ist:

$$z := EW[z_i] = \sum_{(i)} (p_i \cdot z_i) \; ;$$

Der mittlere Entscheidungsgehalt E_c eines Binärworts ist somit:

$E_c = z \cdot \text{ld}(b) = z \cdot \text{ld}(2) = z;$ [bit];

Die absolute Code-Redundanz R_c und die relative Code-Redundanz r_c folgen zu:

$R_c := E_c - H;$ [bit]; $r_c := R_c / E_c = (E_c - H) / E_c;$ [1];

Die absolute Code-Redundanz gibt an, wieviel Bit pro Quellenzeichen bei redundanzfreier Quellencodierung durchschnittlich eingespart werden könnten. Die relative Code-Redundanz gibt an, welcher Anteil der ausgangsseitigen Binärzeichen (Bit) bei redundanzfreier Quellencodierung eingespart werden könnte.

Es ist wichtig, zwischen absoluter bzw. relativer Quellen-Redundanz und absoluter bzw. relativer Code-Redundanz zu unterscheiden. Nachfolgend wird (wie allgemein üblich) die Code-Redundanz meist nur als Redundanz bezeichnet, die Quellen-Redundanz wird stets auch so genannt.

Echtzeitbedingung

Für Echtzeitbetrieb muss folgende Zeitbedingung erfüllt werden:
Mittlere Codewort-Dauer ≤ Mittlere Quellenzeichen-Dauer;

Im Grenzfall (Gleichheitszeichen gültig) ist:
Mittlere Codewort-Dauer = Mittlere Quellenzeichen-Dauer;
$T_q = z \cdot T;$

Übertragungsgeschwindigkeit

Die Übertragungsgeschwindigkeit (der Entscheidungsfluss) am Quellencoder-Ausgang ergibt sich bei **zeichenweiser Echtzeit-Quellencodierung** zu:

EF = EW[Codewort-Entscheidungsgehalt] / EW[Codewort-Dauer]

  = EW[Codewort-Entscheidungsgehalt] / EW[Quellenzeichen-Dauer];

  = $E_c / T_q = z \cdot ld(2) / T_q = z / T_q = z \cdot v_q$;

EF = $E_c / T_q = z \cdot v_q$;

Hinweis: Blockweise Quellencodierung

Bei blockweiser Quellencodierung wird jeweils ein Block aus z_1 aufeinander folgenden Quellenzeichen gemeinsam in ein Ausgangs-Binärwort codiert. Für eine vorliegende Codetabelle kann die mittlere Stellenanzahl der Binärworte für die Block-Quellenzeichen berechnet werden, sie wird nachfolgend mit z_b bezeichnet. Die Echtzeitbedingung für blockweise Quellencodierung lautet somit:

$\mathbf{z_1} \cdot T_q = z_b \cdot T$;

Mit dem gleichem Rechenweg wie bei der Ableitung für die zeichenweise Codierung folgt für die Übertragungsgeschwindigkeit am Quellencoder-Ausgang:

EF = EW[Codewort-Entscheidungsgehalt] / EW[**Block**-Quellzeichendauer]

  = $E_c / (\mathbf{z_1} \cdot T_q) = z_b \cdot ld(2) / (z_1 \cdot T_q) = z_b / (z_1 \cdot T_q) = (z_b / z_1) \cdot v_q$;

EF = $E_c / (\mathbf{z_1} \cdot T_q) = (z_b/z_1) \cdot v_q$;

Für $z_1 = 1$ (und somit $z_b = z$) ergeben sich die bereits abgeleiteten Ergebnisse für eine zeichenweise Quellencodierung.

7.4 Binärcode konstanter, minimaler Länge

Eine sehr einfache (aber nicht sehr effiziente!) Methode der Quellencodierung besteht darin, jedes Quellenzeichen in ein **Binärwort konstanter, minimaler Länge z** zu codieren. Dies ergibt eine Nummerierung der Quellensymbole mit Dualzahlen konstanter, minimaler Länge. Die unterschiedliche Wahrscheinlichkeit der Quellenzeichen wird bei diesem Verfahren nicht berücksichtigt. Deshalb ist dieses Verfahren nur bei Gleichwahrscheinlichkeit der Quellenzeichen optimal.

Berechnung

Die Anzahl z der bit pro Binärwort muss hier so gewählt werden, dass die resultierende Anzahl der Binärworte (2^z) größer oder gleich der Quellzeichenanzahl s ist.

$2^z \geq s$; → $z \geq ld(s)$ und z ganzzahlig; $z = ceil\{ ld(s) \} = ceil(E_q)$;

Mit diesem z können alle Kenngrößen des Codierverfahrens berechnet werden:

E_c = $z \cdot ld(2)$ = $\lceil ld(s) \rceil$ = $\lceil E_q \rceil$;

R_c = $E_c - H$ = $\lceil ld(s) \rceil - H$ = $\lceil E_q \rceil - H$;

r_c = $1 - H / E_c$ = $1 - H / \lceil ld(s) \rceil$ = $1 - H / \lceil E_q \rceil$;

EF = E_c / T_q = $\lceil ld(s) \rceil / T_q$ = $\lceil E_q \rceil / T_q$;

Bewertung des Verfahrens

Bei diesem einfachen Quellencodierungs-Verfahren werden häufige und seltene Quellenzeichen mit gleich langen Binärworten codiert. Für bessere Ergebnisse muss bei der Codierung die Wahrscheinlichkeit der Quellenzeichen berücksichtigt werden.

Beispiel 7.1

Eine Nachrichtenquelle weist folgende Parameter auf:

Zeichen:	1	2	3	4	5
Wahrscheinlichkeit:	?	0.2	0.2	0.1	0.1
Dauer / ms:	2.3	2.3	2.3	2.3	2.3

Der Nachrichtenquelle ist ein Quellenencoder nachgeschaltet, der die Quellenzeichen in Binärworte konstanter, minimaler Länge codiert.

Gesucht:

1) Stellenanzahl der Binärworte;
2) Absolute und relative Code-Redundanz;
3) Übertragungsgeschwindigkeit des Binärsignals am Quellenencoder-Ausgang;

Lösung:

1) $z = \lceil ld(5) \rceil = 3$;
   Die Zeichen 1, 2,...5 werden beispielsweise codiert in die Codeworte 000, 001,...100; Andere eindeutige Zuordnungen sind ebenfalls möglich und gleichwertig;
2) R_c = 3 - 2.12 = 0.88 bit; r_c = 0.88 / 3 = 0.29 = 29%;
3) EF = 3 / (2.3ms) = 1304 bit/s = 1.304 kbit/s;

Beispiel 7.2

Der Nachrichtenquelle aus dem obigen Beispiel wird ein Quellenencoder nachgeschaltet, welcher **jeweils zwei Quellenzeichen gemeinsam** in ein Binärwort konstanter, minimaler Länge codiert.

Gesucht:

1) Stellenanzahl eines Binärworts; Anzahl der bit pro Quellenzeichen;
2) Absolute Coderedundanz pro Binärwort;
   Absolute Coderedundanz pro Quellenzeichen;
   Relative Coderedundanz;
3) Übertragungsgeschwindigkeit des Quellenencoder-Ausgangssignals;

Lösung:

Mit insgesamt $5 \cdot 5 = 25$ möglichen Blockzeichen ergibt sich:

1) z_b = ceil(ld(25)) = 5 bit;   Pro Binärwort!
   $z_b/2 = 5 / 2 = 2.5$ bit;   Pro Quellenzeichen!

2) $R_c = 5 - 2 \cdot 2.12 = 0.76$ bit;   Pro Binärwort!
   0.76 bit / 2 = 0.38 bit;   Pro Quellenzeichen!
   r = 0.76 bit / 5 bit = 0.152 = 15.2%;

3) EF = 5 /(2 · 2.3 ms) = 1087 bit/s = 1.087 kbit/s;
   Das Ergebnis ist wesentlich günstiger als bei Codierung einzelner Quellenzeichen!

7.5 Fano-Algorithmus

Algorithmen (Rechenvorschriften) zur Konstruktion eines optimalen Quellencodes sind der **Fano-Algorithmus** und der **Huffman-Algorithmus** [SAKR85]. Man kann zeigen, dass der Huffman-Algorithmus immer einen optimalen Code (kein anderer Code hat kleinere Redundanz) liefert. Fast immer liefert auch der etwas einfachere Fano-Algorithmus (dieser wurde schon in [SHAN48] beschrieben) einen optimalen Code. Gemeinsam ist beiden Algorithmen, dass möglichst gleichwahrscheinliche Zeichenmengen gebildet werden, zu deren Unterscheidung nur ein Bit verbraucht wird (siehe Kapitel 7.2). Nachfolgend wird der Fano-Algorithmus beschrieben.

Fano-Algorithmus

F1) Quellenzeichen nach fallenden Wahrscheinlichkeiten anordnen
    (beispielsweise nachfolgend von „oben nach unten").

F2) Aufsummieren der Wahrscheinlichkeiten, beginnend bei der kleinsten Wahrscheinlichkeit (nachfolgend also von „unten nach oben").

F3) Aufteilung der Quellenzeichen in zwei Teilmengen derart, dass in jeder Teilmenge möglichst 50% der Summenwahrscheinlichkeit der aufzuteilenden Menge liegt.

F4) Jedem Zeichen der „oberen" Teilmenge eine 0, jedem Zeichen der „unteren" Teilmenge eine 1 zuordnen.

F5) Die Schritte F2 bis F4 mit jeder Teilmenge wiederholen, bis keine weitere Teilung mehr möglich ist.

Durch die Fano-Regeln F3 und F4 wird für die Auswahl aus zwei gleichwahrscheinlichen Alternativen nur -ld(1/2) = ld(2) = 1 bit verbraucht. Der resultierende Code wird deshalb (fast immer) optimal. Ein Fano-Code erfüllt automatisch die Präfix-Bedingung, da nur Endknoten des Codebaums belegt werden.

Falls die Code-Redundanz bei zeichenweiser Fano-Codierung noch zu groß ist, kann der Algorithmus auf Blöcke von zwei oder mehr Quellenzeichen angewendet werden. Dann lässt sich die Zerlegung in gleichwahrscheinliche Zeichenmengen genauer durchführen, dies führt zu kleinerer Code-Redundanz. Durch eine Fano-Codierung oder Huffman-Codierung von Quellenzeichen-Blöcken (blockweise Quellencodierung) kann bei bekannter Quellenstatistik immer eine beliebig kleine Code-Redundanz realisiert werden.

Beispiel 7.3

Gegeben:
Eine Nachrichtenquelle weist folgende Parameter auf:

Zeichen:	1	2	3	4	5
Wahrscheinlichkeit:	?	0.2	0.2	0.1	0.1
Dauer / ms:	2.3	2.3	2.3	2.3	2.3

Gesucht:
1) Fano-Code;
2) Mittlerer Entscheidungsgehalt pro Codewort;
3) Absolute und relative Code-Redundanz;
4) Übertragungsgeschwindigkeit des Quellenencoder-Ausgangssignals;

Lösung:

1) Die Quellencodierung nach dem Fano-Algorithmus ergibt folgenden Code:

m	p_m	y_m	$\text{sum}(m) = \sum_{k=m}^{s} p_k$	Binärcode	z_m
1	0.4	x_1	1.0	0 0	2
2	0.2	x_2	0.6	0 1	2
3	0.2	x_3	0.4	1 0	2
..	0.1	x_4	0.2	1 1 0	3
s	0.1	x_5	0.1	1 1 1	3

2) $z = 0.4 \cdot 2 + 2 \cdot 0.2 \cdot 2 + 2 \cdot 0.1 \cdot 3 = 2.20$; $E_c = 2.20$ bit;
3) $R_c = 2.20 - 2.12 = 0.08$ bit; $r_c = 0.08 / 2.20 = 0.036 = 3.6\%$;
4) $EF = 2.20$ bit $/ 2.30$ ms $= 956.5$ bit/s $= 0.956$ kbit/s;

Hinweis

Die Nummerierung mit dem Index m in obiger Tabelle wurde eingeführt, weil die ursprüngliche Nummerierung mit dem Index i nicht mit der Reihenfolge fallender Wahrscheinlichkeiten übereinstimmen muss. Beim verwendeten Beispiel ist zufällig die Ordnung nach fallender Wahrscheinlichkeit gleich der Ordnung nach steigendem Original-Index i, so dass diese Maßnahme scheinbar überflüssig ist.

Die Aufteilung muss möglichst nahe bei 50% der Summen-Wahrscheinlichkeit der jeweiligen Teilmenge erfolgen. Im obigen Beispiel ist bei der ersten Aufteilung die Summen-Wahrscheinlichkeit 0.4 bzw. 0.6 jeweils gleich weit von 0.5 entfernt. Es wurde dort willkürlich (?) beim kleineren Wert 0.4 aufgeteilt. Eine Aufteilung bei 0.6 wäre nach den Regeln des Fano-Algorithmus ebenso möglich gewesen.

Beispiel 7.4

Rechnen Sie die obiges Beispiel unter der Vorgabe durch, dass bei „gleichem Abstand" die Aufteilung stets beim größeren Summen-Wahrscheinlichkeitswert erfolgt!

Lösung:

Es ergibt sich folgende Codetabelle:

m	p_m	y_m	$\text{sum}(m) = \sum_{k=m}^{s} p_k$	Binärcode	z_m
1	0.4	x_1	1.0	0	1
2	0.2	x_2	0.6	1 0	2
3	0.2	x_3	0.4	1 1 0	3
..	0.1	x_4	0.2	1 1 1 0	4
s	0.1	x_5	0.1	1 1 1 1	4

$z = 0.4 \cdot 1 + 0.2 \cdot 2 + 0.2 \cdot 3 + 2 \cdot 0.1 \cdot 4 = 2.20;$ $\quad E_c = 2.20$ bit;

Die mittlere Codewortlänge ist also gleich groß wie vorher. Damit sind alle restlichen Ergebnisse ebenfalls gleich.

Hinweis

Die mittlere Codewortlänge ist bei dieser Lösung exakt gleich groß, jedoch sind die Codewortlängen sehr unterschiedlich. Damit ist die Varianz und somit die Streuung der Codewortlänge größer als bei der vorigen Codierung. Für die Dimensionierung von Zwischenspeichern ist ein Code mit kleiner Streuung der Codewortlänge günstiger. Deshalb sollte in Grenzfällen wie im vorigen Beispiel immer bei der „ersten Teilungs-Möglichkeit von unten" unterteilt werden.

7.6 Übungen

Aufgabe 7.1

Gegeben:
Nachrichtenquelle ohne Gedächtnis mit nachgeschaltetem Fano-Encoder (mit integriertem Pufferspeicher) für Echtzeit-Betrieb.

x_i	A	B	C
p_i	0.1	0.7	?
T_i / ms	2	3	3

Gesucht:
1) Entropie der Nachrichtenquelle;
2) Relative Quellen-Redundanz in Prozent;
3) Informationsfluss der Nachrichtenquelle;
4) Fano-Codetabelle;
5) relative Code-Redundanz in Prozent;
6) Übertragungsgeschwindigkeit am Quellenencoder-Ausgang.

Lösung:
1) Entropie der Nachrichtenquelle
   $H = EW[I_i] = -\{\,0.1 \cdot ld(0.1) + 0.7 \cdot ld(0.7) + 0.2 \cdot ld(0.2)\,\} = 1.157$ bit;

2) Relative Quellen-Redundanz r_q in Prozent:
   $R_q = E_q - H = ld(3) - 1.157 = 1.585 - 1.157 = 0.428$ bit;
   $r_q = R_q/E_q = 0.428 / 1.585 = 27.0\,\%$;

3) Informationsfluss
   $HF = H/T_q = 1.157$ bit $/ 2.9$ ms $= 399$ bit/s;
   $T_q = EW[Ti] = (0.1 \cdot 2 + 0.7 \cdot 3 + 0.2 \cdot 3)$ ms $= 2.9$ ms;

4) Fano-Codetabelle
   Achtung: Zeichen nach fallenden Wahrscheinlichkeiten ordnen!

Zeichen	p(Zeichen)	Summe(p)	Code	bit/Zeichen
B	0.7	1.0	0	1
C	0.2	0.3	1 0	2
A	0.1	0.1	1 1	2;

5) Relative Coderedundanz in Prozent
   $R_c = E_c - H = [z \cdot ld(2)] - H = z - H$;
   $z = EW[z_i] = 0.7 \cdot 1 + 0.2 \cdot 2 + 0.1 \cdot 2 = 1.3$;   (1.3 bit pro Zeichen);
   $r_c = (1.3 - 1.157)/1.3 = 11.0\,\%$;

6) Übertragungsgeschwindigkeit am Quellcoder-Ausgang
   $EF = E_c / T_q = z / T_q = 1.3 / (2.9$ ms$) = 448.3$ bit/s;
   Hinweis: $(EF - HF)/EF = (448.3 - 399)/448.3 = 11\,\% = r_c$;

8 Grundbegriffe der Kanalcodierung

8.1 Einführung

Bild 8.1 zeigt das detaillierte Blockschema der Nachrichtenübertragung, bestehend aus der Kettenschaltung von Nachrichten-Quelle, Quellen-Encoder, Kanal-Encoder, Leitungs-Encoder, Nachrichten-Kanal (aus Übertragungsmedium, Störquelle und Entzerrer), Leitungs-Decoder, Kanal-Decoder, Quellen-Decoder und Nachrichten-Sinke.

Die von der Nachrichtenquelle erzeugte Nachricht (eine mehr oder weniger zufällige Folge von Quellensymbolen) wird im Quellen-Encoder durch Redundanz- und Irrelevanz-Reduktion in ein Binärsignal mit möglichst geringer Schrittgeschwindigkeit umgesetzt. Im Idealfall (bei optimalem Quellen-Encoder) ergibt sich eine statistisch unabhängige Binärfolge mit den Wahrscheinlichkeiten $p(0) = p(1) = 0.5$. Das binäre Ausgangssignal eines solchen Quellen-Encoders ist sehr störanfällig. Ein Bitfehler würde das Binärsignal (ohne dass dies erkennbar wäre) in ein anderes zulässiges Binärsignal verfälschen und die Übertragung stark stören. Deshalb wird durch den Kanal-Encoder systematische Redundanz (per Algorithmus berechnete Zusatzinformation, Sicherungsinformation, Prüfinformation) hinzugefügt, welche empfangsseitig im Kanal-Decoder die Erkennung oder sogar Korrektur von Übertragungsfehlern ermöglicht.

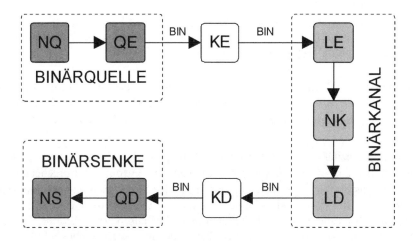

Bild 8.1: Detailliertes Blockschema der Nachrichtenübertragung.
NQ Nachrichtenquelle; QE Quellen-Encoder; KE Kanal-Encoder; LE Leitungs-Encoder; NK Nachrichten-Kanal (Übertragungsmedium, Störquelle und Entzerrer); LD Leitungs-Decoder; KD Kanal-Decoder; QD Quellen-Decoder; NS Nachrichten-Sinke; BIN Binärsignal;

Bild 8.2 zeigt ein vereinfachtes Blockschema der Nachrichtenübertragung. Die Nachrichtenquelle wird mit dem Quellen-Encoder zur redundanzfreien Binärquelle (nur bei optimalem Quellen-Encoder gilt dies exakt) zusammengefasst. Das binäre Ausgangssignal dieser Binärquelle wird im Kanal-Encoder durch Hinzufügen von systematischer Redundanz (Sicherungs-information) gegen Bitfehler bei der nachfolgenden Übertragung geschützt. Der Leitungs-Encoder wird mit dem Übertragungskanal (bestehend aus Übertragungsmedium, Störquelle und Entzerrer) und dem Leitungs-Decoder zum Binärkanal zusammengefasst. Der Kanal-Decoder verwendet die systematische Redundanz (Sicherungsinformation), um Bitfehler zu erkennen oder zu korrigieren. Das korrigierte Binärsignal ohne Sicherungsinformation (die rekonstruierte Binärinformation) wird zur Binärsenke (dem Quellen-Decoder mit nachgeschalteter Nachrichten-Senke) ausgegeben. Bei dieser Betrachtung vereinfacht sich das Blockschema der Nachrichtenübertragung auf die Kettenschaltung von Binärquelle, Kanal-Encoder, Binärkanal, Kanal-Decoder und Binärsenke.

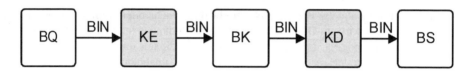

Bild 8.2: Vereinfachtes Blockschema der Nachrichtenübertragung.
BQ Binär-Quelle (Nachrichtenquelle, Quellen-Encoder); KE Kanal-Encoder; BK Binär-Kanal (Leitungs-Encoder, Kanal, Leitungs-Decoder); KD Kanal-Decoder; BS Binär-Senke (Quellen-Decoder, Nachrichten-Sinke); BIN Binärsignal;

Kanalcodierungssatz von Shannon

Der Kanalcodierungssatz von Shannon (siehe auch Kapitel 6) gibt an, welcher maximale Informationsfluss HF über einen Nachrichtenkanal mit der Kanalkapazität C übertragen werden kann [SHAN48, KADE91, ROHL95]:

Bei optimaler Kanalcodierung kann über einen Nachrichten-Kanal mit der Kanalkapazität C der Informationsfluss HF mit beliebig kleiner Symbol-Fehlerrate übertragen werden, wenn $HF = C \cdot (1-\varepsilon)$; mit $0 < \varepsilon \ll 1$;

Wenn die Kanalkapazität C nahezu vollständig genutzt werden soll (also nur wenige % Abweichung vom theoretischen Grenzwert 100% erreicht werden sollen, entsprechend $\varepsilon \ll 1$ und somit $1-\varepsilon \approx 1$), müssen bei der Kanalcodierung möglichst viele Informationssymbole berücksichtigt werden und der Codier-Algorithmus muss so ausgelegt werden, dass jedes Informationssymbol möglichst viele Kanalsymbole beeinflusst. Deshalb müssen für eine effiziente Kanalcodierung viele Informationssymbole zwischengespeichert werden. Dies würde sehr hohen Zeit- und Speicheraufwand für die Zwischenspeicherung der Symbole und sehr hohen Rechenaufwand für die Berücksichtigung vieler Symbole bei der Berechnung der Sicherungsinformation erfordern. Resultierend würden sich sehr große Verzögerungszeiten für Encodierung und Decodierung ergeben. Reale Kanalcodierungs-Verfahren (mit „geringer" Codierzeit, „geringem" Speicheraufwand, „geringem" Rechenaufwand) können den Grenzwert $HF/C = 1$ nur mit größeren Abweichungen annähern. Die theoretische Kanalkapazität eines Kanals kann real also nicht vollständig ausgenutzt werden.

Zu den Inhalten von Kapitel 8 wird auf [ELSN74, SAKR85, KADE91, ROHL95, WICK95, GERD96, WERN02] verwiesen, an einigen Stellen erfolgen ergänzende Hinweise auf die verwendete Literatur.

8.2 Klassifizierung der Kanal-Codes

b-wertige und binäre Kanalcodes

Im allgemeinen Fall wird ein Kanal für b-wertige Symbole vorausgesetzt, bei dem b-wertige Kanalcodes eingesetzt werden. Dieser allgemeine Fall wird hier nicht weiter betrachtet. Für den Sonderfall b = 2 ergeben sich 2-wertige (binäre) Symbole und damit binäre Kanalcodes. Nachfolgend werden nur binäre Kanalcodes behandelt.

Blockcode und Faltungscode

Bild 8.3 zeigt, dass Kanalcodes in Blockcodes und Faltungscodes eingeteilt werden. Bei einem Blockcode werden die Informationssymbole blockweise, bei einem Faltungscode symbolweise verarbeitet. Faltungscodes werden alternativ als sequentielle Codes, rekurrente Codes, convolutionelle Codes oder blockfreie Codes bezeichnet. Nachfolgend werden Faltungscodes nicht weiter betrachtet, sondern nur Blockcodes behandelt. Bezüglich der in Bild 8.3 angegebenen Klassifizierung von Blockcodes wird auf Kapitel 8.4 verwiesen.

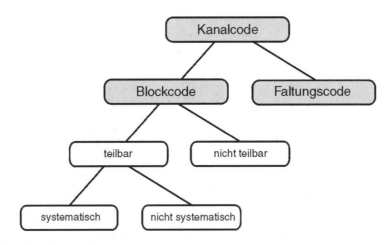

Bild 8.3: Einteilung der Kanalcodes.

Prinzip des Blockcodes

Bei einem Blockcode wird eine zu codierende Nachricht in Informationsblöcke von jeweils m Informationssymbolen zerlegt. Im Kanal-Encoder wird jedem Informationsblock aus m Symbolen ein Übertragungsblock aus n > m Symbolen zugeordnet. Der Übertragungsblock enthält somit k = n-m (wegen n > m ist k > 0) zusätzliche Symbole. Die k zusätzlichen Symbole (Prüfsymbole) des Übertragungsblocks sind so gewählt, dass im Kanal-Decoder (auch dann, wenn wegen Störungen im Übertragungskanal einzelne Symbole des gesamten Übertragungsblocks falsch empfangen wurden) eine bestimmte Fehleranzahl erkannt (fehlererkennender Kanalcode) oder eine bestimmte Fehleranzahl korrigiert (fehlerkorrigierender Kanalcode) werden kann. Auch Kombinationen von Fehlerkorrektur und Fehlererkennung sind möglich. Bei der Fehlerkorrektur wird dem fehlerhaften Übertragungsblock der korrekte Informationsblock (m fehlerfreie Informationssymbole) zugeordnet und zur Binärsenke ausgegeben.

Bild 8.4 zeigt die Zuordnung zwischen Informationsblöcken (m bit) und kanalseitigen Übertragungsblöcken (m+k bit).

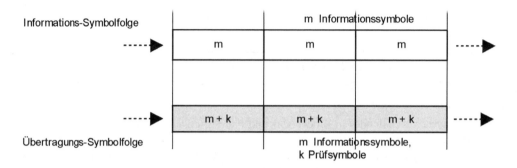

Bild 8.4: Informationsfluss bei der Blockcodierung.
m Anzahl der Informationssymbole; k Anzahl der Prüfsymbole;

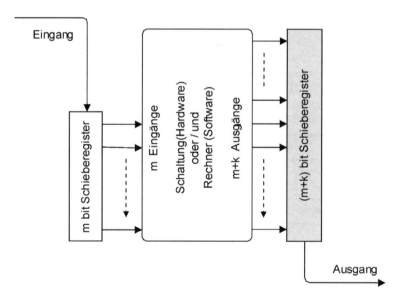

Bild 8.5: Schaltungstechnische Realisierung eines Blockcoders.

Bild 8.5 zeigt das Blockschaltbild einer Blockcode-Encoder-Schaltung: Sendeseitig wird die Original-Information in ein m bit Schieberegister eingelesen. Jeweils m bit werden an den Rechenblock übergeben. Per Rechenvorschrift (Algorithmus) wird jedem m-bit-Informationsblock ein (m+k)-bit-Übertragungsblock zugeordnet. Dies kann per Hardware (logische Schaltung) oder per Software (programmierbarer Rechner) oder durch Kombination von Hard- und Software erfolgen. Der (m+k)-bit-Übertragungsblock wird im Ausgangs-Schieberegister abgelegt und ausgelesen. Dreht man die Richtung der Signalfluss-Pfeile im Blockschaltbild um, erhält man die Blockcode-Decoder-Schaltung.

Abgrenzung

Nachfolgend werden (bis auf einige ergänzende Hinweise zu sonstigen Kanalcodes) nur binäre Blockcodes behandelt!

8.3 Übertragungs-Protokolle

Bild 8.6 zeigt, dass es zwei Klassen von Übertragungs-Protokollen gibt [GERD96]:

- ARQ-Protokoll (Automatic Repeat reQuest Protocol);
- FEC-Protokoll (Forward Error Correction Protocol);

ARQ-Protokoll

Automatic Repeat reQuest (ARQ) bedeutet Automatische Wiederholungs-Anforderung. Beim ARQ-Protokoll muss die Übertragung der Nutzinformation blockweise erfolgen und ein Rückkanal (also ein Duplex-Übertragungskanal) vorhanden sein.

Ein typischer Anwendungsfall für das ARQ-Protokoll ist die gesicherte Datenübertragung auf Übertragungswegen mit geringer Bitfehlerrate. Es wird ein fehlererkennender Kanalcode eingesetzt. Dabei wird die Nutzinformation durch berechnete Sicherungsinformation so ergänzt, dass empfangsseitig die Erkennung von Bitfehlern möglich wird. Wird ein Übertragungsfehler erkannt, dann wird über den Rückkanal eine erneute Übertragung des gestörten Blocks angefordert. Die erforderliche Übertragungszeit für die Nachricht steigt somit an, der resultierende mittlere Datendurchsatz sinkt. Das ARQ-Protokoll wird eingesetzt, wenn Blockwiederholungen nur selten auftreten (kleine Bitfehlerwahrscheinlichkeit und somit kleine Blockfehlerwahrscheinlichkeit) und Verzögerungen durch Blockwiederholungen von der Nachrichtensinke akzeptiert werden können (keine harten Echtzeit-Anforderungen).

FEC-Protokoll

Forward Error Correction bedeutet Vorwärts-Fehlerkorrektur, hier ist kein Rückkanal erforderlich. Dies ist durch Anwendung fehlerkorrigierender Kanalcodes möglich. Dabei wird die Nutzinformation durch systematische Redundanz (berechnete Sicherungsinformation) so ergänzt, dass empfangsseitig die Erkennung und anschließende Korrektur von Bitfehlern möglich wird. Durch das Hinzufügen von Sicherungsinformation steigt die erforderliche Übertragungsgeschwindigkeit für die gesicherte Übertragung an bzw. bei gegebener Übertragungsgeschwindigkeit des Kanals sinkt der nutzbare Anteil der Übertragungsgeschwindigkeit (der Datendurchsatz). Für eine Fehlerkorrektur ist ein erheblich höherer Aufwand erforderlich als für eine Fehlererkennung. FEC-Protokolle sind jedoch auch bei Echtzeit-Anforderungen einsetzbar. Wenn ein Übertragungskanal mit sehr hoher Laufzeit vorliegt (beispielsweise bei der Übertragung von Raumsonden zur Erde), kann ebenfalls nur ein FEC-Protokoll eingesetzt werden, weil sonst der mittlere Datendurchsatz (wegen hoher Laufzeiten) gegen null gehen würde.

Kombination von FEC- und ARQ-Protokoll

Das FEC-Protokoll kann mit dem ARQ-Protokoll kombiniert werden:

Häufige Einfachfehler werden per FEC korrigiert, so dass in diesen Fällen keine Blockwiederholung erforderlich ist. Seltene Doppel- und Mehrfachfehler werden erkannt und per ARQ (Blockwiederholung) beseitigt. Bei der Paket-Datenübertragung im Datex-P-Netz wird ein kombiniertes FEC- / ARQ-Protokoll zwischen benachbarten Netzknoten eingesetzt.

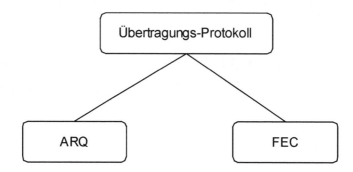

Bild 8.6: Klassifizierung von Übertragungs-Protokollen.
ARQ Automatic Repeat Request; FEC Forward Error Correction;

8.4 Blockcodes

Verwendete Formelzeichen

Eine einheitliche Verwendung von Formelzeichen für die Parameter eines Blockcodes hat sich in der Literatur leider nicht durchgesetzt. Es ist zu beachten, dass nachfolgende Formelzeichen in Veröffentlichungen und Büchern mit **völlig unterschiedlicher Zuordnung (!)** verwendet werden. Nachfolgend werden folgende Formelzeichen für die Parameter eines Blockcodes vereinbart:

m **Informationsbit-Anzahl;**

k **Prüfbit-Anzahl;**

n **Blocklänge;**

Ein Blockcode mit obigen Parametern wird als Blockcode (n, m) bezeichnet. Die Blocklänge eines Übertragungsblocks ist dann $n = m+k$.

$n = m + k$;

Blockcode-Klassifizierung

Zur Klassifizierung von Blockcodes siehe [GERD96].

Vollständiger Blockcode
Bei einem vollständigen Blockcode (n, m) (auch als voller Blockcode bezeichnet) treten alle Kombinationen der m Informationssymbole in den Codeworten auf. Ein binärer vollständiger

8.4 Blockcodes

Blockcode (n, m) hat somit genau $M = 2^m$ Codeworte, die Codewort-Anzahl ist bei einem vollständigen Blockcode stets eine Zweierpotenz.

Systematischer Blockcode
Bei einem systematischen Blockcode (n, m) besteht jedes Codewort aus m Informationssymbolen am Blockanfang und k = n-m Prüfsymbolen am Blockende.

Vollständiger, systematischer Blockcode
Ein vollständiger, systematischer Blockcode (n, m) ist ein Blockcode mit genau b^m Codeworten (im Binärfall also mit genau 2^m Codeworten), bei dem die m Informationssymbole am Blockanfang angeordnet sind.

Modulo-2-Arithmetik

Nachfolgend wird die Modulo-2-Arithmetik (mod2-Arithmetik) angewendet. Die mod2-Addition wird mit dem Verknüpfungssymbol $\oplus$ dargestellt, die mod2-Multiplikation mit dem gewöhnlichen Multiplikationssymbol. Wo es aus dem Kontext heraus klar ist, dass nur die mod2-Addition in Frage kommt, wird statt $\oplus$ das normale Additionssymbol verwendet. Die Rechenregeln der mod2-Arithmetik sind im Anhang C zusammen gestellt.

Linearer Blockcode

Ein linearer Blockcode liegt vor, wenn jede Linearkombination zweier Codeworte wieder ein gültiges Codewort ist. Bei binären Blockcodes entartet die Linearkombination zur mod2-Summe.

Aus dieser Definition folgt sofort, dass immer das Nullwort ein gültiges Codewort eines linearen Blockcodes sein muss. Addiert man nämlich ein beliebiges Codewort $[x_i]$ zu sich selber (Linearkombination $(1 \cdot [x]) \oplus (1 \cdot [x]) = [x] \oplus [x]$), ergibt sich das Nullwort:

$[x_i] \oplus [x_i] = [0, 0, ...0] := [x_0];$

Absolut-Redundanz

Die Absolut-Redundanz R eines Übertragungsblocks ist die Anzahl der redundanten bit eines Übertragungsblocks.

R = E(Übertragungsblock)-H(Übertragungsblock)
  = E(Übertragungsblock)-E(Informationsblock) = n-m = k;

$$R = n - m = k;$$

Relativ-Redundanz

Die Relativ-Redundanz r eines Übertragungsblocks ist der Anteil der redundanten bit eines Übertragungsblocks. Dieser Anteil der bit wird für die Datensicherung verwendet.

$$r = \frac{n-m}{n} = \frac{k}{n};$$

Code-Rate, Code-Effizienz

Die Code-Rate CR ist definiert zu:

$$CR := 1 - r = 1 - (k/n) = m/n;$$

Die Code-Rate CR wird auch als Code-Effizienz oder Code-Wirkungsgrad bezeichnet. Die Code-Rate gibt an, welcher Anteil der übertragenen bit für die Nutzinformation verwendet wird. Die Code-Rate entspricht somit dem „Wirkungsgrad" des verwendeten Kanalcodes.

Anteil benutzter Binärkombinationen

Bei einem Blockcode (n, m) wären $N = 2^n$ unterschiedliche Binärkombinationen im Übertragungsblock möglich, von denen aber nur $M = 2^m$ Binärkombinationen benutzt werden. Damit ergibt sich der Anteil a benutzter Binärkombinationen des Übertragungsblocks zu:

$$a = \frac{M}{N} = \frac{2^m}{2^n} = \frac{1}{2^{n-m}} = \frac{1}{2^R} = 2^{-R} = 2^{-k} = 2^{-r \cdot n};$$

Bei konstanter Relativ-Redundanz r wird mit steigender Blocklänge n der Anteil a der benutzten Binärkombinationen immer kleiner. Deshalb wird bei konstanter Relativ-Redundanz das Korrekturverhalten eines Blockcodes (geeignete Konstruktion vorausgesetzt) immer besser werden.

Beispielsweise ergeben sich bei $r = 0.20$ für $n = 10$ bzw. $n = 100$ die Werte $a = 0.25$ bzw. $a \approx 10^{-6}$. Im ersten Fall muss jede vierte Binärkombination genutzt werden, im zweiten Fall ungefähr jede millionste Binärkombination. Obwohl prozentual jeweils der gleiche Anteil der insgesamt übertragenen Informationseinheiten (bit) für die Sicherung verwendet wird, werden die Korrektureigenschaften im zweiten Fall erheblich besser sein.

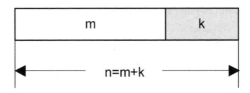

Bild 8.7: Blockcode.
m Anzahl der Informationsbit, k Anzahl der Prüfbit; n Gesamtanzahl der bit (Blocklänge);

Hinweis

Nach dem Kanalcodierungssatz von Shannon kann bei optimaler Codierung (Berücksichtigung sehr vieler Informationssymbole) die Transportkapazität C eines Nachrichtenkanals fast vollständig zur Informationsübertragung genutzt werden (und nur ein sehr kleiner Anteil $\varepsilon \ll 1$ muss zur Fehlersicherung verwendet werden):

$$\frac{HF}{C} = 1 - \varepsilon;$$

Bei einem (n, m)-Blockcode ergibt sich:

$$\frac{HF}{EF} = \frac{m}{n} = \frac{n-k}{n} = 1 - \frac{k}{n} = 1 - r = CR;$$

Wird die Übertragungsgeschwindigkeit $EF = v \cdot ld(b)$ eines b-wertigen Blockcodes mit der Schrittgeschwindigkeit v bis fast zum Grenzwert C erhöht, entspricht die Relativ-Redundanz r dem Wert ε in der Formulierung des Kanalcodierungssatzes. Deshalb ist bei einem Blockcode bei sehr großer Blocklänge n (also einer Kanalcodierung unter Berücksichtigung sehr vieler Informationssymbole) eine fehlerfreie Übertragung mit sehr kleiner Relativ-Redundanz möglich (Relativ-Redundanz r nach 0 bedingt Code-Effizienz CR nach 1 bzw. 100%).

Beispiel 8.1

Gegeben:
Blockcode (12,10);

Gesucht:
Absolut-Redundanz R; Relativ-Redundanz r; Coderate CR; Codeeffizienz in Prozent; Anteil benutzter Binärkombinationen eines Übertragungsblocks (in Prozent);

Lösung:
R = (12-10) bit = 2 bit;   r = 2 / 12 = 0.167;   CR = 1 - r = 0.833;   CR= 83.3%;
a = 2^{-R} = 2^{-2} = 0.25 = 25%.

Interpretation der Ergebnisse:
Pro Übertragungsblock von 12 bit sind 2 bit redundant (Absolut-Redundanz pro Block). Der Anteil redundanter bit ist somit 2 / 12= 0.167. Also sind rund 167 von 1000 übertragenen bit redundant. Die Code-Rate ist 0.833, also werden rund 833 von 1000 übertragenen bit für die Informationsübertragung genutzt. Dies entspricht einem Code-Wirkungsgrad von 833 / 1000 = 83.3%. Von den 2^{12} = 4096 möglichen Binärkombinationen eines Übertragungsblocks werden nur 2^{10} = 1024 für die Übertragung benutzt. Damit ist der Anteil benutzter Binärkombinationen (1024/4096) = 2^{-2} = 0.25 = 25%.

8.5 Hamming-Gewicht und Hamming-Distanz

Hamming-Gewicht eines Codeworts

Das Hamming-Gewicht eines Codeworts ist gleich der Anzahl der Symbole, die ungleich 0 sind. Bei einem binären Codewort ist somit das Hamming-Gewicht gleich der Anzahl der binären Einsen, somit also gleich der normalen Summe aller Binärstellen.

$$w_i := w([x_i]) := \sum_{q=0}^{n-1} x_{iq} ;$$

Hamming-Gewicht eines Codes

Das Hamming-Gewicht eines Codes ist das kleinste Gewicht eines Codeworts ungleich dem Nullwort $[x_0] = [0, 0, ...0]$ (dessen Gewicht $w([x_0]) = w_0 = 0$ ist).

$$w := \min_{\substack{(i) \\ i \neq 0}} (w_i) ;$$

Hamming-Distanz zweier Codeworte

Die Hamming-Distanz d_{ij} zweier binärer Codeworte $[x_i]$, $[x_j]$ ist gleich der Anzahl der unterschiedlichen Binärstellen. Die Hamming-Distanz wird auch als Hamming-Abstand bezeichnet.

$$d_{ij} := d([x_i], [x_j]) := w([x_i] \oplus [x_j]);$$

Hinweis:
Die stellenweise mod2-Addition der Binärwerte von $[x_i]$ und $[x_j]$ ergibt genau für die Stellen eine 1, in denen sich die beiden Codeworte unterscheiden. Das Gewicht des Summenworts $[x_i] \oplus [x_j]$ ergibt somit die Anzahl der unterschiedlichen Binärstellen.

Hamming-Distanz eines Codes

Als Hamming-Distanz eines Codes bezeichnet man den kleinsten Hamming-Abstand zwischen zwei unterschiedlichen Codeworten dieses Codes.

$$d := \min_{\substack{(i,j) \\ i \neq j}} (d_{ij}) ;$$

Mathematische Definition eines Abstandmaßes

Die Hamming-Distanz $d([x_1], [x_2])$ zweier Codeworte $[x_1]$, $[x_2]$ ist ein mathematisches Maß für den Abstand (die Distanz, den Unterschied) zweier Codeworte. Die Codeworte werden dabei als Punkte des n-dimensionalen Raumes aufgefasst. Eine Funktion $d([x_1], [x_2])$ wird in der Mathematik immer dann als Abstandsmaß bezeichnet, wenn folgende Bedingungen erfüllt sind [TZHA93]:

$d([x_1], [x_2]) \geq 0;$

Der Abstand zweier Punkte ist immer ≥ 0. Für alle Punkte ist $d([x_i], [x_i]) = 0$.

8.5 Hamming-Gewicht und Hamming-Distanz

$d([x_1], [x_2]) = d([x_2], [x_1])$;

Das Abstandsmaß ist symmetrisch.

$d([x_1], [x_2]) \leq d([x_1], [x_3]) + d([x_3], [x_2])$;

Die Dreiecks-Ungleichung ist immer gültig.

Die Dreiecks-Ungleichung gibt an, dass der direkte Weg zwischen zwei Punkten kleiner oder gleich dem Gesamtweg über einen dritten Punkt ist (gleich gilt nur dann, wenn der dritte Punkt auf dem direkten Weg liegt). Der Hamming-Abstand erfüllt diese Bedingungen, so dass die Bezeichnung „Abstand" gerechtfertigt ist.

Anschauliche Darstellung zur Kanalcodierung

In Bild 8.8 wird das Problem der Kanalcodierung stark vereinfacht dargestellt [ELSN74]. Zur Veranschaulichung wird der n-dimensionale Coderaum (die Menge aller möglichen Codeworte) symbolisch als zweidimensionales Gitter dargestellt. Mögliche Codeworte des Coderaums sind die Kreuzungspunkte des Gitters. Benutzte Codeworte sind schwarz ausgefüllt, unbenutzte Codeworte sind nicht ausgefüllt. Eine Kante des Gitter-Graphs stellt dar, dass sich die beiden angrenzenden Codeworte durch ein Binärzeichen (die Hamming-Distanz ist dann 1) unterscheiden.

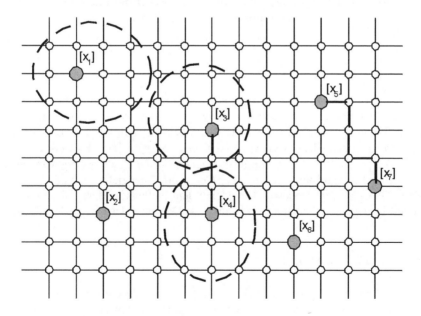

Bild 8.8: Schematische Darstellung zur Kanalcodierung.
$[x_1], [x_2] ... [x_7]$ benutzte Codeworte;

Die Konstruktion fehlererkennender oder fehlerkorrigierender Kanalcodes erfordert, nur wenige Codeworte des Coderaums zu benutzen und diese wenigen Codeworte möglichst gleichmäßig im gesamten Coderaum zu verteilen.

Dann wird der Abstand (gemessen als Hamming-Distanz, also die Anzahl der unterschiedlichen Binärstellen) zwischen benachbarten, benutzten Codeworten möglichst groß. Somit können Codeworte, welche bei der Übertragung nur auf wenigen Bitpositionen verfälscht werden, immer noch dem Sende-Codewort (dem benachbarten benutzten Codewort mit minimaler Distanz) zugeordnet werden. Der Bereich um ein benutztes Codewort, welcher eine eindeutige Zuordnung ermöglicht, wird als Korrekturbereich bezeichnet. In Bild 8.8 sind die Korrekturbereiche für einige benutzte Codeworte eingezeichnet.

Das Bild zeigt, dass nur wenige Codeworte $[x_1]$, $[x_2]$, ... $[x_7]$ des gesamten Coderaums (der sehr viele mögliche Codeworten enthält) benutzt werden. Von allen benutzten Codeworten hat das Codewort-Paar $[x_3]$, $[x_4]$ die kleinste Distanz, nämlich 3, da nur durch 3 Kanten getrennt. Die kleinste Distanz zwischen zwei benutzten Codeworten ist die Distanz des Codes (siehe obige Definitionen) und kennzeichnet die Erkennungs- und Korrektur-Eigenschaften des Codes. Der dargestellte Code hat also die Hamming-Distanz d = 3.

Zusammenhang zwischen Gewicht und Distanz eines linearen Codes

Für lineare Codes gibt es einen einfachen Zusammenhang zwischen Hamming-Gewicht und Hamming-Distanz des Codes:

Bei jedem linearen Code ist die Hamming-Distanz des Codes gleich dem Hamming-Gewicht des Codes:

$$\mathbf{d} := \min_{\substack{(i,j) \\ i \neq j}} (d_{ij}) = \min_{\substack{(i) \\ i \neq 0}} (w_i) := \mathbf{w};$$

Beweis:
Die Distanz d eines Codes ist definiert als kleinste Distanz zweier verschiedener Codeworte des Codes. Die Distanz zweier Codeworte ist wegen $d([x_i], [x_j]) := w([x_i] \oplus [x_j])$ gleich dem Gewicht der Summe dieser zwei Codeworte. Bei einem linearen Code ist jedoch die Summe $([x_i] \oplus [x_j])$ zweier verschiedener Codeworte stets ein Codewort $[x_k]$ des Codes ungleich dem Nullwort $[x_k] \neq [x_0] = [0, 0, ..0]$. Somit ist die kleinste Distanz zweier Codeworte eines linearen Codes gleich dem kleinsten Gewicht eines Codeworts (ungleich dem Nullwort) des Codes. Das kleinste Gewicht eines Codeworts (ungleich dem Nullwort) ist aber das Gewicht w des Codes. Somit ist bei einem linearen Code immer die Distanz d des Codes gleich dem Gewicht w des Codes:

$$\boxed{d = w; \quad \text{(bei linearem Code)};}$$

Diese Aussage über lineare Codes kann verwendet werden, um die Hamming-Distanz d eines Codes über das sehr viel einfacher berechenbare Hamming-Gewicht w dieses Codes zu berechnen. Bei einem linearen Code mit beispielsweise 16 Codeworten gibt es $(16 \cdot 15)/2 = 120$ mögliche Distanzen zwischen Codeworten, jedoch nur 15 Gewichte > 0 (weil bei jedem linearen Code das Nullwort mit dem Gewicht 0 enthalten ist). Die Berechnung der Distanz eines linearen Codes über das Gewicht des Codes ist also sehr viel weniger aufwendig.

Beispiel 8.2

Gegeben:

Code C = {[x_0], [x_1], [x_2], [x_3]} = { [0000], [0101], [1010], [1111] };

Gesucht:

Hamming-Gewicht jedes Codeworts;
Hamming-Gewicht des Codes;
Hamming-Abstand zwischen jeweils zwei Codeworten;
Hamming-Abstand des Codes C;

Lösung:

w_0 = w([x_0]) = w([0000]) = 0+0+0+0 = 0;
w_1 = w([x_1]) = w([0101]) = 0+1+0+1 = 2;
w_2 = w([x_2]) = w([1010]) = 1+0+1+0 = 2
w_3 = w([x_3]) = w([1111]) = 1+1+1+1 = 4;
w = min(2, 4) = 2;
d_{01} = d([x_0], [x_1]) = d([0000], [0101]) = w([0101]) = 2 = d_{10};
d_{02} = d([x_0], [x_2]) = d([0000], [1010]) = w([1010]) = 2 = d_{20};
d_{03} = d([x_0], [x_3]) = d([0000], [1111]) = w([1111]) = 4 = d_{30};
d_{12} = d([x_1], [x_2]) = d([0101], [1010]) = w([1111]) = 4 = d_{21};
d_{13} = d([x_1], [x_3]) = d([0101], [1111]) = w([1010]) = 2 = d_{31};
d_{23} = d([x_2], [x_3]) = d([1010], [1111]) = w([0101]) = 2 = d_{32};
d = min(2, 4) = 2;

Es liegt ein linearer Code vor, da jede Linearkombination von Codeworten wieder ein Codewort ergibt. Deshalb stimmen Gewicht des Codes und Distanz des Codes überein. Es ist
d = w = 2.

8.6 Fehlererkennung und Fehlerkorrektur

8.6.1 Bedingungen für Fehlererkennung und Fehlerkorrektur

Prinzip der Fehlersicherung

Wird ein Codewort bei der Übertragung in ein anderes gültiges Codewort verfälscht, dann kann dies empfangsseitig niemals erkannt oder korrigiert werden. Eine Fehlererkennung oder Fehlerkorrektur ist nur dann möglich, wenn beim Auftreten von Fehlern ein unbenutztes Codewort entsteht. Der Abstand zwischen den für die Übertragung benutzten Codeworten muss also so groß sein, dass ein benutztes Codewort durch Fehler nicht in ein anderes gültiges

Codewort verändert wird. Nachfolgend wird dieser Zusammenhang genauer analysiert. Als wichtige Erkenntnis können wir zunächst folgendes festhalten:

Ein gestörtes Codewort ist dann erkennbar, wenn ein ungültiges Codewort entsteht.

Ein gestörtes Codewort ist dann (mit sehr kleiner Restfehler-Wahrscheinlichkeit!) korrigierbar, wenn ein ungültiges Codewort entsteht, welches zum gesendeten Codewort einen kleinen Abstand und zu allen anderen gültigen Codeworten einen großen Abstand aufweist.

Entscheidungsstrategie „Nächster Nachbar" bei Fehlerkorrektur

Bei Empfang eines nicht benutzten Codeworts wird das nächstliegende gültige Codewort (gültiges Codewort mit minimaler Hamming-Distanz zum Empfangswort) zur Nachrichtensinke ausgegeben. Dadurch wird die Veränderung korrigiert.

Wird ein Codewort gesendet und durch s Bitfehler gestört, dann ist die Hamming-Distanz zwischen Sende-Codewort $[x_t]$ und Empfangs-Codewort $[x_r]$ gleich $d([x_t], [x_r]) = s$.

Damit s Fehler erkennbar sind, muss das zu $[x_t]$ nächstliegende gültige Codewort (ein gültiges Codewort mit minimalem Abstand zum Sende-Codewort) eine größere Hamming-Distanz als s aufweisen. Für die Erkennbarkeit von s aufgetretenen Fehlern muss also folgende Mindest-Bedingung erfüllt sein: $d > s$;

Der exakte Zusammenhang zwischen Hamming-Distanz d eines Codes und der Anzahl der erkennbaren bzw. korrigierbaren Fehler wird nachfolgend abgeleitet. Dabei werden folgende Bezeichnungen verwendet:

s   Maximalanzahl erkennbarer Fehler,

e   Maximalanzahl korrigierbarer Fehler,

s' Maximalanzahl zusätzlich erkennbarer Fehler nach Korrektur von e Fehlern.

Die Größen s, e und s' können aus der Hamming-Distanz d des Codes berechnet werden.

Geometrische Deutung (siehe Bild 8.8)

Die Codeworte eines Blockcodes der Blocklänge n können als Punkte im n-dimensionalen Raum betrachtet werden. Bei n bit gibt es $N = 2^n$ mögliche Punkte, von denen nur $M = 2^m$ als Codeworte benutzt werden (wegen m < n ist M < N). Treten einzelne Bitfehler auf, wird ein benutztes Codewort in ein unbenutztes Codewort in der Nachbarschaft verfälscht. Der Umgebungsbereich, aus dem eine eindeutige Zuordnung zum ursprünglichen Codewort [x] möglich ist, wird als Korrekturbereich von [x] (oder n-dimensionale Korrekturkugel von [x]) bezeichnet. Diese geometrische Deutung wird in verkürzter, abstrakter Form durch den Distanz-Graph veranschaulicht.

Distanz-Graph

Das Prinzip der Fehlererkennung und Fehlerkorrektur kann geometrisch veranschaulicht werden. Dazu werden die zwei Codeworte eines Codes, welche die kleinste Hamming-Distanz zueinander aufweisen (also genau die Hamming-Distanz d des Codes repräsentieren), als Endknoten eines linienförmigen Graphen mit genau d Kanten gezeichnet. Der Graph hat also (d+1)

8.6 Fehlererkennung und Fehlerkorrektur

Knoten und d Kanten. Jede Kante zwischen zwei benachbarten Knoten stellt graphisch dar, dass die den Knoten zugeordneten Codeworte den Hamming-Abstand 1 haben.

Bild 8.9 zeigt schematisch einen Code mit der Hamming-Distanz 4. Die Korrekturbereiche zu den benutzten Codeworten $[x_1]$, $[x_2]$ sind durch einen strichlierten Kasten angedeutet: $[u_1]$ liegt nahe bei $[x_1]$, also wird nach $[x_1]$ korrigiert. $[u_3]$ liegt nahe bei $[x_2]$, also wird nach $[x_2]$ korrigiert. $[u_2]$ ist gleich weit von $[x_1]$ und $[x_2]$ entfernt, eine Korrektur ist nicht möglich. $[u_2]$ ist aber eindeutig als Fehler erkennbar.

Diese beispielhafte Betrachtung für den Fall d = 4 kann für beliebige Werte der Hamming-Distanz d verallgemeinert werden:

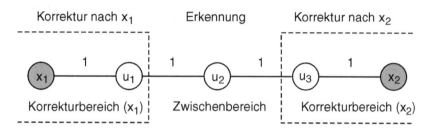

Bild 8.9: Distanz-Graph für d = 4.
[x] benutztes Codewort; [u] unbenutztes Codewort;

Fehlererkennung

Im Graph sind bei einer Hamming-Distanz d insgesamt d+1 Knoten vorhanden, an beiden Enden sind die zwei benutzten Knoten angeordnet, dazwischen liegen die d-1 unbenutzten Knoten. Für die Erkennung von maximal s Fehlern sind s unbenutzte Knoten nötig, also muss sein:

s = d - 1;

Fehlerkorrektur

Im Graph sind bei einer Hamming-Distanz d insgesamt d+1 Knoten vorhanden, an beiden Enden sind die zwei benutzten Knoten angeordnet, dazwischen liegen die d-1 unbenutzten Knoten. Für die Korrektur von maximal e Fehlern (e = 0, 1, 2...) werden 2 · e unbenutzte Knoten verbraucht, also muss sein:

2 · e ≤ d-1;

Fehlerkorrektur und nachfolgende Fehlererkennung

Fehlerkorrektur und Fehlererkennung können kombiniert werden. Dabei werden zunächst e Fehler korrigiert. Wenn mehr als e Fehler auftreten, sollen möglichst viele weitere Fehler erkannt werden.

Im Graph sind bei einer Hamming-Distanz d insgesamt d+1 Knoten vorhanden, an beiden Enden sind die zwei benutzten Knoten angeordnet, dazwischen liegen die d-1 unbenutzten Knoten. Für die Korrektur von maximal e Fehlern werden 2 · e unbenutzte Knoten verbraucht. Die verbliebenen unbenutzten Knoten (nur bei (d-1)-(2·e)>0 sind solche vorhanden) können für die Erkennung von maximal s' zusätzlichen Fehlern benutzt werden, also muss sein:

$$2 \cdot e + s' \leq d - 1; \qquad \text{Bedingung:} \quad 2 \cdot e \leq d-1; \qquad e, s' \geq 0, \text{ ganzzahlig;}$$

Hier ist e die maximale Anzahl der korrigierbaren Fehler und s' die maximale Anzahl der zusätzlich erkennbaren Fehler nach der Korrektur von e Fehlern. Obige Gleichung ist beispielsweise für e = 2, s' = 1, d = 6 erfüllt. Dies bedeutet, dass bei einer Hamming-Distanz d = 6 beispielsweise maximal e = 2 Fehler (also Einfach-Fehler, Doppel-Fehler) korrigierbar und maximal s' = 1 zusätzliche Fehler (also Dreifach-Fehler) erkennbar sind. Resultierend können Einfach- und Doppel-Fehler korrigiert, Dreifach-Fehler erkannt werden.

Für den Fall e = 0 kann in obiger Formel s' durch s ersetzt werden, die obige Formel ist dann für reine Fehlerkorrektur, reine Fehlererkennung sowie kombinierte Fehlerkorrektur und Fehlererkennung gültig.

Beispiel 8.3

Gegeben:

Code mit Hamming-Distanz 6.

Gesucht:

Anzahl der korrigierbaren bzw. erkennbaren Fehler für

1) Reine Fehlerkorrektur,
2) Reine Fehlererkennung,
3) Fehlerkorrektur und zusätzliche Fehlererkennung.

Lösung:
1) Reine Fehlerkorrektur (s' = 0 gesetzt)
    $2 \cdot e \leq 5$;   e=2;   Maximal 2 Fehler sind korrigierbar.
2) Reine Fehlererkennung (e = 0 gesetzt)
    $s' \leq 5$;   Maximal 5 Fehler sind erkennbar.
3) Fehlerkorrektur und zusätzliche Fehlererkennung
    Fall e = 1: $s'+2 \leq 5$;   s' = 3;
    Es ist 1 Fehler korrigierbar und 3 zusätzliche Fehler (also 2, 3 und 4 Fehler insgesamt) sind erkennbar.

    Fall e = 2: $4+s' \leq 5$;   s' = 1
    Es sind 2 Fehler korrigierbar und 1 zusätzlicher Fehler (also Dreifachfehler) ist erkennbar.

8.6.2 Hamming-Grenze

Welche Mindest-Prüfbit-Anzahl k muss bei einem Blockcode der Länge n vorgesehen werden, damit maximal e Fehler korrigiert werden können?

8.6 Fehlererkennung und Fehlerkorrektur

Die Antwort auf diese Fragestellung liefert die Hamming-Formel (auch Hamming-Grenze, Hamming-Bedingung) [SAKR85, KADE91]. Bei einem maximal e Fehler korrigierenden Code müssen alle Codeworte mit Distanz $\leq e$ zum Original-Codewort in einer Korrekturkugel liegen, andernfalls wäre keine Zuordnung zum Original-Codewort möglich. Damit kann die Anzahl der Codeworte innerhalb der Korrekturkugel wie folgt berechnet werden:

alle Codeworte mit 0 Fehlern:
(alle Codeworte mit Distanz 0 zum Original-Codewort, $\quad \binom{n}{0} = 1;$
also das Original-Codewort selbst)

alle Codeworte mit genau 1 Fehler
(alle Codeworte mit Distanz 1 zum Original-Codewort): $\quad \binom{n}{1} = n;$

alle Codeworte mit genau 2 Fehlern
(alle Codeworte mit Distanz 2 zum Original-Codewort): $\quad \binom{n}{2} = \frac{n \cdot (n-1)}{2};$
usw.

alle Codeworte mit genau e Fehlern
(alle Codeworte mit Distanz e zum Original-Codewort): $\quad \binom{n}{e} = \frac{n!}{e! \cdot (n-e)!};$

Damit ist die Gesamtanzahl N_e der Codeworte in einer Korrigierkugel für maximal e Fehler:

$$N_e = \sum_{j=0}^{e} \binom{n}{j};$$

Hamming-Bedingung

Die Hamming-Bedingung ergibt sich als Bilanz-Gleichung zwischen M, N und N_e. Bei einem linearen (n, m) Blockcode werden $M = 2^m$ Codeworte benutzt (dies entspricht der Korrekturkugel-Anzahl), insgesamt gibt es bei der Blocklänge n aber $N = 2^n$ Codeworte. Damit muss sein:

$$2^m \cdot N_e \leq 2^n; \qquad N_e \leq 2^{n-m} = 2^k;$$

$$\boxed{\sum_{j=0}^{e} \binom{n}{j} \leq 2^k; \qquad \text{oder}: \qquad k \geq \operatorname{ld}\left[\sum_{j=0}^{e} \binom{n}{j}\right];}$$

Ergebnis

Obige Bedingung heißt Hamming-Bedingung oder Hamming-Grenze. Die Hamming-Bedingung ist eine notwendige Bedingung für die Mindestanzahl k der Prüfbit bei gegebener Blocklänge n und Anzahl e der maximal korrigierbaren Fehler.

Die Hamming-Bedingung besagt, dass die Prüfbit-Anzahl k mindestens so groß sein muss, dass alle Codeworte mit maximal e Fehlern (also 0, 1, ...e Fehler) innerhalb einer Korrekturkugel eindeutig nummeriert werden können.

Dicht gepackter Code (Perfekter Code)

Wenn das Gleichheitszeichen gültig ist

$$k = ld\left[\sum_{j=0}^{e} \binom{n}{j}\right];$$

wird der Code als dicht gepackt oder perfekt (auch: kompakt, maximal korrigierend) bezeichnet, ansonsten als nicht dicht gepackt oder nicht perfekt (auch: nicht kompakt, nicht maximal korrigierend). Ein dicht gepackter Code ist nur für ganz bestimmte Werte-Tripel von n, e, k möglich.

Sonderfall: 1 Fehler korrigierende Blockcodes

Für e = 1 ergibt sich aus der Hamming-Grenze:

$(1+n) \leq 2^k;$ oder $k \geq ld(1+n);$ (k, n natürliche Zahlen)

Dicht gepackter 1-Fehler korrigierender Blockcode

Das Gleichheitszeichen in obiger Gleichung ist genau dann gültig, wenn (1+n) eine Zweierpotenz ist. Also sind dicht gepackte Codes, die einen Fehler korrigieren können, möglich für eine Gesamt-Codewortlänge (Blocklänge)

$n = 2^k - 1;$

Bei gegebenem k kann n und somit m = n-k berechnet werden. Die nachfolgende Tabelle zeigt die möglichen Wertekombinationen für k = 2, 3,... 6:

k	n	m
2	3	1
3	7	4
4	15	11
5	31	26
6	63	57

Bild 8.10 zeigt die aus der Formel für die Hamming-Grenze berechnete Prüfbitanzahl k bei gegebener Blocklänge n für einen 1-Fehler korrigierenden Blockcode (e = 1). Der exakte Wert von k (nur ganzzahlige Werte sind realisierbar) ergibt sich gemäß obiger Ableitung mit der Aufrundungsfunktion ceil(x) zu

$k = ceil\{ ld(1+n) \};$

8.6 Fehlererkennung und Fehlerkorrektur

Dies ergibt den durch Rundungseffekte stufenartig verlaufenden Funktionsgraph. Zusätzlich ist der Funktionsgraph ld(1+n) eingetragen. Für Werte von n, an denen beide Funktionsgraphen den selben Wert annehmen, ist ein perfekter Code (dicht gepackter Code, kompakter Code) möglich.

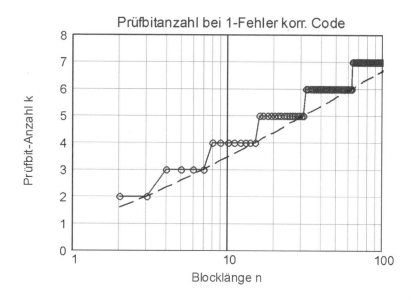

Bild 8.10: Prüfbitanzahl k bei 1 Fehler korrigierendem Blockcode in Abhängigkeit von n.
k Anzahl der Prüfbit; n Anzahl der Übertragungsbit (Blocklänge); m = n-k Anzahl der Nutzbit;

Beispiel 8.4

Gegeben:
Kompakter (dicht gepackter) 1-Fehler korrigierender Blockcode mit 3 Prüfstellen.

Gesucht:
Blocklänge, Anzahl möglicher Informationsstellen, mögliche Fehlermuster (bei Voraussetzung maximal 1 Fehler).

Lösung:
Bei k = 3 ergibt sich $n = 2^k - 1 = 8 - 1 = 7$ und $m = n-k = 7-3 = 4$.
Es ergibt sich ein (7, 4)-Blockcode mit 4 Informationsbit, 3 Prüfbit und somit 7 bit Blocklänge. Die k = 3 Prüfbit ermöglichen die Nummerierung der 8 möglichen Fehlermuster bei maximal einem Fehler, nämlich

Muster 0,   kein bit falsch,
Muster 1   nur bit 1 falsch,
bis einschließlich
Muster 7   nur bit 7 falsch.

Beispiel 8.5

Gegeben:
Fehlerkorrigierender Blockcode mit 16 bit Blocklänge. Es sollen maximal 2 Fehler korrigierbar sein.

Gesucht:
1) Maximal-Anzahl der Informationssymbole;
2) Relativ-Redundanz in Prozent;
3) Ist ein dicht gepackter Code möglich?

Lösung:
Mit n= 16; e= 2 folgt:

1) $1+16+(16 \cdot 15/2) = 137 \leq 2^k$; Ergibt Mindestwert für k: k = 8;
   m = n – k = 16 – 8 = 8; Maximal 8 Nutzbit möglich.

2) r = k/n = 8 / 16 = 50%; 50% der Symbole sind für die Fehlersicherung nötig.

3) Das Gleichheitszeichen ist nicht gültig! Der Code ist nicht perfekt (nicht dicht gepackt).

8.7 Paritätsprüfungs-Verfahren

In diesem Teil-Kapitel werden sehr einfache Kanalcodierungsverfahren behandelt, welche ohne zusätzliche Theorie verständlich sind. Mathematisch fundierte Kanalcodierungs-Verfahren werden in Kapitel 9 behandelt.

8.7.1 Einfache Paritätsprüfung

Beschreibung

Ein sehr einfaches Fehlererkennungsverfahren für Einzelfehler ist die einfache Paritätsprüfung [SAKR85], auch als eindimensionale Paritätsprüfung oder einfaches Parity-Check-Verfahren bezeichnet. Sendeseitig wird ein Informationsblock durch Anhängen einer Prüfstelle auf eine gerade Anzahl (gerade Parität, even parity, gerades Gewicht) oder alternativ auf eine ungerade Anzahl (ungerade Parität, odd parity, ungerades Gewicht) von binären Einsen ergänzt. Empfangsseitig wird überprüft, ob die vereinbarte Parität vorliegt. Dies ermöglicht die Erkennung von Einzelfehlern.

Bild 8.11 zeigt, wie ein (m bit)-Informationsblock durch ein zusätzliches Paritätsbit zum Übertragungsblock mit n = m+1 bit ergänzt wird.

Rechenvorschrift

Gerade (bzw. ungerade) Anzahl von Einsen bedeutet, dass die Modulo-2-Addition aller Binärstellen des resultierenden Übertragungsblocks eine 0 (bzw. eine 1) ergeben muss.

$$\sum_{\substack{\oplus \\ q=1}}^{n} x_{iq} = 0; \quad \text{(even parity)}; \qquad \sum_{\substack{\oplus \\ q=1}}^{n} x_{iq} = 1; \quad \text{(odd parity)};$$

8.7 Paritätsprüfungs-Verfahren

Hinweis zur Schreibweise:
Das Summensymbol mit dem Untersymbol ⊕ bedeutet, dass bei der Summenbildung die Modulo-2-Addition (und nicht die normale Addition!) zu verwenden ist!

Berechnung des Paritätsbits

Für das Paritätsbit (das bit n des Übertragungsblocks) folgt (wenn man auf beiden Seiten der Gleichung $x_{i,n}$ addiert und die Gleichung von links nach rechts liest):

$$x_{i,n} = \sum_{\substack{\oplus \\ q=1}}^{n-1} x_{i,q}; \quad \text{even parity;} \qquad \text{bzw.} \qquad x_{i,n} = 1 \oplus \sum_{\substack{\oplus \\ q=1}}^{n-1} x_{i,q}; \quad \text{odd parity;}$$

Kennwerte des Paritätsprüfungs-Verfahrens

Für gerade / ungerade Parität gilt:
Eine ungerade Fehleranzahl (1, 3, ... Fehler) ist erkennbar.
Eine gerade Fehleranzahl (2, 4, ... Fehler) ist nicht erkennbar.

Mit den Parametern m (beliebig), k = 1, n = m+1 ergibt sich:

R = n - m = (m+1)-m = 1 bit;
r = k / n = 1 / n;
CR = 1-r = 1-(1 / n) = (n-1) / n;
$a = 2^{-R} = 2^{-1} = 0.5 = 50\%$;

Die Absolut-Redundanz ist 1 bit, die Relativ-Redundanz ist 1/n. Es werden 50% der möglichen Binärkombinationen eines Blocks zur Übertragung genutzt.

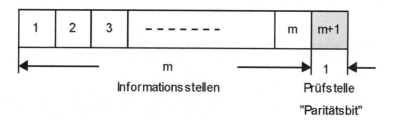

Bild 8.11: Einfache Paritätsprüfung.
m Anzahl der Nutzbit; k = 1 = Anzahl der Prüfbit; n = m+1 Blocklänge;

Beispiel 8.6

Berechnen Sie für alle 3 bit-Codeworte

1) das Paritätsbit für gerade / ungerade Parität;
2) das resultierende Gewicht für gerade / ungerade Parität;

Lösung
In der nachfolgenden Tabelle ist für alle 3-bit-Codeworte CW das zugehörige Paritätsbit p und das resultierende Gewicht w des resultierenden Codeworts CW' angegeben; links für gerade Parität, rechts für ungerade Parität.

CW	p	w
000	0	0
001	1	2
010	1	2
011	0	2
100	1	2
101	0	2
110	0	2
111	1	4

CW	p	w
000	1	1
001	0	1
010	0	1
011	1	3
100	0	1
101	1	3
110	1	3
111	0	3

Beispiel 8.7

Gegeben:
m = 8; gerade (oder ungerade) Paritätsprüfung;

Hinweis:
Das Hinzufügen eines Paritätsbits (k = 1) zu einem Nutzbyte (m = 8) ist ein übliches Verfahren bei Computer-Speichern mit Paritätsprüfung.

Gesucht:
Absolut-Redundanz R, Relativ-Redundanz r in Prozent, Code-Rate CR in Prozent,
Anteil a genutzter Binärkombinationen in Prozent.

Lösung:
Sowohl bei gerader als auch ungerader Paritätsprüfung ergibt sich:

R = (8+1)-8 = 1 bit;   r = 1 / 9 = 11.1%;   CR = 8 / 9 = 88.9%;

a = 256 / 512 = 2^{-1} = 0.5 = 50%;

Die Absolut-Redundanz ist 1 bit, die Relativ-Redundanz ca. 11%, die Code-Rate beträgt ca. 89%. Es werden 50% der möglichen Binärkombinationen eines Blocks genutzt.

8.7.2 Matrix-Paritätsprüfung

Beschreibung

Ein sehr einfaches Fehlerkorrekturverfahren für Einzelfehler ist die Matrix-Paritätsprüfung [SAKR85], auch als zweidimensionale Paritätsprüfung oder Matrix-Parity-Check bezeichnet. Nachfolgend wird eine quadratische Matrix verwendet, natürlich lässt sich das Prinzip auch auf nicht quadratische Matrizen übertragen.

8.7 Paritätsprüfungs-Verfahren

Die Informationsbit werden in einer z · z-Matrix angeordnet, der Parameter z ist frei wählbar. Für jede Zeile und jede Spalte der Matrix wird ein Paritätsbit hinzugefügt. Dies ergibt resultierend 2 · z Paritätsbit. Der resultierende Übertragungsblock aus m = z · z Informationsbit plus k = 2 · z Prüfbit wird übertragen. Empfangsseitig wird der Übertragungsblock ebenso wie auf der Sendeseite matrixförmig angeordnet. Dann wird überprüft, ob zeilenweise und spaltenweise die vereinbarte Parität vorliegt. Dies ermöglicht die Korrektur von Einzelfehlern im Informationsblock. Doppelfehler und manche Mehrfachfehler sind (je nach Lage der Fehler) erkennbar.

Bild 8.12 zeigt schematisch die Realisierung der Matrix-Paritätsprüfung für den Fall z = 3. Die 9 Nutzbit (mit 1...9 nummeriert) werden durch 2 · 3 Paritätsbit (mit 10...15 nummeriert) ergänzt, der resultierende Übertragungsblock besteht aus 9 Nutzbit plus 2 · 3 Prüfbit, somit ist die Blocklänge 15.

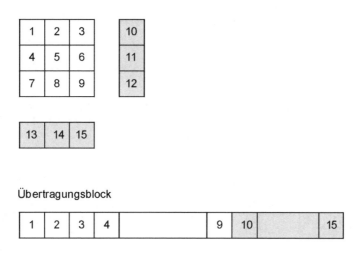

Bild 8.12: Prinzip der Matrix- Paritätsprüfung.
m = z · z Informationsbit, hier m = 9, nämlich bit 1, 2, ...9;
k = 2 · z Prüfbit, hier k = 6, nämlich bit 10, 11, ... 15; n = m+k Blocklänge, hier n = 9+6= 15;

Bild 8.13 zeigt den Fall, dass bei der Übertragung genau 1 Bit gestört wird:

Das linke Teilbild zeigt 9 zufällige Informationsbit und die für gerade Parität berechneten Prüfbit. Bei einer Übertragung ohne Fehler ergeben sich empfangsseitig für die zeilenweise bzw. spaltenweise berechneten Paritätsbit jeweils 0.

Das rechte Teilbild zeigt den Empfangsspeicher mit den empfangenen bits. Bei der Übertragung sei ein Bitfehler (im Bild mit * markiert) aufgetreten. Bei der zeilenweisen und spaltenweisen Neuberechnung der Paritätsbit ergibt sich in Fehlerzeile und Fehlerspalte jeweils eine 1. Damit ist die Fehlerstelle eindeutig markiert. Invertiert man das markierte bit (im Bild fett gedruckt), wird der Fehler korrigiert.

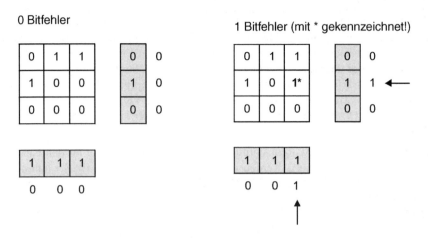

Bild 8.13: Matrix-Paritätsprüfung mit gerader Parität bei ≤ 1 Fehler.

Bild 8.14 zeigt den Fall, dass bei der Übertragung genau 2 Bit gestört werden:

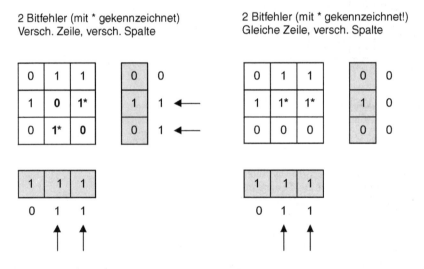

Bild 8.14: Matrix-Paritätsprüfung mit gerader Parität bei 2 Fehlern.

Im linken Teilbild treten die beiden Fehler in verschiedenen Zeilen und verschiedenen Spalten auf. Bei der zeilenweisen bzw. spaltenweisen Paritätsprüfung können die betroffenen Zeilen und Spalten eindeutig erkannt werden. Allerdings sind dadurch 4 mögliche Fehlerstellen markiert, so dass keine Fehlerkorrektur, aber eine Fehlererkennung möglich ist.

Im rechten Teilbild treten die beiden Fehler in einer Zeile auf. Bei der zeilenweisen bzw. spaltenweisen Paritätsprüfung können die fehlerhaften Spalten eindeutig erkannt werden, allerdings nicht die fehlerhafte Zeile. Somit ist keine Fehlerkorrektur, aber eine Fehlererkennung möglich. Eine vergleichbare Situation ergibt sich, wenn zwei Fehler in einer Spalte auftreten.

Hinweis:
Bei Anwendung eines ARQ-Übertragungsprotokolls kann für den Fall der Fehlererkennung durch negative Quittierung (mit dem Quittierungselement NACK) über den Rückkanal eine erneute Übertragung des Blocks veranlasst werden. Dies ist allerdings nur möglich, wenn keine harten Echtzeit-Anforderungen (dann sind Verzögerungen absolut unzulässig) vorliegen.

Kennwerte des Matrix-Paritätsprüfungs-Verfahrens

Einzelfehler im Informationsblock können korrigiert werden, Doppelfehler im Informationsblock können erkannt werden. Mit den Parametern z (beliebig), $m = z \cdot z$, $k = 2 \cdot z$, $n = m+k$ ergibt sich:

$R = n - m = k = (2 \cdot z)$ bit;

$r = k / n = (2 \cdot z) / (z \cdot z + 2 \cdot z) = 2 / (z+2)$;

$CR = 1-r = z / (z+2)$;

$a = 2^{-2*z}$;

Beispiel 8.8

Berechnen Sie die absolute Redundanz, die relative Redundanz, die Coderate und den Anteil benutzter Binärkombinationen beim Matrix-Paritätsprüfungs-Verfahren für 64 Nutzbit.

Lösung:

Wegen $m = z \cdot z = 64$ folgt $z = 8$. Damit ergeben sich folgende Zahlenwerte:

$R = 2 \cdot 8 = 16$ bit; $\qquad r = 2 / 18 = 0.111 = 11.1\%$; $\qquad CR = 88.9\%$; $\qquad a = 2^{-16}$;

8.8 Übungen

Aufgabe 8.1

1) Definieren Sie folgende Begriffe:
   Hamming-Gewicht eines Codeworts, Hamming-Gewicht eines Codes, Hamming-Distanz zweier Codeworte, Hamming-Distanz eines Codes.

2) Welche Eigenschaft definiert einen linearen Code? Welcher Zusammenhang besteht zwischen Hamming-Gewicht und Hamming-Distanz eines linearen Codes? Gilt dieser Zusammenhang auch bei nichtlinearen Codes? Welche der beiden Größen ist einfacher zu berechnen? Warum?

3) Welche prinzipielle Voraussetzung muss erfüllt sein, damit eine Fehler-Erkennung oder eine Fehler-Korrektur möglich ist? Kurze Beschreibung in Worten! Erklären Sie am Distanz-Graphen eines Kanal-Codes mit der Hamming-Distanz $d = 6$ folgende Begriffe: Benutztes (gültiges) Codewort, Unbenutztes (ungültiges) Codewort, Korrekturbereich, Zwischenbereich.

4) Welche Beziehung besteht zwischen Anzahl e korrigierbarer Fehler, Anzahl s' der nach Fehlerkorrektur zusätzlich erkennbaren Fehler und Hamming-Distanz d eines Kanal-Codes?
   Wie vereinfacht sich diese Beziehung bei reiner Fehlererkennung bzw. bei reiner Fehlerkorrektur?

5) Ein Kanal-Code hat die Hamming-Distanz 2 (alternativ 5).
   Nennen Sie alle Möglichkeiten für Fehler-Erkennung und Fehler-Korrektur!

6) Wie lautet und welchen Zusammenhang beschreibt die Formel für die Hamming-Grenze? Wieviel Codeworte liegen bei einem Blockcode der Blocklänge n innerhalb einer Korrigierkugel, wenn maximal 2 Fehler korrigierbar sind? Wieviel Prüfbit sind für diesen Korrekturvorgang mindestens erforderlich?

7) Wie lautet die Formel für die Hamming-Grenze bei einem 1-Fehler-korrigierenden Kanal-Code? Wieviel Prufbit sind mindestens erforderlich bei 8, 16, 24, 32 Informationsbit?

Lösung:
(nur zu Teilaufgaben 4 bis 7, ansonsten siehe Erklärungen im Text):

4) $2 \cdot e + s' \leq (d - 1)$;
   Reine Fehlererkennung: $s' \leq d-1$;
   Reine Fehlerkorrektur: $2 \cdot e \leq d-1$;

5) Möglichkeiten:

   $d = 2$ ergibt $2 \cdot e + s' \leq 1$;   Mögliche Lösungen:
   $e = 0$; $s' = s = 1$;

   $d = 5$ ergibt $2 \cdot e + s' \leq 4$;   Mögliche Lösungen:
   $e = 0$; $s' = s = 4$; $e = 1$; $s' = 2$; $e = 2$; $s' = 0$;

6) Die Hamming-Bedingung lautet:

$$\sum_{j=0}^{e} \binom{n}{j} \leq 2^k; \qquad \text{oder}: \qquad k \geq \text{ld}\left(\sum_{j=0}^{e} \binom{n}{j}\right);$$

n = m+k Blocklänge; m = Informationsbit-Anzahl; k = Prüfbit-Anzahl; e = Anzahl korrigierbarer Fehler;
Die Hamming-Bedingung besagt:
Die Anzahl der Codeworte innerhalb eines Korrekturbereichs muss kleiner oder gleich sein als die Anzahl der möglichen Kombinationen der Prüfbits. Dies ist gleichbedeutend mit folgender Aussage: Die Anzahl der Prüfbit muss mindestens so groß sein, dass alle Codeworte innerhalb eines Korrekturbereichs eindeutig nummeriert werden können.
Im Fall e = 2 ergibt sich aus der Hamming-Bedingung:
Anzahl der Codeworte innerhalb eines Korrekturbereichs $= 1 + n + n \cdot (n-1)/2$;
Anzahl der Prüfbit k muss dann sein: $k \geq \text{ld} \{ 1+n+n \cdot (n-1)/2 \}$;

7) Für e = 1 folgt aus der Hamming-Bedingung:
   $1 + n \leq 2^k$; $1 + m + k \leq 2^k$; $m \leq 2^k - k - 1$;

m	k	$m \leq 2^k-k-1$
8	4	$8 \leq 16-4-1 = 11$;
16	5	$16 \leq 32-5-1 = 26$;
24	5	$24 \leq 32-5-1 = 26$;
32	6	$32 \leq 64-6-1 = 57$;

9 Verfahren der Kanalcodierung

Für die nachfolgende Darstellung wird zur Vereinfachung der Schreibweise vereinbart:
Steht das + Zeichen zwischen zwei Binärwerten, bedeutet dies mod2-Addition ($\oplus$).
Steht das + Zeichen zwischen zwei reellen Zahlen, bedeutet dies normale Addition.

9.1 Hamming-Codes

9.1.1 Systematische Konstruktion

Wiederholung der Hamming-Bedingung
Für einen 1-Fehler-korrigierenden Code folgt aus der Formel für die Hamming-Grenze (mit n = Stellenanzahl eines Codeworts inklusive Prüfstellen, k = Prüfstellenanzahl) aus Kapitel 8:

(1+n) ≤ 2^k;

Das Gleichheitszeichen (perfekter Code, dicht gepackter Code) ist also nur gültig, wenn (1+n) eine Zweierpotenz ist. Damit ergibt sich die nachfolgende Tabelle möglicher dicht gepackter, 1-Fehler-korrigierender Blockcodes. In der Tabelle ist auch die Code-Rate CR, die Relativ-Redundanz r und der Anteil a benutzter Codekombinationen angegeben.

k	2^k	n	m = n-k	Blockcode	CR = m/n	r = 1-CR	a = 2^{-k}
1	2	1	0	%			
2	4	3	1	(3, 1)	0.33	0.67	0.25
3	**8**	**7**	**4**	**(7, 4)**	**0.57**	**0.43**	**0.125**
4	16	15	11	(15, 11)	0.73	0.27	0.063
5	32	31	26	(31, 26)	0.84	0.16	0.031
6	64	63	57	(63, 57)	0.905	0.095	0.016

Die Tabelle zeigt, dass beispielsweise ein perfekter 1-Fehler-korrigierender Blockcode (7, 4) mit 4 Informationsstellen und 3 Prüfstellen möglich ist. Dieser Blockcode (7, 4) weist eine Coderate CR von 57% und somit eine Relativ-Redundanz r = 43% auf. Nur der Anteil a = 12.5% aller möglichen Binärkombinationen des Blocks wird für die zulässigen Codeworte verwendet.

Systematische Konstruktion 1-Fehler-korrigierender Blockcodes nach Hamming
Erstmals von Hamming wurde im Jahr 1950 ein systematisches Konstruktionsverfahren für einen dicht gepackten, 1-Fehler-korrigierenden Blockcode veröffentlicht [HAMM50]. Diese Codes werden als Hamming-Codes bezeichnet. Jede der k Prüfstellen wird dabei mit einem

Paritätsbit belegt, welches sich durch Paritätsprüfung über geeignet ausgewählte Informationssymbole des Codeworts ergibt.

Am Beispiel des (7,4)-Hamming-Codes wird dies nachfolgend erläutert: Sendeseitig werden aus den 4 Informationsstellen 3 Prüfstellen (Paritätsbit) berechnet, an die 4 Informationsstellen angehängt und zusätzlich gesendet. Empfangsseitig werden die 3 Prüfstellen unter Verwendung der (eventuell fehlerhaften) Informationsstellen erneut berechnet. Ohne Fehler stimmen empfangene Prüfstellen und empfangsseitig berechnete Prüfstellen exakt überein. Bei Übertragungsfehlern ist dies nur teilweise der Fall. Wenn die Prüfstellen mittels geeigneter (!) Paritätsprüfungen berechnet wurden, kennzeichnet der Differenzvektor (genannt Syndromvektor) zwischen empfangenem (evtl. fehlerhaftem) Prüfstellen-Vektor und empfangsseitig (aus den empfangenen, evtl. fehlerhaften Informationsstellen) neu berechnetem Prüfstellen-Vektor die Fehlerposition. Für die Ausarbeitung der nachfolgenden Darstellung zu Hamming-Codes wurde [HAMM50, STRU82, SAKR85] verwendet.

Auswahl geeigneter Paritätsprüfungen:

Geeignete Paritätsprüfungen ergeben sich mittels nachfolgender Tabelle. Dort ist angegeben, welchen Wert der Syndromvektor (s_3, s_2, s_1) bei einem Fehler in Stelle 1, 2, ... 7 des Codeworts annehmen muss, damit die Fehlerposition adressiert wird:

Fehlerposition im Codewort	Syndromvektor $[s_3, s_2, s_1]=$
1	001
2	010
3	011
4	100
5	101
6	110
7	111

Aus der Tabelle ergibt sich, dass die

Paritätsprüfung 1 (Berechnung von s_1) die Positionen   1, 3, 5, 7,

Paritätsprüfung 2 (Berechnung von s_2) die Positionen   2, 3, 6, 7,

Paritätsprüfung 3 (Berechnung von s_3) die Positionen   4, 5, 6, 7

erfassen muss. Ein Einzelfehler auf der Bitposition q (mit $q \in \{1, 2, ... 7\}$) verändert die drei Paritätsbit dann derart, dass der Syndromvektor [s] den Dezimalwert q hat.

Anordnung der Paritäts- und Informationsbit:

Die 3 Paritätsprüfungen sind dann unabhängig voneinander, wenn das Paritätsbit 1 (alternativ 2, 3) nur von der Paritätsprüfung 1 (alternativ 2, 3) erfasst wird. Deshalb muss das

Paritätsbit 1 (alternativ 2, 3) auf der Position $1 = 2^0$ (alternativ $2 = 2^1$, $4 = 2^2$)

angeordnet werden. Die restlichen freien Stellen des Codeworts können mit Informationsbits aufgefüllt werden. Es ergibt sich dann nachfolgende Belegung des Codeworts:

9.1 Hamming-Codes

Position	1	2	3	4	5	6	7
Belegung	p_1	p_2	x_1	p_3	x_2	x_3	x_4
Paritätsprüfung 1 Stellenwertigkeit $1=2^0$	•		•		•		•
Paritätsprüfung 2 Stellenwertigkeit $2=2^1$		•	•			•	•
Paritätsprüfung 3 Stellenwertigkeit $4=2^2$				•	•	•	•

Für Hamming-Blockcodes ergibt sich somit folgende Regel für die Anordnung der Prüfbit und Nutzbit in einem Übertragungsblock:

Bei einem Hamming-Blockcode werden die Prüfbit auf den Positionen 2^k (mit $k = 0, 1, ...$), also auf den Positionen 1, 2, 4, 8, ... angeordnet, die Nutzbits auf den verbleibenden Positionen.

Sendeseitige Berechnung der Paritätsbit

Die drei (oben dargestellten) Paritätsprüfungen 1, 2, 3 zur Ermittlung von p_1, p_2, p_3 entsprechen den Gleichungen 1 bis 3:

1) $p_1 = x_1+x_2+x_4$;
2) $p_2 = x_1+x_3+x_4$;
3) $p_3 = x_2+x_3+x_4$;

Aus den Gleichungen 1 bis 3 ergibt sich (p_1 bei Gleichung 1 addieren, p_2 bei Gleichung 2 addieren usw., alle Additionen mod2):

α) $x_1+x_2+x_4+p_1 = 0$;
β) $x_1+x_3+x_4+p_2 = 0$;
γ) $x_2+x_3+x_4+p_3 = 0$;

Empfangsseitige Berechnung des Syndromvektors

Die den Sendewerten x_i, p_i zugehörigen Empfangswerte x_i', p_i' werden empfangsseitig für die Berechnungen verwendet. Bei fehlerfreier Übertragung (dann ist stets $x_i' = x_i$, $p_i' = p_i$) sind auch empfangsseitig die nachfolgenden Gleichungen a bis c erfüllt:

a) $s_1 = x_1'+x_2'+x_4'+p_1' = 0$;
b) $s_2 = x_1'+x_3'+x_4'+p_2' = 0$;
c) $s_3 = x_2'+x_3'+x_4'+p_3' = 0$;

Bei fehlerfreier Übertragung ist $(s_3, s_2, s_1) = (0, 0, 0)$.
Bei fehlerhafter Übertragung ist $(s_3, s_2, s_1) \neq (0, 0, 0)$.

Beispielsweise
ist bei fehlerhaftem x_1 (dargestellt durch $x_1'=x_1+1$, ansonsten sei $x_i'=x_i$, $p_i'=p_i$):

a) $s_1 = (x_1+1)+x_2+x_4+p_1 = (x_1+x_2+x_3+p_1)+1 = 0+1 = 1$;
b) $s_2 = (x_1+1)+x_3+x_4+p_2 = (x_1+x_3+x_4+p_2)+1 = 0+1 = 1$;
c) $s_3 = x_2+x_3+x_4+p_3 = 0$;

Der resultierende Syndromvektor $[s_3, s_2, s_1] = [0, 1, 1]$ hat in diesem Fall den Dezimalwert 3 und kennzeichnet somit die fehlerhafte Position 3 mit dem Inhalt x_1. Invertieren dieser Stelle (formal Addition von 1) korrigiert den Fehler. Der Syndromvektor kennzeichnet also eindeutig die fehlerhaft übertragene Stelle, so dass Einzelfehler stets korrekt korrigiert werden können.

Andere Darstellung der Gleichungssysteme

Die obigen Gleichungen a bis c können auch wie folgt dargestellt werden:

a) $s_1 = p_{1e} + p_1'$;   mit $p_{1e} = x_1'+x_2'+x_4'$;
b) $s_2 = p_{2e} + p_2'$;   mit $p_{2e} = x_1'+x_3'+x_4'$;
c) $s_3 = p_{3e} + p_3'$;   mit $p_{3e} = x_2'+x_3'+x_4'$;

Der Syndromvektor $[s_3, s_2, s_1]$ ist also die Differenz (die mod2-Summe) zwischen empfangsseitig (aus den eventuell fehlerhaften Nutzbits) berechnetem Prüfstellen-Vektor $[p_{3e}, p_{2e}, p_{1e}]$ und tatsächlich empfangenem (eventuell fehlerhaftem) Prüfstellen-Vektor $[p_3', p_2', p_1']$. Dies war am Anfang des Abschnitts ohne Beweis behauptet worden.

Vereinfachte Berechnung des Syndromvektors

Obiges Ergebnis erhält man ebenso, wenn man in den Gleichungen a bis c für jedes fehlerfreie bit eine 0, für jedes fehlerhafte bit eine 1 einsetzt. Dies entspricht dem Einsetzen des Fehlermusters in die Gleichungen. Beispielsweise ergibt sich somit im oben behandelten Fall (mit x_1 fehlerhaft):

a) $s_1 = 1+0+0+0 = 1$;
b) $s_2 = 1+0+0+0 = 1$;
c) $s_3 = 0+0+0+0 = 0$;

also der Syndromvektor $[s_3, s_2, s_1] = [0, 1, 1]$.

Beispiel 9.1

Berechnen Sie für den obigen Code den Syndromvektor bei fehlerhaftem x_4, fehlerhaftem p_2, fehlerhaftem x_4 und p_2.

Ergebnis:
Für den Syndromvektor ergibt sich bei

fehlerhaftem x_4	$[s_3, s_2, s_1] = [1, 1, 1]$;	bit-Position 7:	x_4;
fehlerhaftem p_2	$[s_3, s_2, s_1] = [0, 1, 0]$;	bit-Position 2:	p_2;
fehlerhaftem x_4 und p_2	$[s_3, s_2, s_1] = [1, 0, 1]$;	bit-Position 5:	x_2;

Das Ergebnis zeigt, dass für Einzelfehler die Korrektur funktioniert, für Doppelfehler jedoch falsch ist und sogar zu einem zusätzlichen Fehler führt.

9.1 Hamming-Codes

Umbenennung und Umordnung zum systematischen Blockcode

Bisher sind Informationsstellen und Prüfstellen nicht systematisch angeordnet. Werden in allen obigen Gleichungen die Umbenennungen (Ersetzungen)

$p_1 \to x_5$, $p_2 \to x_6$, $p_3 \to x_7$

vorgenommen und die Binärwerte in der Reihenfolge $[x_1, x_2, x_3, x_4, x_5, x_6, x_7]$ angeordnet, ergibt sich ein systematischer Blockcode (7, 4), der auf den ersten 4 Positionen die Informationsbit und auf den nachfolgenden 3 Positionen die Prüfbit enthält.

Position	1	2	3	4	5	6	7
Belegung	x_1	x_2	x_3	x_4	x_5	x_6	x_7
Bisherige Bezeichnung	x_1	x_2	x_3	x_4	p_1	p_2	p_3

Gleichungen mit neuen Formelzeichen

Die sendeseitigen und empfangsseitigen Teilvorgänge bei der Blockcodierung können durch nachfolgende Gleichungssysteme A bis C beschrieben werden:

A) Sendeseitig wird zu einem Datenwort $[d] = [x_1, x_2, x_3, x_4]$ das Prüfwort $[p] = [x_5, x_6, x_7]$ berechnet:

$x_5 = x_1+x_2+x_4$;
$x_6 = x_1+x_3+x_4$;
$x_7 = x_2+x_3+x_4$;

B) Datenwort [d] und Prüfwort [p] werden zum Codewort [x] kombiniert, indem das Prüfwort an das Datenwort angefügt wird:

$x_1 = x_1$;
$x_2 = x_2$;
$x_3 = x_3$;
$x_4 = x_4$;
$x_5 = x_1+x_2+x_4$;
$x_6 = x_1+x_3+x_4$;
$x_7 = x_2+x_3+x_4$;

C) Empfangsseitig wird aus dem empfangenen Codewort [x] der Syndromvektor [s] berechnet, welcher die Fehlerposition eindeutig kennzeichnet:

$s_1 = x_1+x_2+x_4+x_5$;
$s_2 = x_1+x_3+x_4+x_6$;
$s_3 = x_2+x_3+x_4+x_7$;

Wenn der Syndromvektor [0] ist, war die Übertragung fehlerfrei. Wenn der Syndromvektor den Dezimalwert q hat, wird das Bit auf Position q invertiert (formal mod-2-Addition von 1 auf Position q). Durch Streichen der Prüfstellen [p] im (eventuell korrigierten) Codewort [x] erhält man das fehlerkorrigierte Datenwort [d].

9.1.2 Matrix-Schreibweise

Für die mathematische Behandlung linearer Blockcodes ist die Matrix-Schreibweise geeignet und allgemein üblich. Am Beispiel des vorstehend behandelten Hamming-Codes erfolgt die Darstellung in Matrix-Schreibweise. Hierzu wird auf [ELSN74, STRU82, SAKR85, KADE91, ROHL95, GERD96, GOEB99, PEHL01, WERN02] verwiesen.

Hinweise zur Matrix-Schreibweise

Vektoren werden immer als Zeilenvektoren geschrieben. Zeilenvektoren sind Matrizen mit einer Zeile und werden nachfolgend mit kleinen Buchstaben dargestellt. Spaltenvektoren sind transponierte Zeilenvektoren. Matrizen mit mehr als einer Zeile und mehr als einer Spalte werden stets mit großen Buchstaben dargestellt. Wo es zur Klarheit nötig ist, werden Zeilenvektoren und Matrizen mit eckigen Klammern dargestellt.

Elementare Kenntnisse der Matrizenrechnung (Matrizen-Addition, Matrizen-Multiplikation, Multiplikation einer Matrix mit einem Skalar, Matrix-Transponierung) werden vorausgesetzt. Besonders wichtig ist der Begriff der „linearen Unabhängigkeit" von Vektoren. Es sind m Vektoren der Dimension $n \geq m$ genau dann linear unabhängig, wenn sie einen m-dimensionalen Raum „aufspannen". Zur Wiederholung dieser Definitionen und Gesetzmäßigkeiten wird auf die mathematische Grundlagen-Literatur [BRON95, STIN99, ENSC99] verwiesen.

Verwendete Zeilenvektoren:

$[d] = [x_1, x_2, ..x_m]$ Datenwort, Zeilenvektor der m Informationsstellen;

$[p] = [x_{m+1}, x_{m+2}, ...x_n]$ Prüfwort, Zeilenvektor der k Prüfstellen;

$[x] = [x_1, x_2, ...x_n]$ Codewort, Zeilenvektor der Informations- und Prüfstellen;

$[s] = [s_1, s_2, ...s_k]$ Syndrom, Zeilenvektor der k Syndromstellen;

Verwendete Matrizen:

$[E_m]$ $(m \cdot m)$-Einheitsmatrix;

$[P]$ $(m \cdot k)$-Prüfmatrix;

$[G]$ $(m \cdot n)$-Generatormatrix;

$[K]$ $(n \cdot k)$-Kontrollmatrix;

Kombination von Matrizen:

Das Zusammenfügen von Einzel-Matrizen zu einer größeren Matrix wird wie folgt dargestellt:

$[x] = [d, p]$ Rechtsseitiges Anfügen des $(1 \cdot k)$-Prüfworts [p] an das
$= [x_1, x_2, ... x_n]$; $(1 \cdot m)$-Datenwort [d] ergibt das $(1 \cdot n)$-Codewort [x];

$[G] = [E_m, P]$;   Rechtsseitiges Anfügen der $(m \cdot k)$-Prüfmatrix [P] an die
    $(m \cdot m)$-Einheitsmatrix $[E_m]$ ergibt die $(m \cdot n)$-Generatormatrix [G];

usw.

9.1 Hamming-Codes

Gleichungssysteme in Matrix-Schreibweise

Die Gleichungssysteme A bis C lauten in Matrixschreibweise

A) Prüfgleichung

$$[x_5 \ x_6 \ x_7] = [x_1 \ x_2 \ x_3 \ x_4] \cdot \begin{bmatrix} 1 & 1 & 0 \\ 1 & 0 & 1 \\ 0 & 1 & 1 \\ 1 & 1 & 1 \end{bmatrix} ;$$

$$[p] = [d] \cdot [P] ;$$

B) Generatorgleichung

$$[x_1 \ x_2 \ x_3 \ x_4 \ x_5 \ x_6 \ x_7] = [x_1 \ x_2 \ x_3 \ x_4] \cdot \begin{bmatrix} 1 & 0 & 0 & 0 & 1 & 1 & 0 \\ 0 & 1 & 0 & 0 & 1 & 0 & 1 \\ 0 & 0 & 1 & 0 & 0 & 1 & 1 \\ 0 & 0 & 0 & 1 & 1 & 1 & 1 \end{bmatrix} ;$$

$$[x] = [d] \cdot [E_m, \ P] = [d] \cdot [G] ;$$

C) Kontrollgleichung

$$[s_1 \ s_2 \ s_3] = [x_1 \ x_2 \ x_3 \ x_4 \ x_5 \ x_6 \ x_7] \cdot \begin{bmatrix} 1 & 1 & 0 \\ 1 & 0 & 1 \\ 0 & 1 & 1 \\ 1 & 1 & 1 \\ 1 & 0 & 0 \\ 0 & 1 & 0 \\ 0 & 0 & 1 \end{bmatrix} ;$$

$$[s] = [x] \cdot \begin{bmatrix} P \\ E_k \end{bmatrix} = [x] \cdot [K] ;$$

Verwendung anderer Bezeichnungen oder Formelzeichen

Es ist zu beachten, dass abgesehen von vertauschten Formelzeichen für Informationsbit-Anzahl (hier m), Prüfbit-Anzahl (hier k) und Blocklänge (hier n) eines Blockcodes im Schrifttum zur Kanalcodierung sehr unterschiedliche Bezeichnungen und Formelzeichen für obige Gleichungssysteme und Matrizen verwendet werden. Die Bezeichnung Generatorgleichung (mit der Generatormatrix [G]) wird weitgehend einheitlich verwendet. Das hier als Prüfgleichung (mit der Prüfmatrix [P]) bezeichnete Gleichungssystem taucht bei einer anderen Herleitung der Zusammenhänge nicht auf. Die obige Kontrollgleichung mit der Kontrollmatrix [K] wird dann als Prüfgleichung (Bezeichnungskonflikt!) oder Paritätsprüfungs-Gleichung bezeichnet. Dabei wird eine Paritätsprüfungs- oder Parity-Check-Matrix [H] eingeführt, welche die Transponierte der hier verwendeten Kontroll-Matrix [K] ist:

[s] = [x] · [K] = [x] · [H]^T;   [H] = [K]^T = [P^T, E$_k$] := Parity-Check-Matrix;

9.2 Lineare Blockcodes

9.2.1 Vorbemerkung

Die Konstruktion fehlerkorrigierender, systematischer Blockcodes (n, m) mit n − m = k kann unter Verwendung der Matrizen-Rechnung allgemein dargestellt werden. Die resultierenden Blockcodes werden als lineare Blockcodes bezeichnet, weil alle gültigen Codeworte als Linearkombination weniger, linear unabhängiger Basis-Codeworte dargestellt werden können (dies wird später gezeigt). Zulässige Werte für die Parameter n, m, k ergeben sich aus der Hamming-Bedingung.

Voraussetzungen

Nachfolgend werden nur 1-Fehler-korrigierende Blockcodes behandelt. Bei Angabe konkreter Zahlenwerte wird wie bisher m = 4, k = 3, n = m+k = 7 verwendet. Die nachfolgenden Aussagen sind jedoch für alle Zahlenwerte m, k, n = m+k gültig, welche die Hamming-Bedingung erfüllen. Für 1-Fehler-korrigierende Blockcodes (e = 1) lautet diese:

$2^k \geq (1+n) = 1+m+k$;

Matrix-Schreibweise

Die Gleichungen in Matrix-Schreibweise für die sendeseitige Encodierung (Gleichung B) und die empfangsseitige Decodierung (Gleichung C) eines systematischen (n, m)-Blockcodes lauten entsprechend den Ergebnissen des vorigen Abschnitts:

A) Prüfgleichung

$[p] = [d] \cdot [P]$;

B) Generatorgleichung

$[x] = [d] \cdot [E_m, P] = [d] \cdot [G]$;

C) Kontrollgleichung

$[s] = [x] \cdot \begin{bmatrix} P \\ E_k \end{bmatrix} = [x] \cdot [K]$;

Bild 9.1 veranschaulicht graphisch die Struktur der Matrizen P, G, K.

9.2 Lineare Blockcodes

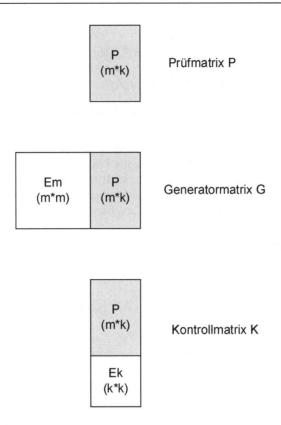

Bild 9.1: Struktur der Matrizen P, G, K.

9.2.2 Diskussion der Gleichungssysteme

A) Prüfgleichung mit Prüfmatrix [P]

Die Prüfgleichung beschreibt, wie zu einem Datenwort [d] (bisher 1 · 4, allgemein 1 · m) durch Multiplikation mit der Prüfmatrix [P] (bisher 4 · 3, allgemein m · k) das Prüfwort [p] (bisher 1 · 3, allgemein 1 · k) berechnet wird. Diese Rechenoperation wird sendeseitig im Kanal-Encoder durchgeführt. Die Prüfmatrix [P] bestimmt alle Eigenschaften des Codes.

Bei einem systematischen Blockcode wird an das unveränderte Datenwort [d] das per Prüfgleichung berechnete Prüfwort [p] angefügt und es ergibt sich das zu übertragende Codewort [x] aus m Informationsstellen und k redundanten Prüfstellen, insgesamt n = m+k Stellen. Dieser Gesamtvorgang wird mit dem Gleichungssystem B beschrieben.

B) Generatorgleichung mit Generatormatrix [G]

Die Generatorgleichung beschreibt, wie zu einem Datenwort [d] (bisher 1 · 4, allgemein 1 · m) durch Multiplikation mit der Generatormatrix [G] (bisher 4 · 7, allgemein m · n) das Codewort [x] (bisher 1 · 7, allgemein 1 · n) berechnet wird. Diese Rechenoperation wird sendeseitig im Kanal-Encoder durchgeführt.

Struktur der Generatormatrix:

Bei einem systematischen Blockcode besteht der Anfang des Codeworts aus dem unveränderten Datenwort [d] = [d] · [E_m], daran angefügt wird das berechnete Prüfwort [p] = [d] · [P], so dass sich resultierend das Codewort [x] = [d, p] ergibt:

$$[x] = [d, p] = [d \cdot E_m, d \cdot P] = [d] \cdot [E_m, P] = [d] \cdot [G] \; ; \; \text{mit} \; [G] := [E_m, P] \; ;$$

Bei einem systematischen Blockcode besteht also die Generatormatrix aus einer Einheitsmatrix (bisher 4 · 4, allgemein m · m), an welche rechts die Prüfmatrix (bisher 4 · 3, allgemein m · k) angefügt ist. Die Multiplikation eines Datenworts [d] (bisher 1 · 4, allgemein 1 · m) mit der Generatormatrix [G] (bisher 4 · 7, allgemein m · k) generiert das Codewort [x] (bisher 1 · 7, allgemein 1 · n). Dies bedingt die Bezeichnung Generatormatrix.

Berechnung zulässiger Codeworte:

Durch den Codiervorgang [x] = [d] · [G] wird einem Datenwort [d_1, d_2, d_m] eine Linearkombination der m Zeilenvektoren [g_i] (mit i = 1, 2, ... m) der Generatormatrix zugeordnet:

[x] = [d_1 d_2 ... d_m] · [G] = d_1 · [g_1] + d_2 · [g_2] + ... + d_m · [g_m];

Die i-te Matrixzeile [g_i] ist also das n-stellige Codewort zum m-stelligen Datenwort [d] = [0 0 ... 1 ... 0], welches nur in Spalte i eine 1 (und in allen restlichen Spalten eine 0) aufweist.

Weiter ergibt sich aus obiger Gleichung, dass sich zum m-stelligen Datenwort [d] = [0 0 ...0] stets das n-stellige Codewort [x] = [0 0 0 ...0] ergibt: Dem Null-Datenwort ist stets das Null-Codewort zugeordnet.

Der Rang der Generatormatrix [G] ist m, weil die Generatormatrix die Einheitsmatrix [E_m] enthält. Die Zeilenvektoren der Generatormatrix sind deshalb linear unabhängig. Damit ergeben sich für die 2^m möglichen Datenworte mit jeweils m Stellen genau 2^m unterschiedliche Codeworte mit jeweils n Stellen. Jedes dieser 2^m zulässigen Codeworte ist als Linearkombination von m linear unabhängigen erzeugenden Codeworten [g_i] (mit i=1, 2, ..m) darstellbar, den Zeilenvektoren der Generatormatrix. Dies bedingt die Bezeichnung linearer Blockcode.

C) Kontrollgleichung mit Kontrollmatrix [K]

Die Kontrollgleichung beschreibt, wie zu einem empfangenen Codewort [x] (bisher 1 · 7, allgemein 1 · n) durch Multiplikation mit der Kontrollmatrix [K] (bisher 7 · 3, allgemein n · k) der Syndromvektor [s] (bisher 1 · 3, allgemein 1 · k) berechnet wird. Der Syndromvektor kennzeichnet bei geeigneter Wahl (!) der Prüfmatrix [P] das Fehlermuster, so dass eine Fehlerkorrektur möglich ist. Diese Rechenoperation wird empfangsseitig im Kanal-Decoder durchgeführt.

Struktur der Kontrollmatrix [K]:

Der Syndromvektor kann dargestellt werden als Summe (die mod2-Summe ist mit der mod2-Differenz identisch) aus empfangsseitig neu berechnetem Prüfwort [p_e] und empfangenem (eventuell gestörtem) Prüfwort [p']. Bei einem systematischen Blockcode steht das Datenwort [d] links am Anfang des Codeworts [x]=[d, p], gefolgt vom Prüfwort [p] rechts am Ende. Ver-

9.2 Lineare Blockcodes 137

wendet man das empfangene Datenwort [d]' zur Neuberechnung des Prüfworts, ergibt sich $[p_e] = [d]' \cdot [P]$. Das empfangene Prüfwort [p]' kann dargestellt werden als $[p'] = [p'] \cdot [E_k]$. Die Summe von $[p_e]$ und $[p']$ ergibt den Syndromvektor:

$$[s] = [p_e] + [p'] = [d'] \cdot [P] + [p'] \cdot [E_k] = [d', p'] \cdot \begin{bmatrix} P \\ E_k \end{bmatrix} = [x'] \cdot \begin{bmatrix} P \\ E_k \end{bmatrix} = [x'] \cdot [K] \, ;$$

mit $[K] = \begin{bmatrix} P \\ E_k \end{bmatrix}$;

Deshalb gilt:
Bei einem systematischen Blockcode besteht die Kontrollmatrix [K] aus der Prüfmatrix [P] (bisher 4 · 3, allgemein m · k), an welche unten eine Einheitsmatrix $[E_k]$ (bisher 3 · 3, allgemein k · k) angefügt ist.

9.2.3 Eigenschaften linearer Blockcodes

Aus der Struktur der Gleichungssysteme B, C ergeben sich folgende Eigenschaften linearer Blockcodes, welche nachfolgend bewiesen werden:

1) **Der Syndromvektor [s] wird [0] bei jedem gültigem Codewort;**

2) **Der Syndromvektor [s] ist nur vom Fehlermuster [e] abhängig, jedoch nicht vom übertragenen Codewort [x];**

3) **Wenn ein Fehlermuster [e] einem gültigen Codewort [x] entspricht, dann ist dieses Fehlermuster niemals erkennbar.**

Syndromvektor wird [0] bei gültigem Codewort

Wird ein gültiges Codewort $[x] = [d] \cdot [G] = [d] \cdot [E_m, P]$ in die Kontrollgleichung eingesetzt, dann ergibt sich für den Syndromvektor stets $[s] = [0]$:

$$[s] = [x] \cdot [K] = ([d] \cdot [E_m, P]) \cdot \begin{bmatrix} P \\ E_k \end{bmatrix} = [d] \cdot \left([E_m, P] \cdot \begin{bmatrix} P \\ E_k \end{bmatrix} \right) = [d] \cdot ([E_m \cdot P] + [P \cdot E_k]) \, ;$$

$$= [d] \cdot ([P] + [P]) = [d] \cdot [0] = [0] \, ;$$

Hinweis zur Matrizenrechnung:
Die Multiplikation der m · m Einheitsmatrix $[E_m]$ mit der m · k Prüfmatrix [P] (in dieser Reihenfolge) reproduziert die (m · k)-Prüfmatrix. Die Multiplikation der (m · k)-Prüfmatrix mit der (k · k)-Einheitsmatrix $[E_k]$ (in dieser Reihenfolge) reproduziert ebenfalls die (m · k)-Prüfmatrix [P]. Addition [P] + [P] ergibt eine (m · k)-Nullmatrix [0]. Multiplikation des (1 · m)-Datenworts mit einer (m · k)-Nullmatrix ergibt einen (1 · k)-Nullvektor, das Syndrom $[s] = [0]$.

Syndromvektor ist nur vom Fehlermuster abhängig

Ist [x] ein gültiges Codewort und [e] ein Fehlermuster, wird empfangsseitig das gestörte Codewort [x'] = [x]+[e] empfangen. Einsetzen in die Kontrollgleichung ergibt:

$$[s] = [x'] \cdot [K] = \big([x]+[e]\big) \cdot [K] = [x] \cdot [K] + [e] \cdot [K] = [0] + [e] \cdot [K] = [e] \cdot [K] \ ;$$

Dies zeigt, dass das Syndrom [s] auch durch Multiplikation des Fehlermusters [e] mit der Kontrollmatrix [K] berechnet werden kann, es ist unabhängig vom übertragenen Codewort [x]. Dies ist die Grundlage der „vereinfachten Berechnung" des Syndroms (nämlich aus dem Fehlermuster) im vorigen Kapitel.

Codewort als Fehlermuster ist nie erkennbar

Ebenso zeigt obige Gleichung, dass niemals ein Fehlermuster erkannt werden kann, welches identisch einem gültigen Codewort ist. Nach obiger Gleichung ergibt sich dann das Syndrom

$[s] = [x] \cdot [K] = [0]$.

Diese Eigenschaft linearer Codes kann man auch damit erklären, dass die Summe zweier gültiger Codeworte bei einem linearen Code stets ein gültiges Codewort ergibt; für ein gültiges Codewort muss die Kontrollgleichung aber den Syndromvektor [0] liefern.

9.2.4 Notwendige Struktur der Prüfmatrix

Die Generatormatrix [G] und die Kontrollmatrix [K] setzen sich jeweils aus der Prüfmatrix [P] und einer Einheitsmatrix zusammen. Die Eigenschaften von Generatormatrix und Prüfmatrix eines systematischen Blockcodes sind somit alleine durch die Prüfmatrix festgelegt. Die erforderliche Struktur der Prüfmatrix ergibt sich aus folgender Überlegung:

Die Kontrollgleichung $[s] = [x'] \cdot [K] = [e] \cdot [K]$ zeigt, dass der Syndromvektor [s] als Linearkombination der Zeilen $[k_i]$ der Kontrollmatrix [K] aufgefasst werden kann:

$[s] = [e] \cdot [K] = e_1 \cdot [k_1] + e_2 \cdot [k_2] + \ldots e_n \cdot [k_n]$;

Bei einem 1-Fehler-korrigierenden Code mit n Stellen gibt es genau n Fehlermuster, nämlich genau Stelle i falsch mit i = 1, 2, ... n. Ein Einzelfehler auf der Position i (also $e_i = 1$, sonstige Werte alle 0) erzeugt folgenden Syndromvektor:

$[s] = [e] \cdot [K] = [0 \ 0 \ \ldots \ 0 \ 1 \ 0 \ \ldots \ 0 \ 0] \cdot [K] = 1 \cdot [k_i] = [k_i]$;

Syndromvektor (falls Stelle i des Codeworts falsch) = Zeile i der Kontrollmatrix;

Sollen die n Einzelfehler unterscheidbar sein, muss die Kontrollgleichung für jedes der n Fehlermuster n verschiedene Syndromvektoren ungleich [0] ergeben. Deshalb muss gelten:

Alle Zeilen der Kontrollmatrix müssen verschieden und ungleich [0] sein.

Hamming-Bedingung

Aus obiger Forderung folgt die Hamming-Bedingung:

9.2 Lineare Blockcodes

Die Anzahl unterschiedlicher Binärkombinationen eines k-stelligen Syndromvektors inklusive Nullvektor ist 2^k, ohne Nullvektor verbleiben (2^k-1) unterschiedliche Kombinationen. Diese Anzahl muss größer sein als die Anzahl der zu unterscheidenden Fehlermuster; dies ermöglicht die Berechnung der Prüfstellen-Anzahl k aus der Fehlermuster-Anzahl.

$(2^k-1) \geq$ Fehlermuster-Anzahl;

Bei Beschränkung auf Einzelfehler ist die Anzahl der Fehlermuster genau n = m+k. Somit ergibt sich für 1-Fehler-korrigierende Codes:

$(2^k-1) \geq m+k;$ $\qquad 2^k \geq 1+m+k;$

Dies war anfangs als Voraussetzung gefordert worden, da die Hamming-Bedingung schon in Kapitel 8 auf andere Weise abgeleitet wurde. Ohne diese Vorkenntnisse hätte sich die Hamming-Bedingung zwingend an dieser Stelle ergeben.

Folgerung für die Prüfmatrix

Die k letzten Zeilen der Kontrollmatrix sind durch die Einheitsmatrix (mit genau einer 1 pro Zeile) bereits festgelegt. Also sind nur noch die restlichen m = n-k Zeilen der Kontrollmatrix (diese bilden die Prüfmatrix) belegbar. Deshalb ergibt sich für einen 1-Fehler-korrigierenden systematischen Blockcode folgende Bedingung für die Prüfmatrix:

Bei einem systematischen, 1-Fehler-korrigierenden Blockcode muss die (m · k)-Prüfmatrix [P] m unterschiedliche Zeilen mit $\geq$ 2 Einsen aufweisen.

Eine Zeile mit 0 Einsen ist unzulässig (dies ergäbe trotz Vorliegen eines Fehlers das Syndrom [0]), Zeilen mit genau einer Eins sind schon durch die Einheitsmatrix verbraucht. Die Reihenfolge, wie die durch obige Bedingung definierten Zeilen in die Prüfmatrix eingetragen werden, bestimmt nur noch die Zuordnung von Fehlermuster [e] zu Syndromvektor [s], hat jedoch keine Auswirkung auf die Korrektureigenschaften des Blockcodes. Damit ist die Struktur der Prüfmatrix [P] bekannt.

9.2.5 Zusammenfassung

Die Konstruktion eines 1-Fehler-korrigierenden, systematischen Blockcodes erfolgt in folgenden Teilschritten:

- Die Hamming-Bedingung $2^k \geq 1+m+k$ liefert zulässige Zahlenwerte für m, k, n = m+k.
- Die (m · k)-Prüfmatrix muss m unterschiedliche Zeilen mit jeweils mindestens 2 Einsen aufweisen.
- Aus der Prüfmatrix ergibt sich Generatormatrix und Kontrollmatrix zu:

$$[G] := [E_m, P]; \qquad [K] := \begin{bmatrix} P \\ E_k \end{bmatrix};$$

Mit Generatormatrix und Kontrollmatrix ist der sendeseitige Encodier-Vorgang und der empfangsseitige Decodier-Vorgang vollständig definiert.

Beispiel 9.2

Gegeben:
Systematischer Blockcode (7, 4).

Gesucht:
1) Konstruieren Sie eine Prüfmatrix (verschieden von der bisher verwendeten Prüfmatrix).
2) Bestimmen Sie für diese Prüfmatrix die Zuordnung von Einzelfehler-Muster zu Syndromvektor.

Lösung:
1) Konstruktion der Prüfmatrix
   Bei einem Blockcode (7, 4) mit $n = 7$, $m = 4$, $k = 3$ besteht die Prüfmatrix aus 4 Zeilen und 3 Spalten. Durch Belegung der 3 Spalten mit mindestens 2 Einsen ergibt sich folgende Prüfmatrix (hier ist nur eine Möglichkeit angegeben):

   1 1 0
   1 0 1
   0 1 1
   1 1 1

2) Zuordnung Fehlermuster zu Syndromvektor
   Als Zuordnung von Fehlermuster zu Syndromvektor ergibt sich für obige Prüfmatrix aus der Kontrollgleichung durch Einsetzen der möglichen Fehlermuster [1 0 0 ... 0] bis [0 0 ... 0 1] folgende Zuordnung:

Fehlermuster	Syndromvektor
1 0 0 0 0 0 0	110
0 1 0 0 0 0 0	101
0 0 1 0 0 0 0	011
0 0 0 1 0 0 0	111
0 0 0 0 1 0 0	100
0 0 0 0 0 1 0	010
0 0 0 0 0 0 1	001

Beispiel 9.3

Gegeben:
Generatormatrix eines linearen Blockcodes:

1 0 0 1 1 0
0 1 0 1 0 1
0 0 1 0 1 1

Gesucht:

1) Parameter m, k, n des Blockcodes;
2) Gewicht des Codes;
3) Hamming-Distanz des Codes;

Lösung:

1) Parameter m, n, k
   Aus der Generatormatrix folgt: m = 3, k = 3, n = 6;

2) Gewicht des Codes
   Das Gewicht des Codes kann aus dem Zeichenvorrat des Codes (Menge der gültigen Codeworte) berechnet werden. Der Zeichenvorrat ergibt sich mit der vorgegebenen Generatormatrix zu [x] = [d] · [G]. Für [d] sind alle möglichen Datenworte [0 0 0] .. [1 1 1] einzusetzen. Die Berechnung ergibt:

i	[d]	[x]	g([x])
0	0 0 0	0 0 0 0 0 0	0
1	0 0 1	0 0 1 0 1 1	3
2	0 1 0	0 1 0 1 0 1	3
3	0 1 1	0 1 1 1 1 0	4
4	1 0 0	1 0 0 1 1 0	3
5	1 0 1	1 0 1 1 0 1	4
6	1 1 0	1 1 0 0 1 1	4
7	1 1 1	1 1 1 0 0 0	3

$g := \min_{(i)} (g_i | g_i > 0) = \min(3, 4) = 3;$ Das Gewicht des Codes ist 3.

3) Hamming-Distanz des Codes
   Die Hamming-Distanz d eines linearen Codes ist gleich dem Gewicht g des Codes, also ist d = g = 3. Wegen 2 · e ≤ d-1 folgt für die Anzahl der korrigierbaren Fehler e = 1.

9.3 Gewinn durch Kanalcodierung

9.3.1 Symmetrischer Binärkanal

Das einfachste, mathematische Modell für einen gestörten Binärkanal ist der „symmetrische Binärkanal", nachfolgend wird stets dieses Kanal-Modell verwendet. Beim symmetrischen Binärkanal wird vorausgesetzt, dass jedes Binärelement (entweder binäre 0 oder binäre 1) statistisch unabhängig von den vorherigen Binärelementen mit der selben Bitfehlerwahrscheinlichkeit p falsch empfangen wird. Der symmetrische Binärkanal wird durch die Bitfehlerwahrscheinlichkeit p (also einen einzigen Zahlenwert) vollständig beschrieben.

Bild 9.2 zeigt den Übergangs-Graph des symmetrischen Binärkanals [ELSN77]. Links sind die möglichen Kanal-Eingangszeichen, rechts die möglichen Kanal-Ausgangszeichen des Binärkanals durch Knoten dargestellt. Die Kanten stellen dar, welche Übergänge von Eingangs- zu Ausgangszeichen möglich sind und mit welcher Wahrscheinlichkeit diese Übergänge auftreten.

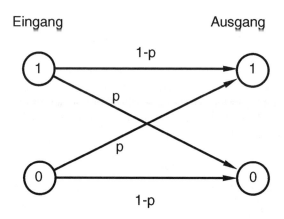

Bild 9.2: Symmetrischer Binärkanal.
p Bitfehler-Wahrscheinlichkeit des Binärkanals;

9.3.2 Binomial-Verteilung

Wahrscheinlichkeitsfunktion, Mittelwert, Varianz

Die Kenntnis des Bernoulli-Versuchsschemas und der zugehörigen Binomialverteilung wird nachfolgend vorausgesetzt. Hierzu wird der Leser auf [BRON95, STIN99, PAPU01] verwiesen.

Wird jedes Binärelement eines Blocks der Länge n statistisch unabhängig von allen anderen Binärelementen des Blocks mit der Bitfehler-Wahrscheinlichkeit p gestört, dann sind die Bedingungen des Bernoulli-Versuchsschemas erfüllt. Die Anzahl i der gestörten Bit in einem Block der Länge n ist dann binomialverteilt mit den Parametern n und p. Die Wahrscheinlichkeit $P_{bin}(i)$ für genau i (mit i = 0, 1, ... n) gestörte Binärelemente pro Block ist:

$$P_{bin}(i) = \binom{n}{i} \cdot p^i \cdot (1-p)^{n-i} ; \qquad \text{mit } i = 0, 1, ... n;$$

Mittelwert μ und Varianz σ^2 einer binomialverteilten Zufallsgröße sind:

$\mu := EW[i] = n \cdot p; \qquad \sigma^2 = EW[(i-\mu)^2] = n \cdot p \cdot (1-p);$

$\sigma^2 \approx \mu = n \cdot p; \qquad \text{für } p \ll 1;$

9.3 Gewinn durch Kanalcodierung

Häufig benötigte Wahrscheinlichkeiten sind beispielsweise:

$P_{bin}(0) = (1-p)^n;$ $\quad\quad P_{bin}(1) = n \cdot p \cdot (1-p)^{n-1};$ $\quad\quad P_{bin}(2) = [n \cdot (n-1)/2] \cdot p^2 \cdot (1-p)^{n-2};$

$P_{bin}(> 0) = P_{bin}(\geq 1) = 1 - P_{bin}(0);$
$P_{bin}(> 1) = P_{bin}(\geq 2) = 1 - P_{bin}(0) - P_{bin}(1);$

Beispiel 9.4

Gegeben:
Binomialverteilung, $n = 5$, $p = 0.1$;

Gesucht:
Berechnen Sie die Wahrscheinlichkeiten $P_{bin}(k)$, $k = 0, 1, \ldots 5$;
Zeichnen Sie das Diagramm $P_{bin}(k)$, $k = 0, 1, \ldots 5$;

Lösung:
Bild 9.3 zeigt das Diagramm für $P_{bin}(k)$, $k = 0, 1, \ldots 5$. Bei obigen Zahlenwerten ist $n \cdot p = 5 \cdot 0.1 = 0.5 < 1$. Wie das Bild zeigt, nehmen bei $n \cdot p < 1$ die Wahrscheinlichkeiten $P_{bin}(k)$ mit steigendem k sehr schnell ab. Bei $n \cdot p \ll 1$ ist dieses Verhalten extrem ausgeprägt, dies ermöglicht die Ableitung der nachfolgenden Näherungsformel (3) für $P_{bin}(> i)$ bei $n \cdot p \ll 1$.

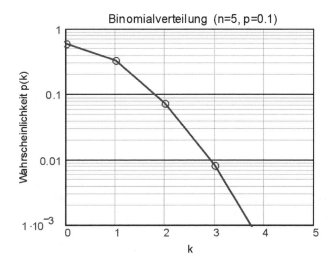

Bild 9.3: Binomialverteilung $P_{bin}(k)$, $k = 0, 1, \ldots 5$ mit den Parametern $n = 5$, $p = 0.1$.

9.3.3 Näherungsformeln für die Binomialverteilung

Wenn der Mittelwert der Binomialverteilung $\mu = n \cdot p \ll 1$ ist (sehr kleine Wahrscheinlichkeit $p \ll 1$, begrenztes n) können die nachfolgend angegeben Näherungsformeln aus der mathematischen Literatur verwendet werden.

$P_{bin}(0) \approx 1 - n \cdot p;$	Näherungsformel (1);
$P_{bin}(i) \approx \binom{n}{i} \cdot p^i;$ $i = 1, 2, .. n;$	Näherungsformel (2);
$P_{bin}(>i) \approx P_{bin}(i+1) \approx \binom{n}{i+1} \cdot p^{i+1};$ $i = 0, 1, .. n-1;$	Näherungsformel (3);

Daraus folgt beispielsweise:

$P_{bin}(1) \approx n \cdot p;$ $P_{bin}(>0) \approx P_{bin}(1) \approx n \cdot p;$ $P_{bin}(>1) \approx P_{bin}(2) \approx [n \cdot (n-1)/2] \cdot p^2;$

Näherungsformel (1)

Aus der Reihenentwicklung $(1+x)^n = 1 + n \cdot x + ... \approx 1 + n \cdot x$ (für $n \cdot x \ll 1$) ergibt sich:

$$P_{bin}(0) = \binom{n}{0} \cdot p^0 \cdot (1-p)^n = 1 \cdot 1 \cdot (1-p)^n \approx 1 - n \cdot p; \qquad \text{für } n \cdot p \ll 1;$$

Näherungsformel (2)

Wegen $p \ll 1$ ist $(1-p) \approx 1$ und somit

$$P_{bin}(i) = \binom{n}{i} \cdot p^i \cdot (1-p)^{n-i} \approx \binom{n}{i} \cdot p^i; \qquad i = 1, 2, ..n; \qquad \text{für } n \cdot p \ll 1;$$

Hinweis:
Durch Vernachlässigen des Faktors $(1-p)^{n-i} \approx 1 - (n-i) \cdot p$ (für $n \cdot p \ll 1$) entsteht ein Relativ-Fehler des Näherungswertes von $|F_{rel}| = (n-i) \cdot p / 1 < n \cdot p \ll 1$, also beispielsweise:

$n \cdot p < 0.10;$ ergibt $|F_{rel}| < 10\%;$
$n \cdot p < 0.01;$ ergibt $|F_{rel}| < 1\%;$

Näherungsformel (3)

Beispiel 9.4 zur Binomialverteilung mit $n \cdot p = 0.5 < 1$ ergab die Tendenz $P_{bin}(i) > P_{bin}(i+1)$ für $i = 0, 1, ... n-1$. Diese Relation wird bei kleiner werdendem Mittelwert $n \cdot p \ll 1$ immer extremer. Bei einer Binomialverteilung mit $n \cdot p \ll 1$ gilt

$P_{bin}(i) \gg P_{bin}(i+1);$ $i = 0, 1, ... n-1;$ $n \cdot p \ll 1;$

Deshalb kann in diesem Fall die Summe

$$P_{bin}(>i) = \sum_{k=i+1}^{n} P_{bin}(k)$$

näherungsweise durch ihren größten Summanden $P_{bin}(i+1)$ ersetzt werden. Dieser kann entsprechend Näherungsformel (2) weiter wie folgt vereinfacht werden:

$$P_{bin}(>i) \approx P_{bin}(i+1) \approx \binom{n}{i+1} \cdot p^{i+1}; \qquad i = 0, 1, ... n-1; \qquad n \cdot p \ll 1;$$

9.3 Gewinn durch Kanalcodierung

9.3.4 Fehlerwahrscheinlichkeiten beim symmetrischen Binärkanal

Wahrscheinlichkeit für fehlerfreie Übertragung

Die Wahrscheinlichkeit für fehlerfreie Übertragung (also genau 0 Fehler) ist

$$P_{bin}(0) = \binom{n}{0} \cdot p^0 \cdot (1-p)^n = 1 \cdot 1 \cdot (1-p)^n = (1-p)^n; \quad P_{bin}(0) = (1-p)^n;$$

Anwendung der Näherungsformel (1) ergibt: $\quad P_{bin}(0) = (1-p)^n \approx 1 - n \cdot p;$

Blockfehler-Wahrscheinlichkeit PB

Ein Blockfehler liegt vor, wenn der Block nicht richtig übertragen wird. Die Fehleranzahl ist dann > 0 (also 1 bis maximal n Fehler). Die Blockfehler-Wahrscheinlichkeit ist somit das Komplement zur 0-Fehler-Wahrscheinlichkeit:

$$PB := P_{bin}(>0) = 1 - P_{bin}(0) = 1 - (1-p)^n;$$

Bild 9.4 zeigt die Blockfehler-Wahrscheinlichkeit für Blocklängen 10 bis 1000 und Bitfehler-Wahrscheinlichkeiten 10^{-2}, 10^{-3}, 10^{-4}.

Anwendung der Näherungsformel (3) ergibt

$$PB = P_{bin}(>0) \approx P_{bin}(1) \approx n \cdot p; \quad \text{für } n \cdot p \ll 1;$$

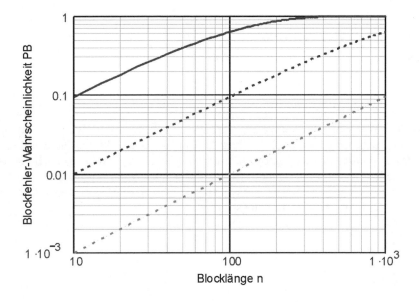

Bild 9.4: Blockfehler-Wahrscheinlichkeit $PB = P_{bin}(>0)$ in Abhängigkeit von der Blocklänge n für die Bitfehler-Wahrscheinlichkeiten 10^{-2}, 10^{-3}, 10^{-4} (von oben nach unten).

Beispiel 9.5

Gegeben:
Ein Übertragungsblock mit 100 Bit wird über einen symmetrischen Binärkanal mit der Bitfehler-Wahrscheinlichkeit 10^{-4} übertragen.

Gesucht:
Folgende Wahrscheinlichkeiten sind exakt und näherungsweise zu berechnen:

1) p(0 Fehler); Block ungestört;

2) p($\geq$ 1 Fehler); Block beliebig gestört;

3) p($\geq$ 2 Fehler); Block mit Mehrfachfehler;

Lösung:
Exakte Berechnung:

1) p(0 Fehler) = $P_{bin}(0)$ = $(1-p)^{100}$ = $990.05 \cdot 10^{-3}$;

2) p($\geq$ 1 Fehler) = $P_{bin}(\geq 1)$ = $1 - P_{bin}(0)$ = $9.95 \cdot 10^{-3}$;

3) p($\geq$ 2 Fehler) = $P_{bin}(\geq 2)$ = $1 - P_{bin}(0) - P_{bin}(1)$ = $(1 - (990.05+9.90)) \cdot 10^{-3}$ = $0.05 \cdot 10^{-3}$;

Interpretation der Ergebnisse:

Von 100 000 Übertragungs-Blöcken sind 99 005 (also rund 99%) fehlerfrei und 995 gestört. Von 995 gestörten Blöcken weisen 5 Blöcke Mehrfachfehler auf, die restlichen 990 gestörten Blöcke (also >99% der gestörten Blöcke) haben Einzelfehler.

Die näherungsweise Berechnung (wegen $n \cdot p = 100 \cdot 10^{-4} = 0.01 \ll 1$ zulässig) ergibt:

1) $P_{bin}(0) \approx (1 - n \cdot p) = 990 \cdot 10^{-3}$;

2) $P_{bin}(\geq 1) \approx P_{bin}(1) \approx n \cdot p = 10 \cdot 10^{-3}$;

3) $P_{bin}(\geq 2) \approx P_{bin}(2) \approx [n \cdot (n-1)/2] \cdot p^2 = 0.0495 \cdot 10^{-3}$;

Restfehler-Wahrscheinlichkeit PR

Die Restfehler-Wahrscheinlichkeit ist die Wahrscheinlichkeit, dass ein Block mit n = m+k bit fehlerhaft ist, nachdem vorher die Fehlerkorrektur für maximal e Fehler durchgeführt worden ist [GERD96]. Wurde der Block mit mehr als e Fehlern gestört, kann dies im Kanal-Decoder nicht korrigiert werden und der Block wird (als scheinbar fehlerfrei, da „korrigiert") an die Binärsenke ausgegeben. Die Restfehler-Wahrscheinlichkeit ist also eine Blockfehler-Wahrscheinlichkeit für korrigierte Übertragungsblöcke.

Bei der Bitfehlerwahrscheinlichkeit p und der Blocklänge n ist die Wahrscheinlichkeit für eine Fehleranzahl $\leq e$ genau

$$P_{bin}(\leq e) = \sum_{i=0}^{e} P_{bin}(i);$$

Damit ist die Restfehler-Wahrscheinlichkeit

9.3 Gewinn durch Kanalcodierung

$$PR = P_{bin}(>e) = 1 - P_{bin}(\le e) = 1 - \sum_{i=0}^{e} P_{bin}(i) = 1 - [\,P_{bin}(0) + P_{bin}(1) + \ldots + P_{bin}(e)\,];$$

$$\boxed{PR = P_{bin}(>e) = 1 - \sum_{i=0}^{e} \binom{n}{i} \cdot p^i \cdot (1-p)^{n-i} ;}$$

Näherungsformel:
Näherungsweise ergibt sich für die Restfehlerwahrscheinlichkeit unter Anwendung der Näherungsformel (3):

$$PR = P_{bin}(>e) \approx P_{bin}(e+1) \approx \binom{n}{e+1} \cdot p^{e+1}; \qquad \text{für } n \cdot p \ll 1;$$

Restfehler-Wahrscheinlichkeit PR bei e=1

Für einen e = 1 Fehler korrigierenden Blockcode ist die Restfehlerwahrscheinlichkeit exakt:

$$PR = P_{bin}(>1) = 1 - P_{bin}(\le 1) = 1 - [\,P_{bin}(0) + P_{bin}(1)\,] = 1 - (1-p)^n - n \cdot p \cdot (1-p)^{n-1};$$

Näherungsformel:
Für einen e = 1 Fehler korrigierenden Blockcode folgt näherungsweise für die Restfehlerwahrscheinlichkeit:

$$PR = P_{bin}(>1) \approx P_{bin}(2) \approx \binom{n}{2} \cdot p^2 = \frac{n \cdot (n-1)}{2} \cdot p^2; \qquad \text{für } n \cdot p \ll 1;$$

9.3.5 Gewinn durch Einsatz von Fehlerkorrektur-Verfahren

Definition des Gewinns G

Um welchen Faktor G (genannt Gewinn) wird die Restfehlerwahrscheinlichkeit PR beim Einsatz eines fehlerkorrigierenden Codes kleiner als die Blockfehlerwahrscheinlichkeit PB bei ungesicherter Übertragung?

Die Restfehlerwahrscheinlichkeit PR für einen korrigierten Übertragungsblock mit n Symbolen (mit n = m+k bei Korrektur von maximal e Fehlern, hierfür sind die k Prüfsymbole zu dimensionieren) wird der Blockfehlerwahrscheinlichkeit PB für die ungesicherte Übertragung eines Blocks mit m=n-k Symbolen gegenüber gestellt. Der Gewinn G bei maximal e korrigierbaren Fehlern wird deshalb definiert zu [GERD96]:

G(bei maximal e korrigierbaren Fehlern) :=

$$\frac{PB(\text{bei Blocklänge } m = n-k, \text{ ohne Fehlerkorrektur})}{PR(\text{bei Blocklänge } n, \text{ mit Fehlerkorrektur von maximal e Fehlern})};$$

$$G = \frac{P_{bin}(>0 \text{ Fehler bei Blocklänge } m=n-k)}{P_{bin}(>e \text{ Fehler bei Blocklänge } n)} = \frac{1-(1-p)^{n-k}}{1-\sum_{i=0}^{e}\binom{n}{i}\cdot p^i \cdot (1-p)^{n-i}};$$

Hinweis:
Bei gegebenem n kann das für eine Korrektur von e Fehlern mindestens erforderliche k mit der Formel für die Hamming-Grenze berechnet werden:

$$2^k \geq \sum_{i=0}^{e}\binom{n}{i}; \qquad k \text{ ganzzahlig};$$

Mit diesem berechnetem k ergibt sich dann das zugehörige m = n-k. Damit sind alle Werte für die Berechnung des Gewinns G bei gegebenem n und p bekannt.

Gewinn im Sonderfall e=1

Für e=1 (maximal 1 Fehler ist korrigierbar) vereinfachen sich obige Formeln zu:

$$G = \frac{1-(1-p)^{n-k}}{1-(1-p)^n - n\cdot p \cdot (1-p)^{n-1}}; \qquad \text{mit} \quad k \geq ld(1+n);$$

Näherungsformel:
Die Anwendung der abgeleiteten Näherungsformeln ergibt für den Gewinn G(e=1) für $n \cdot p \ll 1$; mit $k \geq ld(1+n)$;

$$G(e=1) = \frac{PB(\text{Blocklänge } m=n-k)}{PR(\text{Blocklänge } n, e=1)} \approx \frac{(n-k)\cdot p}{\frac{n\cdot(n-1)}{2}\cdot p^2} = \frac{2\cdot(n-k)}{n\cdot(n-1)}\cdot\frac{1}{p};$$

Der Gewinn ist (wie zu erwarten war) um so höher, je kleiner die Bitfehler-Wahrscheinlichkeit ist.

Beispiel 9.6

Gegeben:
Blockcode der Länge 31 mit e = 1 (1-Fehler korrigierend).
Die Bitfehler-Wahrscheinlichkeit sei 10^{-4}; 10^{-3}; 10^{-2}.

Gesucht:
1) Allgemeine Formel für den Gewinn bei diesem Blockcode;
2) Exakte Zahlenwerte für angegebene Bitfehler-Wahrscheinlichkeiten;
3) Näherungsweise Zahlenwerte für angegebene Bitfehler-Wahrscheinlichkeiten;

Lösung:
1) Allgemeine Formel:
   Für n = 31 folgt aus der Gleichung für die Hamming-Grenze $k \geq ld(1+31) = 5$. Mit k = 5 folgt m = 31-5 = 26. Für einen Blockcode (31, 26) mit e = 1 ist somit der Gewinn G bei

9.3 Gewinn durch Kanalcodierung

der Bitfehler-Wahrscheinlichkeit p:

$$G = \frac{1-(1-p)^{26}}{1-(1-p)^{31}-31\cdot p\cdot(1-p)^{30}};$$

2) Zahlenwerte (exakte Berechnung):
Einsetzen der Zahlenwerte in die exakte Formel für G ergibt für den Gewinn G
560; 56; 6   bei der Bitfehler-Wahrscheinlichkeit 10^{-4}; 10^{-3}; 10^{-2}.

Die Abhängigkeit des Gewinns G von der Bitfehler-Wahrscheinlichkeit p im Bereich 10^{-4} bis 10^{-2} für genau diesen Code zeigt Bild 9.5.

3) Zahlenwerte (näherungsweise):
Anwendung der abgeleiteten Näherungsformel für G bei e = 1 und n · p ≪ 1 ergibt

$$G \approx \frac{2\cdot 26}{31\cdot 30}\cdot\frac{1}{p} = \frac{5.60\cdot 10^{-2}}{p};$$

Einsetzen der Zahlenwerte in die Näherungsformel ergibt für den Gewinn G
560; 56; 5.6   bei der Bitfehler-Wahrscheinlichkeit 10^{-4}; 10^{-3}; 10^{-2}.

Interpretation des Ergebnisses:
Bei einer Bitfehlerwahrscheinlichkeit 10^{-4} ist bei Einsatz dieses 1 Fehler korrigierenden Codes mit Blocklänge 31 die Restfehlerwahrscheinlichkeit PR etwa 560 mal kleiner als die Blockfehlerwahrscheinlichkeit bei ungesicherter Übertragung mit Blocklänge 26. Dabei wird jeweils gleiche Bitfehler-Wahrscheinlichkeit p im Kanal vorausgesetzt. Dieser Gewinn an Übertragungs-Sicherheit wird erkauft durch erhöhten Encoder- und Decoder-Aufwand (Schaltungsaufwand, Verzögerung) und um eine um den Faktor (31/26) erhöhte Übertragungsgeschwindigkeit.

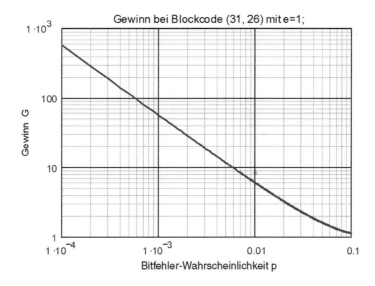

Bild 9.5: Gewinn G für einen e=1 Fehler korrigierenden Blockcode (31, 26).

9.4 Schlussbemerkungen

Interleaving gegen Büschelfehler

Vorstehend wurde immer ein symmetrischer Binärkanal vorausgesetzt. Beim symmetrischen Binärkanal wird jedes Einzelbit mit der selben Bitfehlerwahrscheinlichkeit gestört, so dass resultierend (bei kleiner Bitfehlerwahrscheinlichkeit p) die Bitfehler nur vereinzelt auftreten. In der Praxis treten die Bitfehler häufig nicht vereinzelt, sondern in Gruppen auf, man spricht dann von Büschelfehlern.

Büschelfehler kann man durch einen „Interleaver" in vereinzelte Fehler transformieren. Dazu wird sendeseitig die zu übertragende, kanalcodierte Bitfolge in einen matrixförmiger Speicher zeilenweise eingelesen und auf den Übertragungskanal spaltenweise ausgelesen (Interleaving-Vorgang). Empfangsseitig wird die aus dem Übertragungskanal empfangene Bitfolge in einen gleichartigen, matrixförmiger Speicher spaltenweise eingelesen und zeilenweise ausgelesen (De-Interleaving-Vorgang). Büschelfehler im Übertragungskanal werden damit in vereinzelte Fehler hinter dem De-Interleaver transformiert, welche vom nachfolgenden Kanal-Decoder verarbeitet werden können. Als Nachteil des Interleaving ist die zusätzliche Verzögerungszeit zu nennen, welche durch das Einlesen und Auslesen der beiden Speicher entsteht.

Bild 9.6 zeigt schematisch den sendeseitigen Interleaving-Vorgang und den empfangsseitigen De-Interleaving-Vorgang. Es ist zu erkennen, dass Büschelfehler im Übertragungskanal in vereinzelte Fehler hinter dem De-Interleaver transformiert werden. Natürlich werden in der Praxis sehr viel größere (!) Speicher verwendet als für diese schematische Zeichnung.

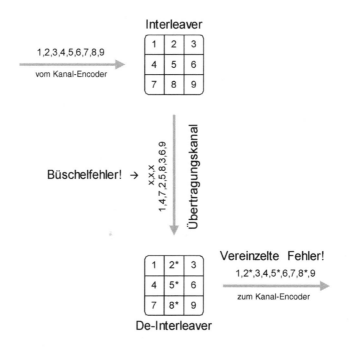

Bild 9.6: Interleaving-Methode.

Zyklische Kanalcodes

In den Kapiteln 8 und 9 wurde nur eine erste Einführung in das extrem umfangreiche und mathematisch aufwendige Themengebiet der Kanalcodierung gegeben. Eine in der Praxis häufig verwendete Klasse von Kanalcodes sind die zyklischen Codes. Ein zyklischer Kanalcode liegt dann vor, wenn aus einem zulässigen Codewort durch zyklische Verschiebung neue zulässige Codeworte entstehen. Zyklische Kanalcodes können zwar grundsätzlich mit der hier verwendeten Matrix-Beschreibung behandelt werden, allerdings ist die mathematische Beschreibung mit Code-Polynomen einfacher und übersichtlicher. Hierzu wird auf [KADE91, GERD96, WERN02, WICK95] verwiesen.

9.5 Übungen

Aufgabe 9.1

Konstruieren Sie einen systematischen, 1-Fehler-korrigierenden Blockcode mit 3 Informationsstellen und minimaler Prüfstellen-Anzahl ausgehend vom Entwurf einer geeigneten Prüfmatrix.

Gesucht:

1) Parameter m, k, n;
2) Konstruktion der Prüfmatrix;
3) Generatormatrix;
4) Codewort zum Datenwort [1 1 1];
5) Kontrollmatrix;
6) Syndrom zum Codewort nach 4);
7) Tabelle Fehlermuster / Syndromvektor;
8) Syndrom zum Fehlermuster [1 1 0 ... 0];

Lösung:

1) Parameter m, k, n
   Hamming-Bedingung für 1-Fehler-korrigierenden Code lautet:

   $2^k \geq (1+n) = (1+m+k)$;   bei m = 3 erstmals erfüllt für   k = 3;

   Resultierende Parameter des Blockcodes sind also m = 3, k = 3, n = 6.
   Das Gleichheitszeichen in der Hamming-Bedingung ist nicht gültig, der resultierende Blockcode (6, 3) ist also nicht perfekt (dicht gepackt).

2) Konstruktion der Prüfmatrix
   Jede Zeile der (m · k)-Prüfmatrix (bisher 3 · 3) muss verschieden sein und ≥ 2 Einsen enthalten. Damit ist eine Möglichkeit für die Prüfmatrix gegeben durch:

   1 1 0
   1 0 1
   0 1 1

   Durch die Prüfmatrix sind alle Eigenschaften des Blockcodes festgelegt.

3) Generatormatrix
   [G] := [E_m, P] ergibt die Generatormatrix:

1 0 0 1 1 0
0 1 0 1 0 1
0 0 1 0 1 1

Jedes der $2^m = 2^3 = 8$ zulässigen Codeworte ergibt sich als Linearkombination der $m = 3$ Zeilenvektoren der Generatormatrix [G].

4) Codewort zum Datenwort [1 1 1]
Mit $[x] = [d] \cdot [G]$ folgt für das Datenwort [1 1 1] als Codewort die mod2-Summe der 3 Zeilen der Generatormatrix:

1 1 1 0 0 0

5) Kontrollmatrix

$K := \begin{bmatrix} P \\ E_k \end{bmatrix}$ ergibt die Kontrollmatrix:

1 1 0
1 0 1
0 1 1
1 0 0
0 1 0
0 0 1

6) Syndrom zum Codewort nach 4)
Mit $[s] = [x] \cdot [K]$ folgt für das Codewort [1 1 1 0 0 0] als Syndrom die mod2-Summe der oberen 3 Zeilen der Kontrollmatrix:

0 0 0

Für ein fehlerfreies Codewort muss sich das Syndrom [0] ergeben!

7) Tabelle Fehlermuster / Syndromvektor
Die Syndromvektoren ergeben sich für die 6 möglichen Fehlermuster [1 0 0 ... 0] bis [0 0 ... 0 1] aus den 6 Zeilen der Kontrollmatrix:

Fehlerposition	Fehlermuster	Syndromvektor	Dezimalwert
1	1 0 0 0 0 0	1 1 0	3
2	0 1 0 0 0 0	1 0 1	5
3	0 0 1 0 0 0	0 1 1	6
4	0 0 0 1 0 0	1 0 0	1
5	0 0 0 0 1 0	0 1 0	2
6	0 0 0 0 0 1	0 0 1	4

Beim Syndromwert   3, 5, 6, 1, 2, 4   muss die Bitposition   1, 2, 3, 4, 5, 6
korrigiert werden (durch Invertieren dieser Binärstelle, dies entspricht der mod2-Addition
des zugehörigen Einzelfehler-Musters zum gestörten Codewort).

8) Syndrom zum Fehlermuster [1 1 0...0]
Mit [s] = [e] · [K] folgt für das Fehlermuster [110 ...0] als Syndrom die Summe der oberen 2 Zeilen der Kontrollmatrix:

0 1 1

Nachschlagen in der Tabelle Fehlermuster / Syndrom ergibt die Aussage „Fehlerposition 3 falsch". Die scheinbare Korrektur dieser Stelle erzeugt (additiv zu den vorhandenen Fehlern auf Position 1 und 2) einen zusätzlichen Fehler auf Position 3, so dass sich nach der Decodierung insgesamt 3 Fehler ergeben. Für die Korrektur (von selten auftretenden) Doppelfehlern ist dieser Blockcode also nicht geeignet.

Aufgabe 9.2

Gegeben:
Symmetrischer Binärkanal mit Bitfehler-Wahrscheinlichkeit 10^{-4}.
Es wird ein Blockcode mit 100 Nutzbit eingesetzt.

Gesucht:
Zunächst wird das Matrix-Paritätsprüfungsverfahren verwendet.

1) Anzahl der korrigierbaren Fehler;
2) Relativ-Redundanz in Prozent;

Nachfolgend wird ein 1-Fehler korrigierender optimaler Blockcode verwendet.
Berechnen Sie die Prüfbit-Anzahl mit der Formel für die Hamming-Grenze.

3) Relativ-Redundanz in Prozent;
4) Blockfehler-Wahrscheinlichkeit des ungeschützten Datenblocks;
5) Restfehler-Wahrscheinlichkeit des Datenblocks nach Fehlerkorrektur;
6) Gewinn durch Einsatz des Blockcodes;

Lösung:

1)   e = 1 beim Matrix-Paritätsprüfungsverfahren;
2)   z = sqrt(m) = sqrt(100) = 10 → k = 2 · 10 = 20;   r = 20 / (100+20) = 16,667 %;
3)   Hamming-Bedingung → m+k ≤ 2^k - 1; → k = 7; r = 7 / (100+7) = 6,54 %;
        Hinweis:
        Nachfolgend sind die Näherungsformeln für die Binomialverteilung (soeben noch) anwendbar wegen n · p = ($10^7 \cdot 10^{-4}$) ≈ 0.10;
4)   PB = P_{bin}(> 0, m) = P_{bin}(> 0, 100) ≈ P_{bin}(= 1, 100) = 10^{-2};
5)   PR = P_{bin}(> e, n) = P_{bin}(> 1, 107) ≈ P_{bin}(= 2, 107) = 5,67 · 10^{-5} ;
6)   G = PB / PR = 176.4;

10 Leitungscodierung

10.1 Einführung

Nach der Quellencodierung (bestehend aus der Irrelevanz- und der Redundanzreduktion) und der Kanalcodierung (durch Hinzufügen systematischer, redundanter Sicherungsinformation) liegt ein Binärsignal vor. Dessen Eigenschaften (Bandbreite, Störfestigkeit) passen meist nicht zu den Eigenschaften des vorhandenen Übertragungskanals (Fernsprechkanal, elektrische Leitung, Lichtwellenleiter, Funkkanal). Deshalb wird durch einen Leitungs-Encoder das vorliegende Binärsignal in ein für den vorhandenen Übertragungskanal geeignetes (häufig mehrwertiges) Leitungssignal codiert. Ausführliche Informationen zu Leitungscodes (auch als Übertragungscodes bezeichnet) finden sich in [BLUS92]. Nachfolgend werden einige wichtige Leitungscodes beschrieben. Zu beachten ist, dass für einen Leitungscode oft unterschiedliche Bezeichnungen verwendet werden.

Ein Leitungscode ist definiert als Zuordnung zwischen Endgerät-Codeelementen und Sendesignal-Codeelementen. Die Leitungscodierung kann gedanklich in zwei Teilvorgänge aufgeteilt werden:

1) Codierung,
2) Impulsformung.

Eine geeignete Impulsformung ermöglicht eine empfangsseitige Entscheidung ohne Nachbarzeichen-Beeinflussung zum Abtastzeitpunkt (wenn das Nyquist-Kriterium erster Art erfüllt ist) und ergibt ideale Bedingungen für die Taktrückgewinnung (wenn das Nyquist-Kriterium zweiter Art erfüllt ist). Die dabei resultierenden (zeitlich nicht begrenzten) Impulsformen sind (im Gegensatz zu einer zeitbegrenzten Rechteck-Impulsform) bandbegrenzt und reduzieren damit das Nebensprechen auf benachbarte Übertragungssysteme im selben Kabel. Der für die Impulsformung erforderliche Gesamt-Frequenzgang wird in geeigneter Weise (in Abhängigkeit vom Leistungsdichtespektrum des Störsignals) auf die Sendeseite und die Empfangsseite aufgeteilt. Die Impulsformung wurde bereits behandelt. Nachfolgend wird deshalb nur die reine Codierung betrachtet.

Bild 10.1 zeigt die Teilvorgänge der Leitungscodierung am Beispiel des AMI-Leitungscodes (AMI von Alternate Mark Inversion). Jede binäre 0 wird als Spannungswert 0, jede binäre 1 alternierend als positiver bzw. negativer Impuls gesendet. Das Leitungssignal wird somit gleichstromfrei und hat außer bei langen 0-Folgen hohen Taktinformationsgehalt. Die Impulsformung ist vereinfacht als Umsetzung der Rechteck-Impulsform in eine Sinus-Impulsform dargestellt.

10.2 Anforderungen an Leitungscodes

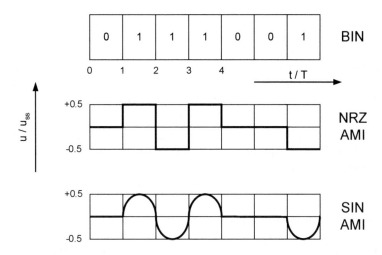

Bild 10.1: Leitungscodierung.
BIN Binärfolge; AMI Alternate Mark Inversion; NRZ Non Return to Zero; SIN Sinus-Halbschwingung; u_{ss} Signalhub des Leitungssignals; T Schrittdauer;

10.2 Anforderungen an Leitungscodes

Anforderungen an Leitungscodes

Unabhängig von den statistischen Eigenschaften der zu codierenden Binärfolge soll das Leitungssignal folgende Forderungen erfüllen:

1) Kein Gleichanteil (und geringe Leistungsdichte bei niedrigen Frequenzen),
2) Hoher Taktinformationsgehalt (und möglichst geringer Bandbreitenbedarf),
3) Keine Fehlerfortpflanzung bei Übertragungsfehlern.

Die Forderungen 1) und 2) müssen möglichst gut erfüllt sein. Die Erfüllung der Forderung 3) ist erwünscht, lässt sich aber meist nicht realisieren.

Die Erkennung oder Korrektur von Übertragungsfehlern ist Gegenstand der Kanalcodierung. Bei einigen Leitungscodes ist allerdings eine näherungsweise Messung der Schrittfehlerwahrscheinlichkeit durch Zählung der Codierregel-Verletzungen je Zeiteinheit (und nachfolgende Umrechnung auf die Schrittfehlerwahrscheinlichkeit) möglich. Wesentlich ist, dass dies während des Nutzbetriebs des Übertragungssystems ohne Anschaltung von Messeinrichtungen (In Service Monitoring, ISM) möglich ist.

Begründung der Anforderungen

Der Gleichanteil muss verschwinden und bei niedrigen Frequenzen soll das Leistungsdichtespektrum (siehe Kapitel 10.5) nur geringe Anteile aufweisen. Dies ermöglicht die galvanische

Trennung zwischen Sendeschaltung und Leitung sowie zwischen Leitung und Empfangsschaltung durch Übertrager (welche wegen ihres Bandpass-Verhaltens einen Gleichanteil sowie niedrige Frequenzanteile nicht übertragen würden), ohne dass eine starke Beeinflussung der Signal-Zeitfunktion (durch Vertikalverschiebung, Wandern der Null-Linie) auftritt. Auch für die empfangsseitige Signalaufbereitung durch Übertragungsblöcke mit Hochpass-Anteil (beispielsweise Verstärker mit kapazitiver Kopplung der Verstärkerstufen) ist Gleichanteil-Freiheit und geringe Leistungsdichte bei niedrigen Frequenzen erforderlich.

Gleichanteil-Freiheit ermöglicht die Fernspeisung der Regenerativverstärker mit Gleichspannung (hierfür ist die Kabeldämpfung am kleinsten) über die zur Signalübertragung genutzte elektrische Leitung. Andernfalls könnte die Speiseleistung von der Signalleistung nicht getrennt werden, ohne dass eine starke Beeinflussung der Signal-Zeitfunktion auftritt.

Hoher Taktinformationsgehalt ist notwendig, damit eigensynchronisierte Regenerativverstärker eingesetzt werden können. Diese müssen aus dem empfangenen Leitungssignal den Sendetakt ableiten können (sog. Taktrückgewinnung, Bitsynchronisation). Andernfalls müsste zur Taktübertragung eine extra Leitung verbraucht werden (was bei hohen Schrittgeschwindigkeiten neue Probleme durch unterschiedliche Laufzeiten von Daten- und Taktsignal verursachen kann). Gleichzeitig soll der Bandbreitenbedarf des Leitungssignals (dargestellt durch die Schwerpunktfrequenz des Leistungsdichtespektrums, siehe Kapitel 10.5) möglichst gering sein.

Scrambler, Descrambler

Häufig wird sendeseitig ein Scrambler (vor dem Leitungs-Encoder) und empfangsseitig ein Descrambler (nach dem Leitungs-Decoder) eingesetzt. Der sendeseitige Scrambler verwürfelt die Eingangs-Binärfolge durch modulo-2-Addition einer quasizufälligen Binärfolge (Scrambler-Binärfolge). Dadurch wird auch bei einer periodischen Eingangs-Binärfolge eine scheinbar zufällige Ausgangs-Binärfolge erzeugt. Dies wiederum ergibt nach der Leitungs-Encodierung günstige Bedingungen für die Taktrückgewinnung sowie ein kontinuierliches Leistungsdichtespektrum ohne ausgeprägte Spektrallinien. Damit wird das Nebensprechen auf Nachbar-Übertragungssysteme auf den gesamten Signalfrequenzbereich des Leitungssignals verteilt und nicht mit erhöhter Leistungsdichte auf wenige Frequenzen konzentriert. Nach der empfangsseitigen Leitungs-Decodierung wird im Descrambler die verwendete quasizufällige Scrambler-Binärfolge noch einmal synchron modulo-2 aufaddiert. Resultierend ergibt sich die ursprüngliche Eingangs-Binärfolge, weil die verwendete Quasizufallsfolge (bei fehlerfreier Übertragung) durch die zweifache modulo-2-Addition herausgerechnet wird. Für eine Nutz-Binärfolge [x] und eine quasizufällige Scrambler-Binärfolge [z] ergibt sich folgender Rechengang:

Eingangs-Binärfolge:	$[x]$
Binärfolge nach Scrambler:	$[x] \oplus [z]$
Fehlerfreie Übertragung:	$([x] \oplus [z]) \oplus [0] = [x] \oplus [z]$
Binärfolge vor Descrambler:	$[x] \oplus [z]$
Ausgangs-Binärfolge:	$([x] \oplus [z]) \oplus [z] = [x] \oplus ([z] \oplus [z]) = [x] \oplus [0] = [x]$

10.3 Konstruktion von Leitungscodes

10.3.1 Kennwerte für Leitungscodes

Die Eigenschaften eines Digitalsignals können sowohl durch redundanzfreie als auch durch redundante Umcodierung verändert werden. Bei der Leitungscodierung werden die für Leitungssignale geforderten Eigenschaften durch Hinzufügen von möglichst wenig Redundanz (resultierend in möglichst kleiner Relativ-Redundanz) möglichst gut erfüllt.

Die Leitungscodierung kann als Echtzeit-Blockcodierung eines binären Eingangs-Datenblocks (mit den Parametern Stellenanzahl z_1, Werteanzahl $b_1 = 2$, Schrittdauer T_1) in einen binären oder mehrwertigen Ausgangs-Datenblock (mit den Parametern Stellenanzahl z_2, Werteanzahl $b_2 \geq 2$, Schrittdauer T_2) betrachtet werden. Bei einfachen Leitungscodes erfolgt die Codierung bitweise, dann ist zusätzlich $z_1=1$.

Nachfolgend werden Ergebnisse aus Kapitel 2 (Digitalsignal-Eigenschaften) und Kapitel 4 (Codierung) verwendet, um Kennwerte für Leitungscodes zu definieren.

Redundanz

Bei Blockcodierung ist die absolute Redundanz R und die relative Redundanz r:

$$R = E_2 - E_1 = z_2 \cdot ld(b_2) - z_1 \cdot ld(b_1) \geq 0; \qquad r = R / E_2;$$

Bandbreiten-Dehnfaktor

Wegen Echtzeit-Blockcodierung ist mit $(z_1 \cdot T_1 = z_2 \cdot T_2)$ der Bandbreiten-Dehnfaktor (Bandbreiten-Erhöhungsfaktor) Θ_L der Leitungscodierung:

$$\Theta_L = v_2 / v_1 = (z_2 / z_1);$$

Störsignal-Festigkeit

Bei Abtastentscheidung eines Leitungssignals mit dem Signalhub u_{Lss} ist die maximal zulässige Störspannung für fehlerfreie Entscheidung $|u_n|_{max} = u_{Lss}/[2 \cdot (b_2-1)]$. Die absolute Störsignal-Festigkeit γ (Kurzbezeichnung absolute Störfestigkeit) ergibt sich damit zu:

$$\gamma := \frac{|u_n|_{max}}{u_{L,ss}} = 1/[2 \cdot (b_2-1)];$$

Bei vorgegebenem Signalhub ergibt sich die maximale, absolute Störfestigkeit für $b_2 = 2$ zu $\gamma_{max} = (1/2) = 0.50$. Die normierte Störsignal-Festigkeit (Kurzbezeichnung normierte Störfestigkeit) wird nachfolgend definiert als Quotient aus absoluter Störsignal-Festigkeit und maximaler, absoluter Störsignal-Festigkeit.

$$\gamma_{norm} := \gamma / \gamma_{max} = 1 / (b_2-1) \leq 1;$$

Anwendung auf Leitungscodes

Bei der Leitungscodierung ist das Eingangssignal stets ein Binärsignal, da ein vorgeschalteter Quellenencoder bzw. Kanalencoder immer ein Binärsignal erzeugt. Bei einfachen Leitungscodes wird jedes Binärzeichen einzeln (bitweise) codiert. Für **bitweise Leitungscodierung** ($z_1 = 1$, $b_1 = 2$) vereinfachen sich obige Formeln zu:

$R = \quad z_2 \cdot \text{ld}(b_2) - 1 \geq 0;$

$r = \quad 1 - 1/[z_2 \cdot \text{ld}(b_2)] \geq 0;$

$\theta_L = \quad z_2;$

$\gamma_{\text{norm}} = \quad 1/(b_2-1);$

Bei binärem Leitungssignal ($b_2 = 2$) ist $R > 0$ nur möglich für $z_2 > 1$, erstmals ist dies erfüllt für $z_2 = 2$. Ein Binärschritt wird dabei in zwei Binärschritte codiert. Dies ergibt die 1B2B-Leitungscodes (dabei steht B für binäres Signalelement).

Bei ternärem Leitungssignal ($b_2 = 3$) ist $R > 0$ möglich für $z_2 = 1$. Ein Binärschritt wird dabei in einen Ternärschritt codiert. Dies ergibt die 1B1T-Leitungscodes (dabei steht T für ternäres Signalelement). Nachfolgend werden die Kennwerte für diese Leitungscodes berechnet.

Bild 10.2 zeigt die Zeitfunktionen für einen 1B2B-Leitungscode (hier MAN1-Code, wird nachfolgend noch behandelt) und einen 1B1T-Leitungscode (hier AMI-Code). Dabei ist konstanter Signalhub u_{ss} unterstellt.

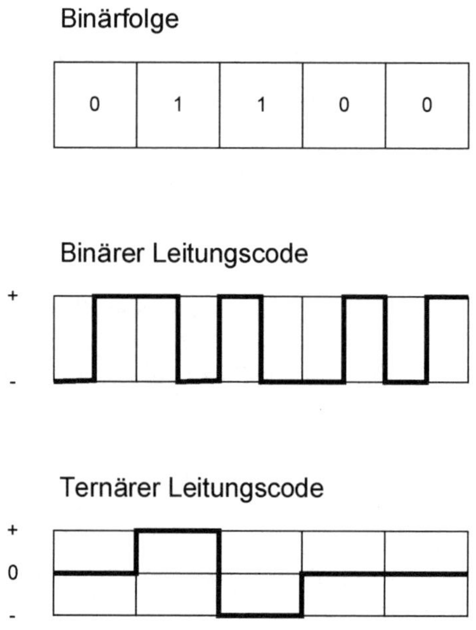

Bild 10.2: Konstruktion von Leitungscodes. Zeitfunktionen bei konstantem Signalhub.

10.3.2 1B2B-Leitungscodes

Beispiele für 1B2B-Leitungscodes sind der Manchester-Leitungscode (MAN) und der Coded Mark Inversion–Leitungscode (CMI), beide werden nachfolgend noch ausführlich beschrieben. Aus den allgemeinen Formeln folgt für 1B2B-Leitungscodes mit $z_2 = 2$ und $b_2 = 2$:

$r = 1-(1/2) = 0.5 =$	50%;	50% Relativredundanz;
$\theta_L = v_2/v_1 = 2 =$	200%;	Doppelte Bandbreite;
$(\gamma / \gamma_{max}) = 1 =$	100%;	Maximale Störfestigkeit;

Vorteile der 1B2B-Leitungscodes sind die maximale normierte Störfestigkeit und die einfache Schaltungstechnik für Regenerativverstärker, Nachteil ist der doppelte Bandbreitenbedarf verglichen mit dem Original-Binärsignal. 1B2B-Leitungscodes werden bei elektrischer Übertragungstechnik in lokalen Netzen, bei optischen Übertragungssystemen und als Schnittstellen-Codes eingesetzt

10.3.3 1B1T-Leitungscodes

Beispiele für 1B1T-Leitungscodes sind der Alternate Mark Inversion-Leitungscode (AMI) und der High Density Bipolarcode 3rd Order (HDB3), beide werden nachfolgend noch ausführlich beschrieben. Aus den allgemeinen Formeln folgt für 1B1T-Leitungscodes mit $z_2 = 1$ und $b_2 = 3$:

$r = 1 - (1/\mathrm{ld}(3)) = 0.37 =$	37%;	37% Relativredundanz;
$\theta_L = v_2/v_1 = 1 =$	100%;	Keine Bandbreitenerhöhung;
$(\gamma / \gamma_{max}) = 1 / 2 =$	50%;	Reduzierte Störfestigkeit;

Vorteil der 1B1T-Leitungscodes ist, dass gegenüber dem Original-Binärsignal keine Bandbreitenerhöhung auftritt. Nachteile sind die reduzierte, normierte Störfestigkeit und die aufwendigere Schaltungstechnik für Regenerativverstärker (zwei Entscheiderschwellen erforderlich). 1B1T-Leitungscodes werden werden bei elektrischen Übertragungssystemen (für 2 Mbit/s- bis 34 Mbit/s-Übertragungssysteme in der Plesiochronen Digitalen Hierarchie) eingesetzt.

Beispiel 10.1

B, T, Q wird als Kurzbezeichnung für ein binäres (b=2), ternäres (b=3) oder quaternäres (b=4) Signalelement verwendet. Berechnen Sie für die Leitungscodes 2B1Q, 4B3T, 4B5B die Kenngrößen Relativ-Redundanz, Bandbreiten-Dehnfaktor, normierte Störfestigkeit und stellen Sie diese in Tabellenform zusammen.

Lösung:

Unter Verwendung der abgeleiteten Formeln

Relativ-Redundanz	$r = (z_2 \cdot \mathrm{ld} b_2 - z_1 \cdot \mathrm{ld} b_1) / (z_2 \cdot \mathrm{ld} b_2)$;
Bandbreiten-Dehnfaktor	$\Theta_L = z_2 / z_1$;
Normierte Störfestigkeit	$\gamma_{norm} = 1 / (b_2 - 1)$;

werden die Kennwerte für die genannten Leitungscodes berechnet:

2B1Q-Leitungscode:

$r = (ld4 - 2 \cdot ld2)/ld4 = 0;$ $\quad \Theta_L = 1/2 = 50\%;$ $\quad \gamma_{norm} = 1/(4-1) = 33\%;$

4B3T-Leitungscode:

$r = (3 \cdot ld3 - 4 \cdot ld2) / (3 \cdot ld3)$ $\quad \Theta_L = 3/4 = 0.75 = 75\%;$ $\quad \gamma_{norm} = 1/(3-1) = 0.5 = 50\%;$
$= 0.16 = 16\%;$

4B5B-Leitungscode:

$r = (5-4)/5 = 0.2 = 20\%;$ $\quad \Theta_L = 5/4 = 1.25 = 125\%;$ $\quad \gamma_{norm} = 1/(2-1) = 1 = 100\%;$

Ergebnisse in Tabellenform:

	Relativ-Redundanz	Bandbreiten-Dehnfaktor	Normierte Störfestigkeit
2B1Q	0%	50%	33%
4B3T	16%	75%	50%
4B5B	20%	125%	100%

Beispielsweise:
Der Leitungscode 4B3T hat eine Relativ-Redundanz von 16%. Er benötigt nur 75% der Bandbreite des ursprünglichen Binärsignals, kann aber nur 50% der Störsignalamplitude fehlerfrei verarbeiten, welche bei Binärsignalübertragung mit gleichem Signalhub zulässig wäre.

10.4 Beschreibung ausgewählter Leitungscodes

10.4.1 Codier-Regeln und Impulsdiagramme

Zu beachten ist, dass im Schrifttum für Leitungscodes unterschiedliche Bezeichnungen verwendet werden. Nachfolgend werden folgende Abkürzungen und Bezeichnungen für Codier-Vorschriften (Leitungscodes), Impulsformen und Wertebereich des erzeugten physikalischen Ausgangssignals verwendet:

Eingangs-Binärfolge: BIN

Leitungscodes: AMI Alternate Mark Inversion;
HDB3 High Density Bipolarcode 3rd order;
MAN Manchester-Code;
CMI Coded Mark Inversion;

10.4 Beschreibung ausgewählter Leitungscodes

Impulsformen:	NRZ	Non Return to Zero;
	RZ	Return to Zero;
Ausgangssignal-Wertebereich:	UNI	Unipolare Codierung: Physikalische Ausgangswerte ≥ 0;
	BIP	Bipolare Codierung: Physikalische Ausgangswerte bipolar;

Die Codier-Regeln für die ausgewählten Leitungscodes sind in nachfolgender Tabelle in Kurzform zusammengestellt, später erfolgt noch eine ausführliche Beschreibung. Die Codier-Regel für HDB3 wird extra behandelt, da sie in Kurzform nicht darstellbar ist.

Eingangs-Binärfolge:	BIN	0	1
1B1T-Leitungscodes:	AMI	0	+, - alternierend
	HDB3	%	%
1B2B-Leitungscodes:	MAN1	01	10
	MAN2	10	01
	CMI	01	00, 11 alternierend

Für die 1B2B-Leitungscodes (MAN, CMI) gilt bezüglich der Zuordnung physikalischer Größen zu den ausgangsseitigen Binärelementen folgendes:

Bei Unipolar-Codierung (beispielsweise bei optischer Intensitäts-Modulation) wird ausgangsseitig das Symbol 0 durch den physikalischen Wert 0 (keine Intensität) und das Symbol 1 durch den physikalischen Wert + (positive Intensität) dargestellt.

Bei Bipolar-Codierung (beispielsweise bei elektrischer Signalübertragung) wird ausgangsseitig das Symbol 0 durch den physikalischen Wert − (negative Spannung) und das Symbol 1 durch den physikalischen Wert + (positive Spannung) dargestellt.

Bild 10.3 zeigt zu einer vorgegebenen Binärfolge die Impulsdiagramme der behandelten Leitungscodes in **normierter Form**.

$y = f(x);$ mit $y = u/u_{Lss};$ $x = t/T;$

Amplituden-Bezugswert ist der Signalhub des Leitungssignals, Zeit-Bezugswert ist die Schrittdauer des binären Eingangssignals. Die Impulsdiagramme sind mit Impulsform (NRZ, RZ) und Codiervorschrift (AMI, HDB3, MAN1, CMI) beschriftet. Für die 1B2B-Leitungscodes ist Bipolar-Codierung angegeben. Beim HDB3-Code ist eine von zwei möglichen Impuls-Sequenzen angegeben, eine Erklärung hierzu erfolgt später.

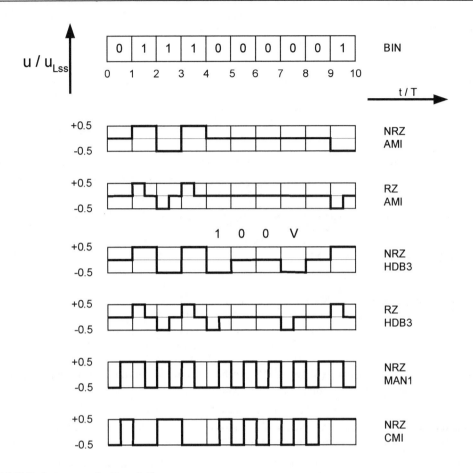

Bild 10.3: Leitungscodes-Impulsdiagramme.
Die Abkürzungen sind im Text erklärt.

10.4.2 Ausführliche Beschreibung ausgewählter Leitungscodes

AMI-Code

Die Codierung einer Binärfolge (mit den Werten 0, 1) in ein AMI-Leitungssignal (mit den Werten 0, +, -) erfolgt dadurch, dass jedes 0-Bit in das Signal-Element 0, jedes 1-Bit alternierend in die Signal-Elemente + und − codiert wird. Der Gleichanteil des Leitungssignals wird dadurch exakt gleich null.

Wenn im Binärsignal ausreichend viele 1-Bit enthalten sind (beispielsweise kann eine Mindestanzahl von 1-Bit pro Pulsrahmen durch eine vorgegebene Rahmenstruktur bei Multiplex-Übertragungssystemen erzwungen werden), kann die Taktrückgewinnung ohne Probleme erfolgen. Bei langen 0-Folgen ist jedoch keine Taktrückgewinnung mehr möglich. Diesen entscheidenden Nachteil des AMI-Leitungscodes vermeidet der nachfolgend beschriebene HDB3-Leitungscode.

10.4 Beschreibung ausgewählter Leitungscodes

Bei Echtzeitübertragung ist die Schrittdauer des Leitungssignals gleich groß wie beim binären Eingangssignal. Damit ist die Schrittgeschwindigkeit und somit der Mindest-Bandbreitenbedarf des Leitungssignals verglichen mit dem binären Eingangssignal unverändert.

HDB3-Code

Die Codierung einer Binärfolge (mit den Werten 0, 1) in ein HDB3-Leitungssignal (mit den Werten 0, +, -) kann durch 4 Teilregeln beschrieben werden:

1) Bei maximal 3 (≤ 3) aufeinanderfolgenden 0-Bit ebenso wie bei AMI.

2) Bei 4 aufeinanderfolgenden 0-Bit wird die AMI- Codiervorschrift verletzt (bipolar violation). Es wird für die vier 0-Bit entsprechend der HDB3-Ersetzungsregel eine Impulsgruppe mit mindestens einem + oder - gesendet, um die Daueramplitude 0 im Sendesignal zu vermeiden.

3) HDB3- Ersetzungsregel:
   4 aufeinander folgende 0-Bit der Binärfolge werden ersetzt bei

   gerader (0, 2, 4, ...) Anzahl von 1-Bit seit dem letzten V-Impuls durch   **1 0 0 V**,
   ungerader (1, 3, 5, ...) Anzahl von 1-Bit seit dem letzten V-Impuls durch   **0 0 0 V**.

4) Die entstehende Symbolfolge aus 0, 1, V wird wie ein AMI- Signal codiert, wobei jedoch bei jedem V die AMI- Regel verletzt wird und ein Verletzungsimpuls (violation impulse) gesendet wird. Dieser hat die gleiche Polarität wie der vorhergehende Impuls.

Im resultierenden Signal folgen maximal drei 0-Bit aufeinander. Dies ermöglicht eine sehr einfache Taktrückgewinnung. Die Ersetzungsregel bedingt, dass aufeinanderfolgende V-Impulse alternierendes Vorzeichen haben. Damit ist der Gleichanteil des Leitungssignals exakt gleich 0. Bild 10.4 zeigt zu einer ausgewählten Binärfolge die bei HDB3-Codierung möglichen Impulsfolgen.

Binärfolge		0 1 1 0 1	0 0 0 0	0 0 0 1 1	0 0 0 0	0 0 0 0	
			<----->		<----->	<----->	
V	----------gerade --------->	0 1 1 0 1	0 0 0 V	0 0 0 1 1	1 0 0 V	1 0 0 V	
			<----->		<----->	<----->	
+		0 - + 0 -	0 0 0 -	0 0 0 + -	+ 0 0 +	- 0 0 -	
-		0 + - 0 +	0 0 0 +	0 0 0 - +	- 0 0 -	+ 0 0 +	
V	----------ungerade ------>	0 1 1 0 1	1 0 0 V	0 0 0 1 1	1 0 0 V	1 0 0 V	
			<----->		<----->	<----->	
+		0 + - 0 +	- 0 0 -	0 0 0 + -	+ 0 0 +	- 0 0 -	
-		0 - + 0 -	+ 0 0 +	0 0 0 - +	- 0 0 -	+ 0 0 +	

Bild 10.4: Beispiel zur HDB3-Codierung.

Bild 10.5 zeigt das Blockschaltbild zur Decodierung des HDB3-Leitungscodes. Die Ersetzungsgruppen 100V und 000V haben die Folge 00V gemeinsam. Diese Folge zeigt somit an, dass eine Ersetzungsgruppe vorliegt. Zur Decodierung des Leitungssignals wird deshalb zunächst X00V durch 0000 ersetzt. Im entstehenden dreiwertigen Zwischensignal (dies ist kein AMI-Signal!) stehen die Ternärwerte + und - für die binäre 1, der Ternärwert 0 steht für die binäre 0. Somit wird durch eine nachfolgende „Zweiweg-Gleichrichtung" das ursprüngliche Binärsignal erzeugt. Die Signalverarbeitung wird nicht wie dargestellt „analog" realisiert, sondern nach Umsetzung des dreiwertigen Leitungssignals in zwei parallele Binärsignale mit logischen Schaltungen durchgeführt. Wenn ein V-Impuls ohne zwei vorhergehende 0-Schritte empfangen wird, liegt offensichtlich ein Übertragungsfehler vor. Dies kann zur Fehlerüberwachung des Übertragungssystems während des Betriebs (In Service Monitoring, ISM) benutzt werden.

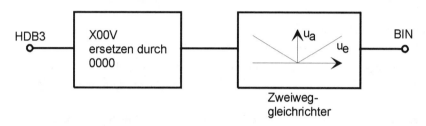

Bild 10.5: Codeumsetzung HDB3 / BIN.

Manchester-Code

Die Codierung einer Binärfolge (mit den Werten 0, 1) in ein MAN1-Leitungssignal (mit den Werten +, -) erfolgt dadurch, dass jedes 0-Bit durch den Block 01, jedes 1-Bit durch den Block 10 ersetzt wird. Bei bipolarer Codierung (0 wird durch -, 1 wird durch + dargestellt) wird der Gleichanteil des Leitungssignals somit exakt gleich null. Die Zwei-Bit-Blöcke des Leitungssignals werden als Dibit bezeichnet. Der MAN2-Leitungscode ist die invertierte Version des MAN1-Leitungscodes.

Bei Echtzeitübertragung ist die Schrittdauer des Leitungssignals halb so groß wie die des binären Eingangssignals. Damit ist die Schrittgeschwindigkeit und somit der Bandbreitenbedarf des Leitungssignals doppelt so groß wie für das binäre Eingangssignal. Das Leitungssignal hat konstanten Gleichanteil bei unipolarer Codierung und Gleichanteil 0 bei bipolarer Codierung, hohen Taktgehalt und maximale Störfestigkeit.

Beim Manchester-Code tritt in Paarmitte immer eine Signalflanke (Übergang 01 oder 10) auf. Dies ermöglicht bei zufälligen Binärfolgen eine eindeutige Synchronisation auf die Dibits des Leitungssignals. Nachteilig ist, dass für die deterministischen Eingangsfolgen Dauer-0 oder Dauer-1 keine korrekte Dibit-Synchronisierung möglich ist. Ein weiterer Nachteil des Manchester-Codes ist, dass bei Nutzung einer symmetrischen Leitung eine Adernvertauschung nicht erkennbar ist, da sich bei Invertierung des MAN-Codesignals wieder ein gültiges MAN-Codesignal ergibt. Dieses Problem existiert nicht bei Verwendung einer Koaxial-Leitung oder eines Lichtwellenleiters. Diese Nachteile des MAN-Leitungscodes vermeidet der nachfolgend beschriebene CMI-Code.

CMI-Code

Die Codierung einer Binärfolge (mit den Werten 0, 1) in ein CMI-Leitungssignal (mit den Werten +, -) erfolgt dadurch, dass jedes 0-Bit durch den Block 01, jedes 1-Bit alternierend durch die Blöcke 00 und 11 ersetzt werden. Bei bipolarer Codierung (0 wird durch -, 1 wird durch + dargestellt) wird der Gleichanteil des Leitungssignals somit exakt gleich null. Alternativ könnte man die Codiervorschrift auch wie folgt beschreiben: Die 1-Bit des binären Eingangssignals werden wie beim AMI-Code codiert, die 0-Bit des Eingangssignals wie beim MAN1-Code.

Für Schrittgeschwindigkeit, Bandbreitenbedarf, Gleichanteil, Taktgehalt und Störfestigkeit gilt dasselbe wie für den Manchester-Code. Im Leistungsdichtespektrum (siehe nachfolgenden Abschnitt) sind diskrete Spektrallinien bei ungeradzahligen Vielfachen der Schrittgeschwindigkeit v_{bin} enthalten.

Beim CMI-Code kann der Übergang 10 (negative Flanke) nur am Beginn eines Dibits auftreten. Dies ermöglicht eine eindeutige Synchronisierung auf die Dibits des Leitungssignals (eindeutige Dibit-Synchronisierung). Ein weiterer Vorteil des CMI-Codes ist, dass sich bei Invertierung des Leitungssignals ein ungültiges CMI-Signal ergibt. Dadurch sind bei Verwendung symmetrischer Leitungen Adernvertauschungen eindeutig erkennbar.

Schaltungstechnische Realisierung

Die Realisierung von Leitungs-Encodern und Leitungs-Decodern kann unter Verwendung programmierbarer Logikschaltungen (PLDs) oder Mikrocontroller auf der Basis von Automaten-Diagrammen (Zustands-Übergangs-Diagrammen) und Wahrheitstabellen erfolgen. In [NOCK92, NOHE90, NOHE91, NOSC93] sind für alle hier behandelten Leitungscodes (AMI, HDB3, MAN, CMI) Realisierungs-Vorschläge auf der Basis von Moore-Automaten-Diagrammen und Wahrheitstabellen beschrieben.

10.5 Leistungsdichtespektrum

Leistungsdichtespektrum und Leistungs-Verteilungsfunktion

Das Leistungs d i c h t e spektrum eines Signals gibt an, wie im langzeitlichen Mittel die Signalleistung im Frequenzbereich verteilt ist. Für eine echte Zufallsfunktion (mit der Periodendauer unendlich!) wird das einseitige Leistungsdichtespektrum $\Phi(f)$ bei der Frequenz f als Grenzwert von $\Delta P/\Delta f$ für $\Delta f \to 0$ definiert. Dabei ist ΔP die Leistung im kleinen Frequenzband Δf mit der Mittenfrequenz f.

$$\Phi(f) := \lim_{\Delta f \to 0} \left(\frac{\Delta P}{\Delta f} \right); \qquad [W/Hz] = [Ws];$$

Existiert bei einer Frequenz f für $\Delta f \to 0$ ein endlicher Grenzwert von $\Delta P/\Delta f$, erhält man einen Stützstellenwert des kontinuierlichen, einseitigen Leistungsdichtespektrums mit der Einheit [W/Hz] = [Ws]. Geht bei einigen Frequenzen f_k der Grenzwert gegen unendlich, dann liegt bei diesen Frequenzen eine diskrete Spektrallinie mit endlicher Leistung P_k vor. Endliche

Leistung bei einer Frequenz f_k wird im Leistungsdichtespektrum durch einen additiven Dirac-Anteil $P_k \cdot \delta(f-f_k)$ bei der Frequenz f_k dargestellt. Zu beachten ist, dass das Impulsmoment dieses Dirac-Anteils die Dimension $\dim(\Phi) \cdot \dim(f) = [Ws \cdot Hz] = [W]$ aufweisen muss und wie hier angegeben eine Leistung darstellt.

In der Signaltheorie kann man zeigen, dass das Leistungsdichtespektrums $\phi(f)$ eines Signals durch Fouriertransformation der Autokorrelationsfunktion (AKF) der Signal-Zeitfunktion berechnet werden kann. Zur Berechnung des Leistungsdichtespektrums nach dieser formalen Methode wird auf [OEBR67] verwiesen. Neben dem hier verwendeten einseitigen (physikalischen) Leistungsdichtespektrum wird in der Literatur auch das zweiseitige (mathematische) Leistungsdichtespektrum verwendet. Beim Vergleich von Ergebnissen muss hierauf unbedingt geachtet werden.

Die Summenleistung $P(\leq f)$ eines Signals im Frequenzbereich $[0, f]$ ergibt sich durch Integration des einseitigen Leistungsdichtespektrums $\Phi(f)$ über das Frequenzband $[0, f]$. Die Gesamtleistung des Signals ist $P_{ges} = P(\leq \infty)$:

$$P(\leq f) := \int_0^f \Phi(x) \cdot dx; \qquad P_{ges} = P(\leq \infty); \qquad [W];$$

Die Leistungs-Verteilungsfunktion $\psi(f)$ gibt an, welcher relative Anteil der Gesamtleistung auf den Frequenzbereich $[0, f]$ entfällt:

$$\psi(f) = P(\leq f)/P_{ges}; \qquad 0 = \psi(0) \leq \psi(f) \leq \psi(\infty) = 1.$$

Die aus dem einseitigen Leistungsdichtespektrum $\Phi(f)$ berechenbare Schwerpunktfrequenz f_s eines Leitungscodes kann zum Vergleich des realen Bandbreitenbedarfs bei unterschiedlichen Leitungscodes verwendet werden:

$$P_{ges} \cdot f_s = \int_0^\infty f \cdot \Phi(f) \cdot df \; ;$$

Messung des Leistungsdichtespektrums

Die Messung des Leistungsdichtespektrum eines quasizufälligen Leitungssignals folgt der formalen Definition: Am Eingang des Leitungs-Encoders wird eine möglichst lange binäre Quasi-Zufallsfolge (PRBS Pseudo Random Binary Sequence, auch MLS Maximum Length Sequence) mit $p_0 = p_1 = 0.5$ angeschaltet. Bei einer binären Quasizufallsfolge der Länge N [Schritte] ergibt sich eine Periodendauer von $T_0 = N \cdot T_{bin}$ und somit im Frequenzbereich ein Linienspektrum mit dem Linienabstand $f_0 = (1/T_0) = v_{bin}/N$. Das zugehörige Leitungssignal wird über einen idealen Bandpass (Eingangswiderstand unendlich, Übertragungsfaktor im Durchlassbereich 1, Mittenfrequenz f, kleine Bandbreite $\Delta f \ll f$) an ein Effektivwert-Messgerät angeschaltet. Wird bei der Mittenfrequenz f der Teil-Effektivwert ΔU_{eff} gemessen, so liegt für die Frequenz f folgender Näherungswert des einseitigen Leistungsdichtespektrums $\Phi(f)$ am Referenzwiderstand R (meist wird R = 1 Ohm gewählt) vor:

10.5 Leistungsdichtespektrum

$$\Phi(f) \approx \frac{\Delta P}{\Delta f} = \frac{1}{R} \cdot \frac{\Delta U_{eff}^2}{\Delta f}; \qquad [W/Hz] = [Ws];$$

Enthält das analysierte Signal einen diskreten Spektralanteil mit der Frequenz f_k mit endlichem Effektivwert U_k, dann ergibt sich bei dieser Frequenz die Leistung $P_k = U_k^2/R$ und somit bei der messtechnischen Auswertung eine (gegenüber benachbarten Frequenzen) extrem erhöhte Leistungsdichte. Die Dirac-Anteile des echten Leistungsdichtespektrums werden bei der Messung als extrem hohe Werte (verglichen mit den Umgebungswerten) repräsentiert. Der Verlauf von $\Phi(f)$ für einen Frequenzbereich $[f_{min}, f_{max}]$ ergibt sich durch wiederholte punktweise Messung. Kleineres Δf ergibt bei erhöhter Messdauer genauere Ergebnisse.

Bild 10.6 zeigt das Blockschaltbild zur Messung des Leistungsdichtespektrums. Ein Spektrum-Analysator mit geeigneter Auswertungs-Software kann die Messung automatisch für einen einstellbaren Frequenzbereich $[f_{min}, f_{max}]$ durchführen und den Verlauf des Leistungsdichte-Spektrums in Diagramm-Form darstellen.

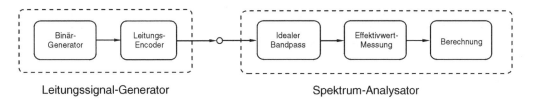

Bild 10.6: Blockschaltbild zur Messung des Leistungsdichtespektrums.

Numerische Berechnung des Leistungsdichtespektrums

Anstatt über die Autokorrelationsfunktion der Zeitfunktion (also des Leitungssignals) kann das Leistungsdichtespektrum numerisch auch durch Nachbildung des Messvorgangs im Frequenzbereich berechnet werden. Die Berechnung erfolgt in folgenden Teilschritten:

a) Quasizufällige, gleichverteilte Binärfolge mit großer Länge berechnen;

b) Leitungssignal zu dieser zufälligen Binärfolge berechnen;

c) Diskretes Effektivwert-Linienspektrum des Leitungssignals berechnen;

d) Diskretes Leistungs-Linienspektrum des Leitungssignals berechnen;

e) Diskretes Leistungs-Linienspektrum glätten (durch Summation benachbarter Spektrallinien innerhalb der gewählten Analyse-Bandbreite), dies ergibt Stützstellen des kontinuierlichen Leistungsdichtespektrums;

f) Gesamtverlauf des kontinuierlichen Leistungsdichtespektrums durch Interpolation zwischen den Stützstellen berechnen;

Nach dieser Rechenvorschrift wurde ein Programm zur Berechnung von Leistungsdichtespektren im Rahmen einer Diplomarbeit [KRPR03] entwickelt. Die Bilder 10.7 und 10.8 zeigen nach dieser Methode numerisch berechnete Leistungsdichtespektren. Es wurde eine statistisch unabhängige, gleichverteilte ($p_0 = p_1 = 0.5$) Eingangs-Binärfolge, ein Leitungssignal mit Signalhub 1 V, NRZ-Rechteck-Impulsform und ein Referenzwiderstand 1 Ohm vorausgesetzt (alle frei wählbaren Parameter sind auf den Wert 1 gesetzt). Die Leistungsdichtespektren sind in normierter Form Φ/Φ_{max} dargestellt, dabei wurden kontinuierliche Anteile und diskrete Anteile des Leistungsdichtespektrums jeweils einzeln (für sich) normiert. Die Darstellung erfolgt in Abhängigkeit von der normierten Frequenz $x = f/v_{bin}$, mit v_{bin} als Schrittgeschwindigkeit des binären Eingangssignals.

Ergebnis für 1B1T-Leitungscodes

AMI-Leitungscode
Bild 10.7 zeigt das normierte Leistungsdichtespektrum $\Phi(x)/\Phi_{max}$ und die Leistungs-Verteilungsfunktion $\psi(\leq x) = P(\leq x)/P_{ges}$ für ein AMI-Leitungssignal mit NRZ-Rechteck-Impulsform. Die erste Nullstelle des Leistungsdichtespektrums liegt bei $x = 1$, also bei $f = v_{bin} = v_{ami}$. Der Hauptanteil der Signalleistung (rund 85%) liegt im Frequenzbereich bis zur ersten Nullstelle $0 \leq x \leq 1$, also im absoluten Frequenzbereich $0 \leq f \leq v_{ami}$. Der Maximalwert des Leistungsdichtespektrums liegt bei etwa $x = 0.40$, die Gesamtleistung des Leitungssignals ergibt sich zu etwa 0.123 W am Referenzwiderstand 1 Ohm.

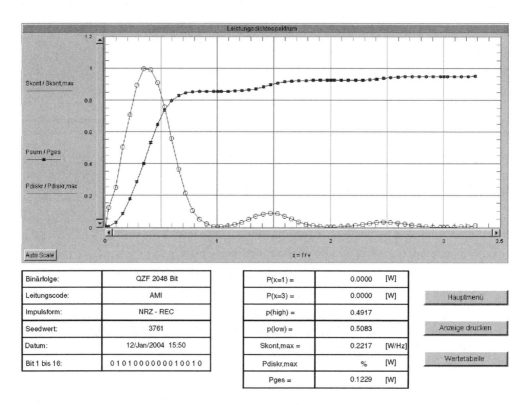

Bild 10.7: Leistungsdichtespektrum und Leistungs-Verteilungsfunktion für ein NRZ-AMI-Leitungssignal in normierter Darstellung. Leistungsangaben für den Referenzwiderstand 1 Ohm.
Das normierte Leistungsdichtespektrum $\Phi(x)/\Phi_{max}$ ist im Bild als Skont/Smax bezeichnet.
Die Leistungs-Verteilungsfunktion $\psi(x) = P(\leq x)/P_{ges}$ ist im Bild als Psum/Pges bezeichnet.

10.5 Leistungsdichtespektrum

Hinweis:
$p_1 = 0.50$ für eine Eingangs-Binärfolge bedingt bei AMI-Codierung $p_+ = p_- = p_1/2 = 0.25$. Beim Signalhub 1 V sind die AMI-Spannungswerte $U_+ = +0.50$ V und $U_- = -0.50$ V. Daraus folgt bei NRZ-Rechteck-Impulsform ein Gesamt-Effektivwert $U_{eff}^2 = 0.25 \cdot (0.50 \text{ V})^2 \cdot 2 = 0.125$ V^2 und somit eine Gesamtleistung am Referenzwiderstand 1 Ohm von 0.125 W. Dieser aus der Zeitfunktion theoretisch berechenbare Leistungswert stimmt gut mit dem numerisch berechneten Näherungswert (0.123 W) aus dem Leistungsdichtespektrum (und somit aus dem Frequenzbereich) überein. Bei exakter Rechnung ohne numerische Fehler müssen beide Verfahren natürlich exakt das selbe Ergebnis liefern.

HDB3-Leitungscode
Das Leistungsdichtespektrums des NRZ-HDB3-Leitungssignals (hier nicht angegeben) stimmt weitgehend mit dem Leistungsdichtespektrum für das NRZ-AMI-Leitungssignal überein. Allerdings ist durch die zusätzlichen Impulse bei binären 0-Folgen das Maximum des Leistungsdichtespektrums und somit auch die Gesamt-Signalleistung etwas höher als beim NRZ-AMI-Leitungssignal.

Ergebnis für 1B2B-Leitungscodes

CMI-Leitungscode
Bild 10.8 zeigt das normierte Leistungsdichtespektrum $\Phi(x)/\Phi_{max}$ und die Leistungs-Verteilungsfunktion $\psi(\leq x) = P(\leq x)/P_{ges}$ für ein CMI-Leitungssignal mit NRZ-Rechteck-Impulsform. Die erste Nullstelle des Leistungsdichtespektrums liegt bei $x = 2$, also bei $f = 2 \cdot v_{bin} = v_{cmi}$. Der Hauptanteil der Signalleistung (knapp 90%) liegt im Frequenzbereich bis zur ersten Nullstelle $0 \leq x \leq 2$, also im absoluten Frequenzbereich $0 \leq f \leq v_{cmi}$ (mit $v_{cmi} = 2 \cdot v_{bin}$). Der Maximalwert des kontinuierlichen Leistungsdichtespektrums liegt bei etwa $x = 0.40$, die Gesamtleistung des Leitungssignals am Referenzwiderstand 1 Ohm beträgt 0.25 W. Im Leistungsdichtespektrum des CMI-Leitungssignals sind diskrete Anteile (additive Dirac-Anteile) bei ungeraden Werten von x enthalten. Diese diskreten Spektrallinien sind ebenfalls auf ihren Maximalwert normiert dargestellt.

Hinweis:
Für 1B2B-Leitungscodes mit NRZ-Rechteck-Impulsform ist beim Signalhub 1 V der Betrag der Leitungssignal-Spannung konstant gleich 0.50 V. Somit ist der Effektivwert 0.50 V und als Gesamtleistung am Referenzwiderstand 1 Ohm folgt 0.25 W. Dieser theoretisch aus der Zeitfunktion berechnete Leistungswert stimmt mit dem numerisch berechneten Näherungswert aus dem Leistungsdichtespektrum (und somit aus dem Frequenzbereich) überein.

MAN-Leitungscode
Das Leistungsdichtespektrums des NRZ-MAN-Leitungssignals (hier nicht angegeben) hat (ebenso wie beim NRZ-CMI-Leitungssignal) die erste Nullstelle bei $x = 2$, enthält aber im Gegensatz zu CMI keine diskreten Anteile. Das Maximum der Leistungsdichte liegt bei etwa $x = 0.80$. Der reale Bandbreitenbedarf des MAN-Leitungscode ist also höher als der reale Bandbreitenbedarf des CMI-Leitungscode, obwohl die normierte Nyquist-Bandbreite für beide Leitungscodes jeweils $x = 1$ und somit gleich ist. Für die Gesamtleistung gilt das selbe wie beim CMI-Leitungssignal.

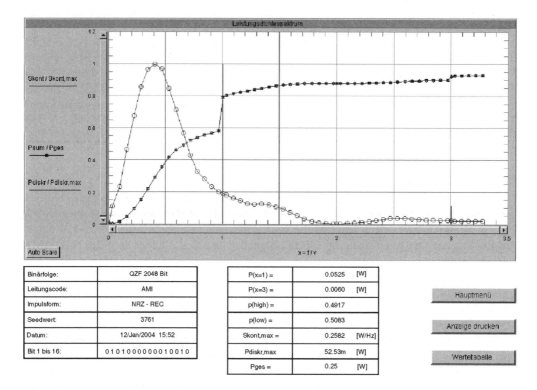

Bild 10.8: Leistungsdichtespektrum und Leistungs-Verteilungsfunktion für ein NRZ-CMI-Leitungssignal in normierter Darstellung. Leistungsangaben für den Referenzwiderstand 1 Ohm. Hinweise zu den Bezeichnungen siehe Bild 10.7.

Ergänzende Hinweise

Die Leistungsdichtespektren der Leitungscodes NRZ-AMI, NRZ-HDB3, MAN, CMI haben jeweils eine Nullstelle bei der normierten Frequenz $x = 0$ (der Gleichanteil ist exakt null) und weisen für kleine normierte Frequenzen $x \ll 1$ nur kleine Spektralanteile auf. Dies ermöglicht eine problemfreie Signalübertragung über Übertragungs-Teilblöcke mit Hochpass-Anteil (Übertrager, Verstärkerstufen mit kapazitiver Kopplung).

Bei AMI und HDB3 (siehe Bild 10.7) ist für ganzzahlige $x = 0, 1, 2, ...$ die Leistungsdichte 0. Dies bedeutet, dass die der Schrittgeschwindigkeit des Leitungssignals entsprechende Taktfrequenz $x = 1$ (also $f = v_{bin} = v_{ami} = v_{hdb3}$) nicht im Leitungssignal enthalten ist.

Bei MAN und CMI (siehe Bild 10.8) ist für gerade $x = 0, 2, 4, ...$ die Leistungsdichte 0. Dies bedeutet, dass die der Schrittgeschwindigkeit des Leitungssignals entsprechende Taktfrequenz $x = 2$ (also $f = 2 \cdot v_{bin} = v_{man} = v_{cmi}$) nicht im Leitungssignal enthalten ist.

Eine empfangsseitige Taktrückgewinnung der Schritt-Taktfrequenz des Leitungssignals durch lineare Schmalband-Filter (mit Mittenfrequenz gleich Schritt-Taktfrequenz) ist daher nicht möglich.

Für die Taktrückgewinnung muss durch eine **nichtlineare** Operation eine Spektrallinie bei $x = 1$ (für AMI, HDB3) bzw. $x = 2$ (für MAN, CMI) erzeugt werden. Dies kann beispielsweise durch eine Differentiation des Leitungssignals mit nachfolgender Betragsbildung erfolgen. Schaltungstechnisch ist dies näherungsweise durch ein Hochpassfilter mit nachfolgendem Zweiweg-Gleichrichter realisierbar. Das Ausgangssignal dieser nichtlinearen Schaltung muss dann durch aktive Schaltungen zum Empfangs-Taktsignal aufbereitet werden.

10.6 Übungen

Aufgabe 10.1

Gegeben:
Einer Binärquelle ist ein AMI-Leitungsencoder nachgeschaltet. Die Binärquelle erzeugt die Binärfolge [100] periodisch mit der Schrittgeschwindigkeit 1 Mbd. Die Binärfolge wird AMI-codiert, als Impulsform wird NRZ-Rechteck verwendet.

Gesucht:
1) Skizzieren Sie eine Periode des Leitungssignals!
2) Bei welchen Frequenzen können Spektrallinien im Leitungssignal auftreten?

Lösung:
1)   BIN-Eingangsfolge hat die Periode: [1 0 0];
      AMI-Leitungssignal hat die Periode: [+ 0 0 - 0 0];

2) $f_0 = 1/(6T) = v/6 = 166.67$ kHz; $f_k = k \cdot f_0$; $k = 1, 2, ...$;
      Nur bei den Frequenzen f_k können (müssen nicht!) Spektrallinien vorhanden sein!

Aufgabe 10.2

Gegeben:
Einer Binärquelle ist ein HDB3-Leitungsencoder nachgeschaltet. Die Binärquelle erzeugt eine Dauer-0-Binärfolge mit Schrittdauer 2 µs. Das HDB3-Leitungssignal hat 2 V Signalhub und NRZ-Rechteck-Impulsform.

Gesucht:
1) Leistungspegel des Leitungssignals in dBm (am Referenz-Widerstand 150 Ω);
2) Grundfrequenz des Leitungssignals;

Hinweis zur Leistungsberechnung: Ermitteln Sie die Wahrscheinlichkeiten der möglichen Signal-Spannungen für +, 0, - und berechnen Sie die Signalleistung unter Verwendung von:

$u_{eff}^2 = EW[u_i^2]$;

Lösung:
BIN-Eingangsfolge hat die Periode: [0];
HDB3-Leitungssignal hat die Periode: [+ 0 0 + - 0 0 -];

1) $U_{eff} = \operatorname{sqrt}(U_{ss}^2/8)$; $L_p/\text{dBm} = 5.29$;
2) $f_0 = 62.5$ kHz;

Aufgabe 10.3

Lösen Sie Aufgabe 2, wenn statt des HDB3-Leitungsencoders ein MAN-Leitungsencoder verwendet wird.

Lösung:
BIN-Eingangsfolge hat die Periode: [0]; (mit Schrittdauer T_{bin});
MAN-Leitungssignal hat die Periode: [- +]; (mit Schrittdauer $T_{man} = T_{bin}/2$);

1) Bei 1B2B-Leitungscodes ist der Betrag der Spannung konstant gleich $U_{ss}/2$.
   Also ist: $U_{eff} = U_{ss}/2$; $L_p/dBm = 8.24$;

2) $f_0 = 500$ kHz;

11 Regenerative Digitalsignal-Übertragung

In diesem Kapitel wird auf Aspekte der Realisierung von Basisband-Digitalsignal-Übertragungssystemen eingegangen [BERG86, LOCH95, MAEU96]. Zunächst wird der prinzipielle Aufbau eines Regenerativverstärkers und die Entzerrer-Auslegung betrachtet. Dann werden mögliche Störsignale bei der Digitalsignal-Übertragung klassifiziert und die Hauptstörquellen für verschiedene Kabeltypen abgeschätzt. Abschließend wird unter stark vereinfachten Bedingungen die maximale Regeneratorfeldlänge bei Digitalsignal-Übertragungssystemen mit Nahnebensprechen diskutiert.

11.1 Regenerativverstärker

Regenerativverstärker-Aufgaben (3·R)

Ein Regenerativverstärker (Regenerator, Repeater) ist ein Zwischenverstärker für Digitalsignale. Bild 11.1 zeigt die drei Teilaufgaben (genannt 3·R), welche ein Regenerativverstärker ausführen muss:

1) **Reshaping** (Entzerrung);
2) **Retiming** (Taktrückgewinnung);
3) **Regenerating** (Erneuerung, Regenerierung);

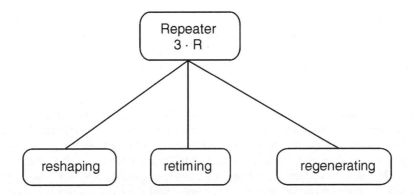

Bild 11.1: Regenerativverstärker-Aufgaben.
repeater Regenerativverstärker; reshaping Entzerrung; retiming Taktrückgewinnung;
regenerating Entscheidung (Regenerierung, Erneuerung).

Bei der Signal-Regeneration (Signal-Erneuerung) können dem Digitalsignal überlagerte Störsignale bis zu einem bestimmten Grad vollständig unterdrückt werden (bei Abtastentscheidung bis zur halben Stufenhöhe des Digitalsignals). Dies wird als Störbefreiung oder Störsignalbefreiung bezeichnet. Wird die Signal-Regeneration bereits dann durchgeführt, wenn die Störsignale noch unter dieser Schwelle liegen, dann ist die Entscheidung fehlerfrei. Bei der Kettenschaltung vieler Regeneratorfelder (Regeneratorfeld = Leitungsabschnitt + Regenerator) addieren sich dann die Störsignale (im Gegensatz zu einem analogen Übertragungssystem mit mehreren Verstärkerfeldern) nicht auf. Es findet im Gegensatz zur analogen Übertragungstechnik also keine Störakkumulation statt:

> **Die Signalregeneration unterdrückt Störsignale, dies wird als Stör(signal)befreiung bezeichnet. Rechtzeitige Signalregeneration verhindert die Störakkumulation.**

Regenerativverstärker-Blockschaltbild

Bild 11.2 zeigt das Blockschaltbild eines Regenerativverstärkers. Jeder Regenerativverstärker besteht aus folgenden Teilblöcken:

Desymmetrierglied
Das meist symmetrische Eingangssignal wird für die nachfolgende Signalverarbeitung durch ein Desymmetrierglied (z. B. Eingangsübertrager, Optokoppler) in ein unsymmetrisches Signal umgesetzt. Die Regeneratorschaltung wird dabei von der Leitung galvanisch getrennt.

Entzerrer
Der Entzerrer hat die Aufgabe, die Kettenschaltung aus sendeseitigen Teilböcken (Sendefilter zur Impulsformung, Sendeübertrager), Leitung und empfangsseitigen Teilblöcken (Eingangsübertrager, Signalaufbereitung, Entzerrer) zum erwünschten Tiefpass-Übertragungssystem zu ergänzen. Am Entzerrerausgang ergibt sich dann für die nachfolgende Entscheidung ein optimales Augenmuster.

Taktrückgewinnung
Aus dem entzerrten Signal wird im Block Taktrückgewinnung der Schrittakt zurückgewonnen. Dieser wird dem Zeitentscheider zugeführt. Die Taktrückgewinnung ist die schwierigste Teilaufgabe der Schaltungs-Auslegung für einen Regenerativverstärker.

Entscheider
Der Entscheider kann gedanklich in die zwei Teilblöcke Amplituden-Regenerierung (Amplituden-Erneuerung, kurz Amplitudenentscheider) und Zeitraster-Regenerierung (Zeitraster-Erneuerung, kurz Zeitentscheider) aufgeteilt werden. Im Amplitudenentscheider erfolgt die Entscheidung über die gesendete Signalamplitude, das amplitudenregenerierte Signal wird im Zeitentscheider neu mit dem Schrittakt abgetastet (Zeitraster-Regenerierung, Zeitraster-Erneuerung). Resultierend ergibt sich ein erneuertes Digitalsignal (regeneriertes Digitalsignal) mit korrekten Amplitudenwerten und korrekter Schrittdauer.

Symmetrierglied
Das regenerierte Signal wird über ein Sendefilter (zur Impulsformung) und ein Symmetrierglied (Ausgangsübertrager) auf den nächsten Leitungsabschnitt ausgesendet. Die Regeneratorschaltung wird damit von der Leitung galvanisch getrennt. Durch die Symmetrierung des Leitungssignals wird eine hohe Störresistenz gegen solche äußeren Störungen erzielt, welche auf beide Adern der symmetrischen Leitung gleichartig einwirken. Die empfangsseitige Differenzbildung im Desymmetrierglied unterdrückt dann solche Störsignale vollständig.

11.1 Regenerativverstärker

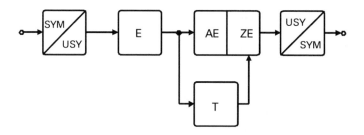

Bild 11.2: Regenerativverstärker-Blockschaltbild.
SYM / USY Desymmetrierglied (z. B. Übertrager, Optokoppler); USY / SYM Symmetrierglied;
SYM symmetrisch; USY unsymmetrisch; E Entzerrer; T Taktrückgewinnung; AE Amplituden-
Erneuerung (Amplitudenentscheider); ZE Zeitraster-Erneuerung (Zeitentscheider);

Entzerrer-Auslegung

Optimale Bedingungen für die Entscheidung und die Taktrückgewinnung liegen bei einem ungestörtem (oder nur schwach gestörten) Basisband-Übertragungssystem dann vor, wenn die Nyquist-Bedingung zweiter Art (diese beinhaltet die Nyquist-Bedingung erster Art) erfüllt ist.

In Kapitel 3 wurde abgeleitet, dass die Nyquist-Bedingung zweiter Art dann erfüllt ist, wenn der resultierende Gesamt-Amplitudengang einen $\cos^2$-Verlauf mit einer 6 dB-Grenzfrequenz von $f_g = v/2 = 1/(2 \cdot T)$ aufweist. Der Phasengang muss identisch gleich null sein (dies ist physikalisch nicht realisierbar, da die Impulsantwort dann nicht kausal wäre) oder frequenzproportional sein (dies ist näherungsweise physikalisch realisierbar, siehe Realisierungs-Hinweis), wobei dann eine konstante, frequenzunabhängige Phasenlaufzeit t_0 vorliegt.

$$\underline{H}_{cro}(f) = \cos^2\left(\frac{\pi}{2} \cdot \frac{f}{2 \cdot f_g}\right); \quad \text{für} \quad abs(f) \leq 2 \cdot f_g; \quad \text{(Phasenlaufzeit 0);}$$

$$= 0; \quad \text{sonst;}$$

$$\underline{H}_{cro}(f, t_0) = \underline{H}_{cro}(f) \cdot e^{(-j \cdot \omega \cdot t_0)}; \quad \text{(Phasenlaufzeit } t_0 > 0; \quad \omega = 2 \cdot \pi \cdot f);$$

Der komplexe Frequenzgang $\underline{HE}(\omega)$ des Entzerrers wird so ausgelegt, dass sich bei Kettenschaltung aller vorhandenen Übertragungs-Teilblöcke plus Entzerrer der erforderliche $\cos^2$-Amplitudengang mit Phasenlaufzeit t_0 ergibt. Mit den Bezeichnungen

$\underline{H}_s(f)$	sendeseitiger Frequenzgang (Impulsformungs-Filter, Sende-Symmetrierglied);
$\underline{H}_m(f)$	Frequenzgang des Übertragungsmediums;
$\underline{H}_e(f)$	empfangsseitiger Frequenzgang (Empfangs-Symmetrierglied, Signalaufbereitung);
$\underline{HE}(f)$	Entzerrer-Frequenzgang;
$\underline{H}_{cro}(f, t_0)$	cos-roll-off-Amplitudengang mit roll-off-Faktor $r = 1$ und einer 6 dB-Grenzfrequenz von $f_g = v/2 = 1/(2 \cdot T)$ und konstanter Phasenlaufzeit t_0;

folgt für den Entzerrer-Frequenzgang:

$$\underline{H}_{ges}(f) = \underline{H}_s(f) \cdot \underline{H}_m(f) \cdot \underline{H}_e(f) \cdot \underline{HE}(f) = \underline{H}_{cro}(f, t_0);$$

$$\underline{HE}(f) = \frac{\underline{H}_{cro}(f, t_0)}{\underline{H}_s(f) \cdot \underline{H}_m(f) \cdot \underline{H}_e(f)};$$

Für die Ableitung der Tiefpass-Frequenzgänge zur Erfüllung der Nyquist-Bedingungen wurden Dirac-Sendeimpulse vorausgesetzt. Werden tatsächlich Rechteck-Impulse zur Anregung des Übertragungskanals (aus sendeseitigen Teilblöcken, Übertragungsmedium und empfangsseitigen Teilblöcken) verwendet, ist zusätzlich ein sin(x)/x-Korrekturfilter einzurechnen. Bezüglich der sin(x)/x-Korrektur wird auf Kapitel 12 (Pulscodemodulation) verwiesen.

Realisierungs-Hinweis

Ein Entzerrer nach obiger Dimensionierungs-Vorschrift lässt sich nicht exakt realisieren, da für jedes endliche $t_0 > 0$ eine nicht kausale Impulsantwort (siehe die unendlich breite Impulsantwort des cos-roll-off-Tiefpasses) vorliegen würde. Für eine geeignete Wahl der Phasenlaufzeit $t_0 > 0$ (dies verschiebt das Maximum der Impulsantwort nach $+t_0$) und durch eine zeitliche Begrenzung der Impulsantwort auf das Zeitintervall $[0, 2 \cdot t_0]$ (also Abschneiden der kleinen Impulsvorläufer und Impulsnachläufer außerhalb dieses Zeitbereichs) ergeben sich geeignete Näherungen für physikalisch realisierbare Entzerrer-Filter.

Augenmuster (eye pattern)

Das Augenmuster eines Digitalsignals ergibt sich, wenn das Digitalsignal auf einem Oszilloskop mit hoher Nachleuchtdauer bei korrekter Triggerung mit der Schritt-Taktfrequenz dargestellt wird.

Durch das Augenmuster kann die Güte der Entzerrung sehr einfach im Zeitbereich beurteilt werden.

Die Messung des Augenmusters (eine Zeitbereichs-Messung) ist wesentlich einfacher, als den Frequenzgang (bestehend aus Dämpfungsgang und Phasengang) des Gesamtsystems im Frequenzbereich (Frequenzbereichs-Netzwerkanalyse) zu messen. Das theoretische Augenmuster bei bipolarer Binärsignal-Übertragung mit der Schrittgeschwindigkeit $v = 1/T$ über einen cos-roll-off-Kanal mit der 6-dB-Grenzfrequenz $f_g = v/2 = 1/(2 \cdot T)$ und dem roll-off-Grad $r = 1$ wurde bereits in Kapitel 3 (Nyquist-Bedingungen) berechnet.

Optimale Abtast-Entscheidung

Die Fehlerwahrscheinlichkeit bei der Abtast-Entscheidung wird dann minimal, wenn die Entscheiderschwelle amplitudenmäßig und der Entscheidungs-Zeitpunkt zeitmäßig genau in der Augenmitte liegen.

Dann führen zusätzliche, überlagerte Störsignale oder Ungenauigkeiten der Entscheiderschwelle sowie Ungenauigkeiten des Entscheidungs-Zeitpunktes (Zittern des Entscheidungs-zeitpunktes, englisch als jitter bezeichnet) mit minimaler Wahrscheinlichkeit zu Entscheidungsfehlern, so dass resultierend die Schrittfehler-Rate (und damit auch die Bitfehlerrate nach der Leitungs-Decodierung) minimal wird.

11.2 Störungen

11.2.1 Klassifizierung von Störsignalen

Bild 11.3 zeigt eine Klassifizierung der möglichen Störsignale bei der Signalübertragung über elektrische Leitungen in einem Kabel. Man unterscheidet folgende grundsätzliche Ursachen für Störungen:

- **Elektromagnetische Beeinflussung,**
- **Wärmerauschen.**

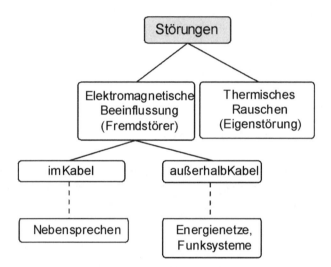

Bild 11.3: Klassifizierung von Störsignalen bei elektrischer Übertragungstechnik.

Elektromagnetische Beeinflussung (EMI)

Elektromagnetische Beeinflussung (electromagnetic interference, EMI) wird durch elektrische Energiequellen innerhalb und außerhalb des Kabels (nachfolgend werden diese als Fremdstörer bezeichnet, im Gegensatz zur nicht vermeidbaren Eigenstörung Wärmerauschen) bewirkt.

- **Fremdstörer innerhalb des Kabels**
  sind alle übrigen im selben Kabel betriebenen Übertragungssysteme. Die dadurch bedingten Störsignale bezeichnet man als Nebensprechen. Die verschiedenen Arten des Nebensprechens werden nachfolgend genauer betrachtet.

- **Fremdstörer außerhalb des Kabels**
  sind alle elektromagnetischen Vorgänge, welche auf das betrachtete Übertragungssystem einwirken. Hierzu gehören beispielsweise Funksysteme, elektrische Energienetze, elektrische Bahnen und elektromagnetische Umweltvorgänge (beispielsweise auch Blitzeinschläge in der Umgebung). Elektromagnetische Beeinflussung durch Funksysteme und elektrische Energienetze kann durch geeignete Kabelverlegung und Kabelschirmung sowie symmetrische Übertragungstechnik minimiert werden.

Bei optischer Übertragungstechnik unter Verwendung von Lichtwellenleitern verschwindet jegliche elektromagnetische Beeinflussung von innerhalb oder außerhalb des Lichtwellenleiter-Kabels. Als Störquelle verbleibt dann nur das Wärmerauschen.

Wärmerauschen (TN)

Wärmerauschen (thermal noise, TN) ist eine nicht vermeidbare Eigenstörung des Übertragungssystems. Das Wärmerauschen ist bedingt durch die endliche Betriebstemperatur > 0 K (also > -273.16 C) der verlustbehafteten Bauelemente des Übertragungssystems. Jeder ohmsche Widerstand R erzeugt bei einer Eigentemperatur T im Frequenzband Δf eine Leerlauf-Klemmenspannung mit dem Effektivwert

$$U_{n,eff} = \sqrt{4 \cdot k \cdot T \cdot \Delta f \cdot R} \ ;$$

T   absolute Temperatur in K;
k   Boltzmann'sche Konstante $1.38 \cdot 10^{-23}$ Ws/K;
$k \cdot T$ $4 \cdot 10^{-21}$ Ws = 4 pW/GHz bei T = 16.6 C;

Die maximale Rauschleistung, die ein rauschender Widerstand an einen als rauschfrei angenommenen Abschlusswiderstand abgeben kann (als verfügbare Rauschleistung bezeichnet), ergibt sich bei Abschluss mit $R_a = R_i = R$ (Leistungsanpassung) unabhängig vom Widerstandswert R zu

$$P_{n,max} = \frac{\left(\frac{U_{n,eff}}{2}\right)^2}{R} = k \cdot T \cdot \Delta f \ ;$$

Die verfügbare Rauschleistung ist unabhängig vom Widerstandswert R, sie hängt nur ab von der absoluten Betriebstemperatur T und der Bandbreite Δf. Bei 16.6 C ist die verfügbare Rauschleistung 4 pW / GHz.

11.2.2 Nebensprechen

Klassifizierung der Nebensprech-Störsignale

Die grundsätzlichen Eigenschaften von elektrischen Leitungen sind in [BERG86, LOCH95, HERT00] detailliert dargestellt. Die maßgebliche elektromagnetische Beeinflussung in elektrischen Kabeln ist das Nebensprechen. Als Nebensprechen bezeichnet man den unerwünschten Übergang eines Teils der Signalleistung aus einer Doppelleitung (einem verdrillten Adernpaar)

11.2 Störungen

des Kabels in benachbarte Doppelleitungen des Kabels. Das Nebensprechen in Kabeln wird hauptsächlich durch kapazitive oder/und induktive Kopplungen zwischen den Doppelleitungen verursacht. Das Nebensprechen wird in Nahnebensprechen und Fernnebensprechen unterteilt.

Bild 11.4 veranschaulicht die nachfolgenden Erklärungen zu Nebensprechen, Nahnebensprechen und Fernnebensprechen. Es sind vereinfacht N Übertragungssysteme dargestellt, die im selben Kabel geführt sind. Betrachtet wird der Empfänger E_1/rechts. Dieser empfängt sein Nutzsignal vom Sender S_1/links. Alle Signale, die er von allen anderen Sendern ($S_2..S_n$/links, $S_1..S_n$/rechts) des Gesamtsystems empfängt, werden als Nebensprechen (XT Cross Talk) bezeichnet.

Die nahen Sender $S_1..S_n$/rechts sprechen längs des Kabels (von rechts nach links) auf die betrachtete Leitung 1 über. Sie bewirken damit eine starke Störung des bereits durch die Leitungsdämpfung abgeschwächten, ankommenden Nutzsignals vom Sender S_1/links. Diese starken Nebensprechstörungen werden als Nahnebensprechen (Near End Cross Talk, NEXT) bezeichnet, da sie durch die nahen Sender bedingt sind.

Die fernen Sender $S_2..S_n$/links sprechen längs des Kabels (von links nach rechts) auf die Leitung 1 über. Sie bewirken damit eine (im Vergleich zum Nahnebensprechen) geringere Störung des jeweils gleich starken, in gleicher Ausbreitungsrichtung laufenden Nutzsignal des Senders S_1/links. Diese Nebensprechstörungen werden als Fernnebensprechen (Far End Cross Talk, FEXT) bezeichnet, da sie durch die fernen Sender bedingt sind.

Bezüglich der Größenordnung der Störsignale gilt in einem symmetrischen Normalkabel (ohne besondere Schirmungsmaßnahmen):   NEXT >> FEXT >> TN.

Hauptstörquellen bei Fernmelde-Kabeln

Im Festnetz-Normalkabel (symmetrisches „Fernsprech"-Kabel, bestehend aus verdrillten, kunststoffisolierten Kupfer-Doppeladern ohne zusätzliche Schirmung) sind alle drei oben genannten Störsignale vorhanden. Hauptstörquelle bei Duplex-Übertragung ist dann das Nahnebensprechen (NEXT).

Werden in einem symmetrischen „Fernsprech"-Kabel mit Bündel-Verseilung die einzelnen Bündel jeweils metallisch geschirmt, dann wird die gegenseitige Beeinflussung zwischen Leitungen aus verschiedenen Bündeln weitgehend verhindert. Solche Kabel wurden für den Einsatz von PCM-Übertragungssystemen im Ortsnetz entwickelt und während der Entwicklungsphase als „PCM-Kabel" bezeichnet, allerdings nur selten eingesetzt. Werden in einem solchen „PCM-Kabel" in jedem geschirmten Bündel nur Signale mit gleicher Übertragungsrichtung übertragen, dann kann Nahnebensprechen nicht mehr auftreten. Hauptstörquelle ist dann das Fernnebensprechen (FEXT).

In einem Koaxialkabel sind zwei Koaxialleitungen bei hohen Frequenzen (wenn der Skin-Effekt wirksam wird) durch ihre Außenleiter gegeneinander abgeschirmt. Damit wird bei hohen Frequenzen sowohl Nahnebensprechen als auch Fernnebensprechen verhindert. Als einzige Störquelle verbleibt das Wärmerauschen (TN).

Bei Lichtwellenleiter-Kabeln gibt es im optischen Bereich weder Nahnebensprechen noch Fernnebensprechen, als einzige Störquelle verbleibt das Wärmerauschen (TN). Beim Einsatz elektrischer Zwischenregeneratoren kann jedoch im elektrischen Bereich Nebensprechen zwischen den beiden Übertragungsrichtungen des elektrischen Zwischenregenerators auftreten.

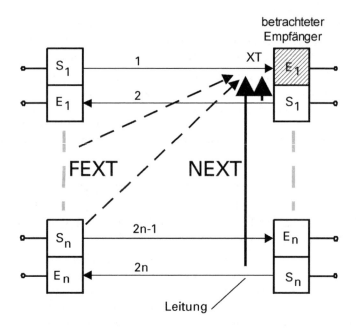

Alle Leitungen 1, 2, ... 2n im selben Kabel geführt !

Bild 11.4: Nahnebensprechen und Fernnebensprechen bei Betrachtung des Empfängers E_1.
S Sender; E Empfänger; XT Cross Talk Nebensprechen;
NEXT Near End Cross Talk, Nahnebensprechen; FEXT Far End Cross Talk, Fernnebensprechen;

11.3 Maximale Regeneratorfeldlänge

Vereinfachende Annahmen

Nachfolgend wird die maximal zulässige Leitungslänge bei elektrischer Digitalsignalübertragung ohne Zwischenregenerator (maximale Regenerator-Feldlänge) berechnet, wenn Nahnebensprechen die überwiegende Störursache ist (NEXT>>FEXT>>TN). Dabei werden folgende Näherungen verwendet, welche die (bei genauer Analyse sehr aufwendige) Berechnung stark vereinfachen:

- Das Leistungsdichtespektrum des Digitalsignals wird durch eine Spektrallinie (also ein Sinussignal) mit gleicher Gesamtleistung bei der Schwerpunktfrequenz f_s des Digitalsignals ersetzt.

- Die frequenzabhängige Leitungsdämpfung wird durch die Betriebs-Leitungsdämpfung bei der Schwerpunktfrequenz f_s des Digitalsignals ersetzt. Der Betriebs-Dämpfungsbelag der Leitung (Dämpfungsbelag gemessen beim tatsächlich vorliegenden Leitungsabschluss) bei der Schwerpunktfrequenz des Digitalsignals sei $\alpha_B(f_s)$. Die Gesamt-Betriebsdämpfung der Leitung mit der Länge l ist dann $a_L(f_s) = \alpha_B(f_s) \cdot l$.

11.3 Maximale Regeneratorfeldlänge

- Als Störsignal wird nur das Nahnebensprechen (NEXT) berücksichtigt. Alle sonstigen Störsignale (FEXT, TN) werden vernachlässigt. Die frequenzabhängige Nahnebensprechdämpfung wird durch die Nahnebensprechdämpfung $a_N(f_s)$ bei der Schwerpunktfrequenz des Digitalsignals ersetzt.

Hinweis:
Die Schwerpunktfrequenz f_s eines Digitalsignals mit dem einseitigen Leistungsdichtespektrum $\Phi(f)$ (wobei $\Phi(f)$ auch diskrete Spektralanteile enthalten kann) wurde in Kapitel 10 (Leitungscodierung) wie folgt definiert:

$$P_{ges} \cdot f_s = \int_0^\infty f \cdot \Phi(f) \cdot df; \quad \text{mit} \quad P_{ges} = \int_0^\infty \Phi(f) \cdot df;$$

Signal-Geräusch-Abstand am Regenerator-Eingang

Die Grundlagen der Pegelrechnung sind im Anhang D dargestellt. Bei einem Duplex-Übertragungssystem mit Sende-Leistungspegel L_S, Leitungs-Betriebsdämpfung $a_L(f_s) = \alpha_B(f_s) \cdot l$ und Nahnebensprech-Dämpfung $a_N(f_s)$ folgt für den Nutzsignal-Leistungspegel L_E und den Störsignal-Leistungspegel L_N am Regenerator-Eingang:

$L_E = L_S - a_L(f_s);$ [dBm];

$L_N = L_S - a_N(f_s);$ [dBm];

Der Signal-Geräusch-Abstand SNR am Regenerator-Eingang ist damit:

$\text{SNR} = L_E - L_N = [L_S - a_L(f_s)] - [L_S - a_N(f_s)] = a_N(f_s) - a_L(f_s);$ [dB];

$$\boxed{\text{SNR} = a_N(f_s) - a_L(f_s); \quad [\text{dB}];}$$

Bei einem Duplex-Übertragungssystem mit überwiegend Nahnebensprechen (NEXT) ist der Signal-Geräusch-Abstand am Regenerator-Eingang (in erster Näherung, eine Mindest-Sendeleistung vorausgesetzt) unabhängig vom Sende-Leistungspegel. Ausschließlich die Eigenschaften der verwendeten Leitung (Nahnebensprechdämpfung a_N, Betriebsdämpfung a_L) bestimmen den Signal-Geräusch-Abstand.

Maximale Regenerator-Feldlänge

Die maximal mögliche Regenerator-Feldlänge l_{max} kann aus dem erforderlichen Mindestwert SNR_{min} des Signal-Geräusch-Abstands am Regenerator-Eingang berechnet werden:

$\text{SNR} = a_N(f_s) - a_L(f_s) = a_N(f_s) - \alpha_B(f_s) \cdot l \geq \text{SNR}_{min};$

$$l_{max} = \frac{a_N(f_s) - \text{SNR}_{min}}{\alpha_B(f_s)};$$

Die maximale Regenerator-Feldlänge l_{max} ist somit nur von den Eigenschaften der verwendeten Leitung (Nahnebensprechdämpfung a_N, Betriebsdämpfungs-Belag α_B) bei der Schwerpunktfrequenz des Digitalsignals und dem notwendigen Mindestwert SNR_{min} am Regenerator-

Eingang abhängig. Unter den vorliegenden, vereinfachenden Voraussetzungen ist die maximale Regenerator-Feldlänge unabhängig vom Sende-Leistungspegel.

Die Sendeleistung wird bei einem Übertragungssystem mit vorwiegend Nahnebensprechen nur so groß gewählt, dass der empfangsseitige Signal-Geräusch-Abstand durch die sonstigen kleineren Störsignale (Fernnebensprechen, thermisches Rauschen) nicht merkbar verschlechtert wird. Eine Erhöhung der Sendeleistung über diesen Mindestwert hinaus würde sowohl die Nutzsignal- als auch die Störsignal-Leistung um den gleichen Faktor erhöhen und somit den Signal-Geräusch-Abstand in dB nicht verändern.

Symmetrische Kabel für lokale Netze

Für die Übertragung von Digitalsignalen mit hoher Übertragungsgeschwindigkeit in lokalen Netzen wurden im letzten Jahrzehnt hochwertige symmetrische Kabel mit verbesserten Symmetrie-Eigenschaften und verbesserter Schirmung (jeweils verglichen mit Fernmelde-Kabeln) entwickelt, diese Kabel werden als Datenkabel bezeichnet.

Bei Datenkabeln wird für eine vereinbarte Nennlänge die frequenzabhängige Differenz von Nahnebensprechdämpfung a_N und Leitungsdämpfung a_L als Attenuation to Crosstalk Ratio (ACR) bezeichnet und vom Kabelhersteller spezifiziert:

$$ACR(f) := a_N(f) - a_L(f); \qquad [dB]; \qquad \text{(bei vereinbarter Leitungslänge)};$$

Durch Schirmung (mit leitender Folie oder leitendem Geflecht) jeder einzelnen Doppelleitung (shielded twisted pair, STP) eines symmetrischen Kabels kann im Vergleich zu ungeschirmten Doppelleitungen (unshielded twisted pair, UTP) das Nebensprechen reduziert (also insbesondere a_N erhöht) und somit der ACR-Wert und damit die Regenerator-Feldlänge erhöht werden.

Durch einen zusätzlichen Schirm (leitendes Geflecht) für das Kabel (Schirmung um alle Doppelleitungen) kann die elektromagnetische Beeinflussung (electromagnetic interference, EMI) der Kabelleitungen durch äußere Störquellen (Energiefluss in das Kabel hinein) sowie die elektromagnetische Beeinflussung von Systemen außerhalb des Kabels (Energiefluss aus dem Kabel heraus) reduziert werden. Man erhält dann S/UTP-Kabel (shielded / unshielded twisted pair; Einzelleitungen ungeschirmt und Kabel geschirmt) bzw. S/STP-Kabel (shielded / shielded twisted pair; Einzelleitungen geschirmt und Kabel geschirmt).

S/STP-Kabeln ergeben maximale Regeneratorfeldlänge und minimale elektromagnetische Beeinflussung.

Beispiel 11.1

Gegeben:
Ein Duplex-Übertragungssystem weist bei der Schwerpunktfrequenz f_s folgende Daten auf:

40 dB	Nahnebensprechdämpfung (NEXT>>FEXT>>TN);
10 dB/km	Betriebs-Dämpfungsbelag der Leitung;
20 dB	Mindestwert des SNR am Empfängereingang;

Gesucht:
Maximal mögliche Regenerator-Feldlänge l_{max} ?

Lösung:
$l_{max} = (40\ dB - 20\ dB) / (10\ dB/km) = 2\ km$;

Die maximale Regeneratorfeldlänge beträgt bei den vorgegebenen Kennwerten von Leitung und Regenerator 2 km. Diese Maximal-Entfernung kann bei den vorliegenden Voraussetzungen durch Erhöhung der Sendeleistung nicht vergrößert werden.

11.4 Übungen

1) Welchen prinzipiellen Vorteil hat die regenerative Digitalsignal-Übertragung gegenüber der Analogsignal-Übertragung?

2) Nennen Sie die Teilaufgaben eines Regenerativverstärkers!
Skizzieren Sie das Blockschaltbild eines Regenerativverstärkers!
Beschreiben Sie kurz die Aufgaben der Teilblöcke!
Beschreiben Sie die Funktion des Entzerrers im Frequenzbereich!

3) Wie entsteht ein Augenmuster? Wozu dient es? Wo sollten bei Abtastentscheidung die Entscheiderschwellen und der Entscheidungszeitpunkt liegen?
Welche Auswirkungen haben Abweichungen hiervon?

4) Erklären Sie Nahnebensprechen und Fernnebensprechen!
Welche Störsignale begrenzen den Regenerativverstärker-Abstand (die Regenerator-Feldlänge) bei der Duplex-Digitalsignalübertragung über
 a) symmetrische Leitungen im Festnetz-Normalkabel,
 b) symmetrische Leitungen im „PCM-Kabel",
 c) koaxiale Leitungen?

5) Die Hauptstörquelle bei einem Digitalsignal-Übertragungssystem sei Nahnebensprechen. Kann die maximale Regenerator-Feldlänge durch Erhöhung der Sendeleistung erhöht werden? Geben Sie hierzu eine rechnerische Begründung!

6) Beschreiben Sie den Aufbau eines S/UTP-Datenkabels bzw. eines S/STP-Datenkabels!
Welcher Kabeltyp ermöglicht (aus welchem Grund?) eine größere Regenerator-Feldlänge?
Von welchen Kabel-Eigenschaften hängt die erreichbare Regenerator-Feldlänge ab?

12 Pulscodemodulation

12.1 Einführung

Bedeutung der Pulscodemodulation

Die Pulscodemodulation (PCM) wurde bereits 1939 von H. A. Reeves erfunden. Zu diesem Zeitpunkt war die Schaltungstechnik für eine wirtschaftliche Realisierung nicht verfügbar. Erst durch die Verfügbarkeit integrierter Halbleiter-Schaltungen ab etwa 1960 wurde die PCM wirtschaftlich realisierbar.

Die PCM ist heute das Standard-Digitalisierungsverfahren der modernen Kommunikationstechnik. Die PCM wird beispielsweise im ISDN (Integrated Services Digital Network) oder bei der CD (Compact Disc) verwendet. Bei komplexen Codierverfahren wird die Pulscodemodulation als Eingangsformat für die nachfolgende Signalverarbeitung verwendet.

Die Grundlagen der Pulscodemodulation sind in [STRU82, BERG86, GERD96, MAEU96] dargestellt, für Informationen zur Technik von realisierten PCM-Systemen wird auf [HEIL92] verwiesen.

Prinzip der Pulscodemodulation

Bei der Pulscodemodulation wird der (real stets begrenzte) Aussteuerbereich eines zu übertragenden Niederfrequenzsignals in endlich viele Intervalle unterteilt. Die Intervalle werden (im Prinzip beliebig) nummeriert. Das Niederfrequenzsignal wird nach Bandbegrenzung durch einen Eingangs-Tiefpass (Antialiasing-Tiefpass) unter Beachtung des Abtasttheorems abgetastet. Anstatt der exakten Abtastwerte (wie dies bei der Pulsamplitudenmodulation PAM erfolgt) werden in codierter Form die Intervallnummern der Intervalle übertragen, in welchen die Abtastwerte liegen. Auf diese Weise wird das Original-Analogsignal mit kleinen Fehlern in ein Digitalsignal (also in eine Zahlenfolge) umgesetzt. Der resultierende erhöhte Bandbreitenbedarf ist ein Nachteil der PCM.

Das Digitalsignal wird über den im allgemeinen gestörten Kanal übertragen. Empfangsseitig können überlagerte Störsignale durch die Signalregeneration bis zu einem gewissen Grad unterdrückt werden. Diese Störunterdrückung ist der wichtigste Vorteil aller digitalen Verfahren, also auch der Pulscodemodulation.

Empfangsseitig wird die Intervallnummer in einen repräsentativen Ausgangswert (beispielsweise den Intervall-Mittelwert oder die Intervall-Untergrenze) umgesetzt. Diese rekonstruierte (und somit etwas ungenaue) Abtastwertfolge wird wie ein PAM-Signal durch einen Interpolations-Tiefpass demoduliert.

Die rekonstruierten Abtastwerte weichen um den Quantisierungsfehler von den wahren Abtastwerten ab. Dies entspricht der Addition einer Fehler-Abtastwertfolge zur wahren Abtastwertfolge. Die additive Fehler-Abtastwertfolge erzeugt am Ausgang des Interpolations-Tiefpasses ein Störsignal ähnlich einem Rauschsignal und wird deshalb als Quantisierungsgeräusch bezeichnet. Das Auftreten des Quantisierungsgeräusches ist ein Nachteil der PCM.

12.1 Einführung

Bild 12.1 zeigt die Zeitfunktionen bei der Umsetzung eines Niederfrequenz-Signals in ein binäres PCM-Signal mit anschließender AMI-Leitungscodierung sowie die Rückgewinnung des rekonstruierten (durch Quantisierungsfehler verfälschten) Niederfrequenz-Signals. Empfangsseitig wird hier bei der Decodierung (Digital-Analog-Umsetzung) die Intervall-Untergrenze ausgegeben.

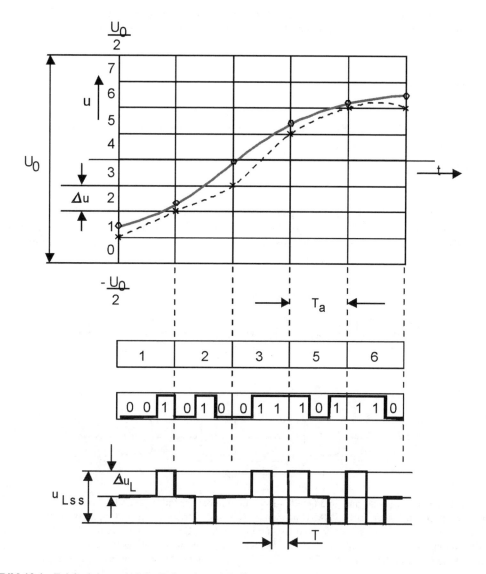

Bild 12.1: Zeitfunktionen bei der Pulscodemodulation.
Analog-Digital-Umsetzung (Dualcode); Digital-Analog-Umsetzung (Ausgabe der Intervall-Untergrenze); AMI-Leitungscodierung;

12.2 Blockschaltbild

12.2.1 Beschreibung des Blockschaltbilds

Quellencodierung

Durch die Quellen-Encodierung wird ein Niederfrequenz-Eingangssignal in ein PCM-Binärsignal umgesetzt. Diese Umsetzung erfolgt in folgenden Schritten (siehe Bild 12.2):
1) Bandbegrenzung,
2) Abtastung,
3) Quantisierung,
4) Codierung.

Die Quellen-Decodierung (Rückgewinnung des rekonstruierten Niederfrequenzsignals) aus dem PCM-Binärsignal erfolgt durch:
1) Decodierung,
2) Interpolation mit sin(x)/x - Korrektur.

Im Blockschaltbild (Bild 12.2) sind Signalverarbeitungsblöcke mit inverser Wirkung untereinander gezeichnet. Sowohl die Eingangs-Bandbegrenzung als auch die Quantisierung sind nicht umkehrbar (und haben somit keinen inversen Block auf der Empfangsseite) und führen zu einem irreversiblen Informationsverlust.

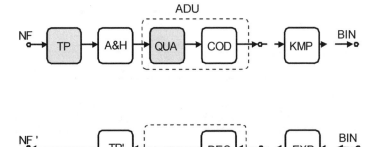

Bild 12.2: Quellen-Encodierung und Quellen-Decodierung bei der Pulscodemodulation.
NF Niederfrequenzsignal; BIN PCM-Binärsignal; NF' rekonstruiertes Niederfrequenzsignal;
TP Bandbegrenzungs-Tiefpass; A&H Abtast- und Halteglied; QUA Quantisierung; COD Codierung;
KMP Kompression; EXP Expansion; DEC Decodierung; TP' Interpolations-Tiefpass;
ADU Analog-Digital-Umsetzung (= QUA + COD); DAU Digital-Analog-Umsetzung (= DEC);

Um die Übertragungsqualität für solche Signale zu erhöhen, die sehr viel häufiger kleine als große Amplitudenwerte aufweisen, kann sendeseitig eine Kompression und empfangsseitig eine Expansion vorgenommen werden. Kompression und Expansion zusammen werden als

12.2 Blockschaltbild

Kompandierung bezeichnet. Die Kompandierung ist eine nichtlineare Methode zur Verbesserung des Signal-Geräusch-Abstands. Die Blöcke Kompression und Expansion können an verschiedenen Stellen des Blockschaltbilds eingefügt werden, da diese Verarbeitungsvorgänge sowohl im Analog-Bereich als auch im Digital-Bereich realisiert werden können. Im Blockschaltbild ist die moderne Realisierung im Digital- Bereich dargestellt.

Kanalcodierung

Bei PCM-Übertragungssystemen für terrestische Telekommunikationsnetze wird auf eine Kanalcodierung verzichtet, da die Schrittfehlerrate des Leitungssignals (und somit resultierend die Bitfehlerrate hinter dem Leitungs-Decoder) durch kurz gewählte Regeneratorabstände ausreichend klein ist.

Leitungscodierung

Das PCM-Binärsignal ist nicht für eine direkte Übertragung über den Übertragungskanal geeignet. Zur Anpassung an die Kanaleigenschaften wird eine Leitungscodierung durchgeführt, siehe Bild 12.3. Die Leitungscodierung besteht aus den beiden Teilblöcken

- Leitungs-Encoder,
- Leitungs-Sender.

Der Leitungs-Encoder nimmt die eigentliche Codeumsetzung vor, der Leitungs-Sender beinhaltet die Impulsformung sowie die Pegel- und Impedanzanpassung an den verwendeten Übertragungskanal.

Empfangsseitig wird die Leitungscodierung durch die Leitungs-Decodierung rückgängig gemacht. Die Leitungsdecodierung besteht aus den beiden Teilblöcken

- Leitungs-Empfänger,
- Leitungs-Decoder.

Der Leitungs-Empfänger beinhaltet die Signalregenerierung des empfangenen Signals und realisiert damit die Störunterdrückung. Der Leitungs-Decoder decodiert vom verwendeten Leitungscode in das PCM-Binärsignal.

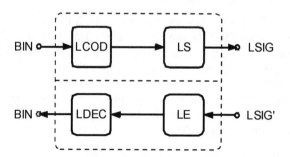

Bild 12.3: Leitungs-Encodierung und Leitungs-Decodierung.
BIN PCM-Binärsignal; LSIG Leitungssignal sendeseitig; LSIG' Leitungssignal empfangsseitig;
LCOD Leitungs-Encoder; LDEC Leitungs-Decoder; LS Leitungssender mit Sendesignal-Formung;
LE Leitungsempfänger mit Empfangssignal-Regenerierung;

12.2.2 Aufgaben der Teilblöcke

Nachfolgend werden die Aufgaben der Teilblöcke eines PCM-Übertragungssystems (ohne Kompandierung) in der Reihenfolge vom Niederfrequenz-Eingang zum Niederfrequenz-Ausgang beschrieben:

Die Bandbegrenzung durch den Eingangs-Tiefpass sichert die Einhaltung des Abtasttheorems bei der nachfolgenden Abtastung (Vermeidung des aliasing-Effekts). Die Abtastung überführt das zeitkontinuierliche, wertkontinuierliche Eingangssignal in ein zeitdiskretes, wertkontinuierliches Abtastsignal.

Die Quantisierung überführt das wertkontinuierliche Abtastsignal am Eingang in ein wertdiskretes Abtastsignal am Ausgang. Der Aussteuerbereich des Eingangssignals wird hierzu in Intervalle aufgeteilt. Es wird festgestellt, in welches Intervall ein Abtastwert fällt. Der „Name des Intervalls" – beispielsweise die Intervallnummer – ist das Ergebnis des Quantisierungsvorgangs.

Durch den Quellen-Encoder wird dem Intervallnamen umkehrbar eindeutig ein Codewort zugeordnet, beispielsweise die dual codierte Intervallnummer. Schaltungstechnisch werden Quantisierung und Codierung im selben Schaltungsblock, dem Analog-Digital-Umsetzer (ADU) durchgeführt.

Durch den Leitungs-Encoder wird das PCM-Binärsignal entweder in ein binäres oder mehrwertiges Leitungssignal umcodiert, welches für die Übertragung über den vorhandenen Übertragungskanal besser geeignet ist als das ursprüngliche PCM-Binärsignal. Fügt man in geeigneter Weise Redundanz hinzu, erhält man ein gleichanteilsfreies Leitungssignal mit hohem Taktinformationsgehalt. Der Ausgangswiderstand des Leitungs-Senders schließt den Übertragungsweg möglichst reflexionsfrei ab (sendeseitige Leitungsanpassung). Das Sendesignal wird mit der gewünschten Sendeleistung in das Übertragungsmedium eingespeist. Durch geeignete Impulsformung wird die Nachbarsymbol-Beeinflussung (Inter Symbol Interferenc, ISI) minimiert. Gleichzeitig wird durch das Tiefpass-Verhalten des Impulsformungsfilters das Leistungsdichtespektrum des Ausgangssignals bei hohen, normierten Frequenzen f/v reduziert und damit das Nebensprechen auf Nachbar-Übertragungssysteme im selben Übertragungsmedium verringert.

Das (im Blockschaltbild nicht dargestellte) Übertragungsmedium (elektrische Leitung, optischer Wellenleiter, Funkkanal) transportiert das Leitungssignal vom Ausgang des Leitungs-Senders zum Eingang des Leitungs-Empfängers.

Der Eingangswiderstand des Leitungs-Empfängers schließt den Übertragungsweg möglichst reflexionsfrei ab (empfangsseitige Leitungsanpassung). Das Empfangssignal wird verstärkt und entzerrt. Der Entzerrer ergänzt den Frequenzgang (Amplitudengang, Phasengang) des Gesamt-Kanals zum erwünschten, optimalen Tiefpass-Übertragungssystem. Anschließend wird der Signaltakt zurück gewonnen. Die nachfolgende Entscheidung (Vergleich mit Signalmustern, Auswahl des ähnlichsten Musters) beseitigt die überlagerten Störsignale. Dabei wird das Signal erneuert (regeneriert). Es folgt die Decodierung des PCM-Leitungssignals in ein PCM-Binärsignal durch den Leitungs-Decoder.

Durch die Quellen-Decodierung wird jedem empfangenen Codewort in eindeutiger Weise ein Ausgangs-Amplitudenwert zugeordnet, beispielsweise die Untergrenze des ursprünglichen Quantisierungs-Intervalls. Durch die Abweichung dieses rekonstruierten Abtastwertes vom ursprünglichen Original-Abtastwert entsteht ein Amplitudenfehler des Ausgangssignals, genannt Quantisierungsfehler. Schaltungstechnisch wird die Quellen-Decodierung durch den Digital-Analog-Umsetzer durchgeführt.

Die Interpolation zwischen den rekonstruierten (wertdiskreten) Abtastwerten durch einen Interpolations-Tiefpass überführt das zeit- und wertdiskrete Ausgangssignal des Digital-Analog-Umsetzers in ein zeit- und wertkontinuierliches Niederfrequenz-Ausgangssignal, welches wegen der Quantisierungsfehler und der eingangsseitigen Bandbegrenzung leicht vom Niederfrequenz-Eingangssignal abweicht..

Wenn die rekonstruierten Abtastwerte sehr schmal gegenüber der Abtastperiodendauer wären, dann wäre die Interpolation durch einen „Idealen Tiefpass" möglich. Real haben die rekonstruierten Abtastwerte jedoch eine endliche Impulsbreite. Dies kann als Vorfilterung einer Dirac-Abtastwertfolge durch einen Spalt-Tiefpass aufgefasst werden, welcher einen $\sin(x)/x$-förmigem Amplitudengang (also ein Tiefpass-Verhalten) aufweist. Dieser $\sin(x)/x$-förmige Amplitudengang des (virtuellen) Spalt-Tiefpasses muss im Niederfrequenz-Nutzband durch einen hierzu inversen Amplitudengang entzerrt werden. Dies bezeichnet man als $\sin(x)/x$-Korrektur.

12.3 Berechnung wichtiger Kenngrößen

Voraussetzungen

Es wird ein PCM-Multiplex-Übertragungssystem mit folgenden Parametern betrachtet:
- Nutzsignal-Aussteuerbereich U_0,
- maximale Nutzsignal-Frequenz f_{max},
- Abtastfrequenz f_a,
- gleichmäßige Quantisierung,
- z-stellige, b-wertige PCM-Codeworte,
- Multiplexfaktor m.

Abtastung

Grundlage aller Pulsmodulationsverfahren ist das Abtasttheorem:
Ein Signal mit der Maximalfrequenz f_{max} ist durch $f_a > 2 \cdot f_{max}$ gleichabständige Abtastwerte je Zeiteinheit eindeutig bestimmt.

$f_a > 2 \cdot f_{max}$;

Zur Vereinfachung der nachfolgenden Formeln wird mit der eigentlich ungültigen Beziehung $f_{a,min} = 2 \cdot f_{max}$ gerechnet. Der Wert $2 \cdot f_{max}$ ist die größte untere Schranke der zulässigen Abtastfrequenzen und nicht der zulässige Mindestwert. Nachfolgend wird dieser (nicht wesentliche) Unterschied vernachlässigt.

Quantisierung und Codierung

Bei jedem realen PCM-System wird in binäre Codeworte (Werteanzahl b = 2) codiert. Bei z Bit pro Abtastwert ist dann die Anzahl der Quantisierungsintervalle:

$$s = 2^z \ ;$$

Bei gleichmäßiger Quantisierung sind alle Quantisierungsintervalle gleich groß. Die Quantisierungsintervallbreite ist dann:

$$\Delta u = \frac{U_0}{s} \ ;$$

Alle Spannungswerte innerhalb der Quantisierungsintervallbreite Δu werden durch die Quantisierung auf einen repräsentativen Wert (beispielsweise: Intervall-Mittelwert, Intervall-Untergrenze) des Intervalls abgebildet. Diese Abbildung ist nicht umkehrbar und somit mit einem Informationsverlust verbunden. Die endliche Quantisierungsintervallbreite verursacht das Quantisierungsgeräusch.

Multiplexvorgang, Schrittgeschwindigkeit, Übertragungsgeschwindigkeit

Bild 12.4 zeigt den Pulsrahmen eines m-Kanal-PCM-Übertragungssystems. Beim Multiplexfaktor m müssen in der Abtastperiodendauer T_a genau m Codeworte mit jeweils genau z Schritten untergebracht werden. Die Schrittdauer T bzw. die Schrittgeschwindigkeit v = 1/T des PCM-Multiplex-Binärsignals sind somit:

$$T = T_a /(m \cdot z) \ ;$$

$$v_{bin} = m \cdot z \cdot f_a; \qquad [bd];$$

Bei einem Binärsignal hat die Übertragungsgeschwindigkeit wegen EF = v · ld(b) = v · ld(2) = v den selben Zahlenwert wie die Schrittgeschwindigkeit. Die unterschiedlichen Einheiten beider Größen sind jedoch zu beachten.

$$EF = m \cdot z \cdot f_a; \qquad [bit/s];$$

Leitungscodierung

Nach der Quellencodierung liegt ein Binärsignal vor. Falls erforderlich, folgt dann die Kanalcodierung. Bei PCM-Übertragungssystemen in der Telekommunikationstechnik wird darauf verzichtet. Es folgt unmittelbar die Leitungscodierung zur Anpassung an das vorliegende Übertragungsmedium.

Das binäre PCM-Multiplexsignal wird unter Verwendung eines b_L-wertigen Leitungscodes in ein Leitungssignal mit der Stufenhöhe Δu_L codiert, so dass sich resultierend ein Leitungssignal mit dem Signalhub u_{Lss} ergibt.

$$u_{Lss} = (b_L - 1) \cdot \Delta u_L;$$

12.3 Berechnung wichtiger Kenngrößen

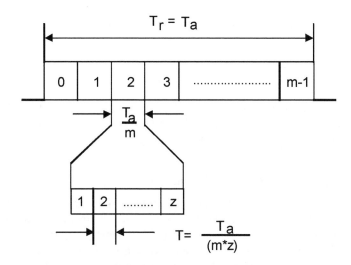

Bild 12.4: Pulsrahmen eines m-Kanal-PCM-Übertragungssystems.
m Kanalanzahl; z Anzahl der bit pro Abtastwert; T_a Abtastperiodendauer; T_r Rahmendauer;

Bandbreitendehnfaktor der Leitungscodierung

Der Bandbreitendehnfaktor Θ_L eines Leitungscodes (Kapitel 10) gibt an, um welchen Faktor die Nyquist-Bandbreite des Leitungssignals größer ist als die Nyquist-Bandbreite des binären Eingangssignals, somit ist er durch das Verhältnis der zugehörigen Schrittgeschwindigkeiten gegeben:

$$\Theta_L := \frac{v_L}{v_{bin}} ;$$

Bei Verwendung vielstufiger Leitungscodes kann $\Theta_L < 1$ sein. Bei elektrischen und optischen Basisband-Übertragungssystemen ist meist $\Theta_L \geq 1$. Die resultierende Schrittgeschwindigkeit des Leitungssignals ist:

$v_L = \Theta_L \cdot v_{bin}$;

Die erforderliche Kanalbandbreite eines cos-roll-off-Tiefpasskanals mit dem roll-off-Faktor r (für r = 0 ergibt sich ein idealer Tiefpass, für r = 1 ein $\cos^2$-Tiefpass) ist dann:

$$f_K = \frac{v_L}{2} \cdot (1+r) = \frac{v_{bin}}{2} \cdot \Theta_L \cdot (1+r) = \frac{m \cdot z \cdot f_a}{2} \cdot \Theta_L \cdot (1+r) ;$$

Störfestigkeit des Leitungssignals

Bei Abtast-Entscheidung am Ausgang des Übertragungskanals ist bei b-wertigen Leitungssignalen die maximal zulässige Störspannung am Entscheidereingang (Kapitel 2)

$$|u_n|_{max} = \frac{\Delta u_L}{2} = \frac{u_{L,ss}}{2 \cdot (b-1)} ;$$

Daraus folgt die auf den Signalhub $u_{L,ss}$ bezogene Störfestigkeit γ zu

$$\gamma = \frac{|u_n|_{max}}{u_{L,ss}} = \frac{1}{2 \cdot (b-1)};$$

Alle Störsignale $u_n(t)$ mit kleineren Scheitelwerten als $|u_n|_{max}$ werden vollständig unterdrückt. Diese Störunterdrückung ist der wesentliche Vorteil aller digitalen Verfahren (in der Übertragungstechnik, Vermittlungstechnik, Signalverarbeitung) gegenüber allen analogen Verfahren.

Bandbreitendehnfaktor der Pulscodemodulation

Der Bandbreitendehnfaktor (oder Bandbreitenerhöhungsfaktor) Θ eines Modulationsverfahrens ist definiert als Quotient von tatsächlich benötigter Übertragungskanal-Bandbreite und Übertragungskanal-Bandbreite bei Einseitenband-AM-Übertragung (welches als Referenz-Modulationsverfahren ohne Bandbreitendehnung benutzt wird). Die Übertragungskanal-Bandbreite bei Einseitenband-AM ist gleich der Summen-Bandbreite der transportierten Niederfrequenz-Signale.

$$\Theta := \frac{f_{K,benötigt}}{f_{K,SSB-AM}} = \frac{f_K}{m \cdot f_{max}};$$

Für ein PCM-Multiplex-Übertragungssystem mit z-stelligen Codeworten ergibt sich mit obigen Ergebnissen folgender Wert:

$$\Theta_{PCM} = \frac{f_{k,PCM}}{(m \cdot f_{max})} = \frac{m \cdot z \cdot f_a}{2 \cdot (m \cdot f_{max})} \cdot \Theta_L \cdot (1+r) = z \cdot (\frac{f_a}{2 \cdot f_{max}}) \cdot \Theta_L \cdot (1+r);$$

Bei einem PCM-Übertragungssystem mit der Mindest-Abtastfrequenz ($f_a = 2 \cdot f_{max}$), einem Idealen Tiefpass-Übertragungskanal ($r = 0$) und einem Leitungscode ohne Bandbreitendehnung ($\Theta_L = 1$) ergibt sich:

$$\Theta_{PCM,min} = z;$$

Bei PCM mit z-stelligen Codeworten ist (bei Verwendung von Leitungscodes ohne Bandbreitendehnung) die erforderliche Kanalbandbreite um mindestens den Faktor z höher als bei Einseitenband-Amplitudenmodulation (SSB-AM). Dieser hohe Bandbreitenbedarf ist ein Nachteil der PCM.

Realer Bandbreitendehnfaktor der Pulscodemodulation

Der reale Bandbreitendehnfaktor eines m-Kanal-PCM-Übertragungssystems ist der Quotient aus tatsächlich benötigter Übertragungskanal-Bandbreite (unter Berücksichtigung der realen Randbedingungen) und Mindest-Übertragungskanal-Bandbreite bei Einseitenband-AM-Übertragung der $m_N < m$ Nutzkanäle.

$$\Theta_{PCM,real} = \frac{f_{K,PCM}}{m_N \cdot f_{max}};$$

$$\Theta_{PCM,real} = \frac{f_{K,PCM}}{m_N \cdot f_{max}} = \frac{f_{K,PCM}}{m \cdot f_{max}} \cdot \frac{m}{m_N} = z \cdot \frac{m}{m_N} \cdot \frac{f_a}{2 \cdot f_{max}} \cdot \Theta_L \cdot (1+r);$$

$$\frac{\Theta_{PCM,real}}{\Theta_{PCM,min}} = \frac{m}{m_N} \cdot \frac{f_a}{2 \cdot f_{max}} \cdot \Theta_L \cdot (1+r);$$

Wegen $m > m_N$, $f_a > 2 \cdot f_{max}$, $\Theta_L \geq 1$ (bei den üblichen Basisband-Übertragungscodes für elektrische oder optische Übertragungssysteme) und roll-off-Faktor $r \geq 0$ ist bei jedem realen PCM-Multiplex-Übertragungssystem stets

$\Theta_{PCM,real} > \Theta_{PCM,min} = z$.

Der reale Bandbreitendehnfaktor ist meist wesentlich größer als die Stellenanzahl z der PCM-Codeworte. Lediglich bei Verwendung vielstufiger Leitungscodes wird der Bandbreitendehnfaktor kleiner als die Anzahl z der Bit pro Abtastwert. Beispiele hierfür sind Modulationsverfahren mit Vielfach-Phasenumtastung bei Digital-Richtfunksystemen und vielwertige Leitungssignale bei xDSL-Zugangssystemen.

12.4 sin(x)/x-Korrektur

In der Theorie der Pulsmodulationsverfahren wird mit Dirac-Abtastfolgen gerechnet. Dies ergibt einfache Gleichungen, entspricht aber nicht der technischen Realisierung. In realen PCM-Systemen werden Treppenspannungs-Abtastfolgen als Ausgangssignale verwendet. Eine Treppenspannung kann als Folge von unmittelbar aneinander grenzenden Rechteck-Impulsen aufgefasst werden. Die Ersetzung der Dirac-Impulse durch Rechteck-Impulse entspricht einer Tiefpassfilterung des Nutzsignals mit einem (sin(x)/x)-förmigen Amplitudengang (Spalt-Tiefpass). Durch ein Korrekturfilter kann die Wirkung des Spalt-Tiefpasses im Nutzfrequenzbereich kompensiert (entzerrt) werden. Dies wird als (sin(x)/x)-Korrektur bezeichnet.

Nachfolgend werden folgende Bezeichnungen und Normierungen verwendet:

f	Nutzsignal-Frequenz;
f_{max}	maximale Nutzsignal-Frequenz;
f_a	Abtastfrequenz;
$T_a = 1/f_a$	Abtastperiodendauer;
$F := f/f_a$	normierte Nutzsignal-Frequenz;
$F_{max} := f_{max}/f_a$	maximale normierte Nutzsignal-Frequenz ($F_{max} < 0.5$);

Die Verwendung folgender Hilfsfunktionen (siehe Anhang A) ermöglicht eine kürzere, leichter merkbare Formulierung der nachfolgenden Ergebnisse.

si(x) = $\quad$ sin(x)/x;

sinc(x) = $\quad$ si($\pi \cdot$ x) = $\quad$ sin($\pi \cdot$ x)/($\pi \cdot$ x);

rect(x) = $\quad$ 1; $\qquad$ für abs(x) < 0.5;
$\qquad\quad\;$ 0.5; $\quad\;\,$ für abs(x) = 0.5;
$\qquad\quad\;$ 0; $\qquad\;\,$ sonst;

Die komplexen Frequenzgänge der nachfolgend behandelten Tiefpass-Übertragungssysteme sind als relle und gerade Funktionen definiert und haben damit nach den Gesetzen der Fouriertransformation (siehe Anhang A) eine reelle und gerade Impulsantwort. Bei reellem Frequenzgang sind auch Phasenlaufzeit und Gruppenlaufzeit identisch gleich null.

Idealer Tiefpass und Spalt-Tiefpass

Ein idealer Tiefpass ist definiert durch:

$$\underline{H_i}(f) := \text{rect}\left(\frac{f}{2 \cdot f_g}\right);$$

Für |f| > f_g ist der Übertragungsfaktor identisch gleich 0. Beim idealen Tiefpass kennzeichnet die Grenzfrequenz f_g die Lage der unendlich steilen Filterflanke (der Übergangsbereich zwischen Durchlass- und Sperrbereich ist hier 0). Die Durchgangsdämpfung im Durchlassbereich ist 0, die Sperrdämpfung im Sperrbereich ist unendlich hoch.

Ein Spalt-Tiefpass ist definiert durch:

$$\underline{H_s}(f) := \text{sinc}\left(\frac{f}{2 \cdot f_g}\right);$$

Beim Spalt-Tiefpass hat der Amplitudengang erstmals bei |f| = $2 \cdot f_g$ den Wert 0. Bei der Grenzfrequenz f_g hat der Übertragungsfaktor den Wert $H_s(f_g)$ = sinc(0.5) = sin(0.5 $\cdot \pi$) / (0.5 $\cdot \pi$) = 2 / π = 0.637. Die Durchgangs-Verstärkung bei der Grenzfrequenz f_g ist beim Spalt-Tiefpass somit 20 $\cdot$ log(0.637) = -3.9 dB $\approx$ -4 db (die Durchgangs-Dämpfung ist also +3.9 dB $\approx$ +4 dB).

Dirac-Abtastfolge

Nach dem Abtasttheorem ($f_a > 2 \cdot f_{max}$) kann eine auf die Maximalfrequenz f_{max} bandbegrenzte, kontinuierliche Zeitfunktion u(t) aus Ihrer zeitdiskreten Abtastwert-Folge fehlerfrei rekonstruiert werden. Dazu muss ein Idealer Tiefpass mit der Grenzfrequenz $f_g = f_a/2$ mit der Dirac-Abtastfolge $u_{ab}(t)$ angeregt werden:

12.4 sin(x)/x-Korrektur

$$u_{ab}(t) = \sum_{k=-\infty}^{k=+\infty} [T_a \cdot u(k \cdot T_a)] \cdot \delta(t - k \cdot T_a) \}$$

Diese Dirac-Abtastfolge erzeugt am Ausgang eines Idealen Tiefpasses mit der Grenzfrequenz $f_g = f_a/2$ exakt die Original-Zeitfunktion u(t). Der Diracimpuls zum Zeitpunkt $(k \cdot T_a)$ muss hierzu die Impulsfläche (das Impulsmoment) $[T_a \cdot u(k \cdot T_a)]$ haben. Setzt man in $\underline{Hi}$(f) die erforderliche Grenzfrequenz $f_g = f_a/2$ ein, ergibt sich für den komplexen Frequenzgang des Idealen Interpolations-Tiefpasses $\underline{Hi}$(f)= rect(f/f$_a$). Der zugehörige komplexe Frequenzgang in Abhängigkeit von der normierten Nutzsignal-Frequenz f = f/f$_a$ wird nachfolgend mit $\underline{HI}$(F) bezeichnet und lautet:

$\underline{HI}(F) = \text{rect}(F);$ mit $F = f / f_a;$

Treppenspannungs-Abtastfolge

Real werden die Dirac-Impulse mit dem Impulsmoment (der Impulsfläche) $[T_a \cdot u(k \cdot T_a)]$ durch flächengleiche Rechteck-Impulse mit Amplitude $u(k \cdot T_a)$ und Breite T_a ersetzt. Diese Ersetzung der Dirac-Impulse durch flächengleiche Rechteck-Impulse der Breite T_a entspricht im Frequenzbereich einer Filterung mit einem Spalt-Tiefpass mit $2 \cdot f_g = f_a$ (erste Nullstelle des Amplitudengangs liegt bei f_a) und somit der Grenzfrequenz $f_g = f_a/2$. Setzt man in $\underline{Hs}$(f) diese Grenzfrequenz $f_g = f_a/2$ ein, ergibt sich für den komplexen Frequenzgang des (virtuellen) Spalt-Tiefpasses $\underline{Hs}$(f)= sinc(f/f$_a$). Der zugehörige komplexe Frequenzgang in Abhängigkeit von der normierten Nutzsignal-Frequenz F = f/f$_a$ wird nachfolgend mit $\underline{HS}$(F) bezeichnet und lautet:

$HS(F) = \text{sinc}(F);$ mit $F = f / fa;$

Entzerrer-Filter bei Treppenspannungs-Abtastfolge

Der bei einer Treppenspannungs-Abtastfolge wirksame komplexe Frequenzgang $\underline{HS}$(F) des virtuellen Spalt-Tiefpasses muss im Nutzband $|F| \leq F_{max} < 0.5$ durch ein zusätzliches Entzerrer-Filter $\underline{HE}$(F) kompensiert werden. Verzerrungsfreie Übertragung ergibt sich dann, wenn der Gesamt-Frequenzgang Hges(F) im Nutzband identisch gleich 1 ist. Aus dieser Bedingung kann der komplexe Frequenzgang HE(F) des Entzerrer-Filters berechnet werden:

Hges(F) = HS(F) · HE(F) = 1; für $|F| \leq F_{max} < 0.50;$ mit $F = f/f_a;$
= 0; sonst;

$$\underline{HE}(F) = \frac{1}{\underline{HS}(F)} = \frac{1}{\text{sinc}(F)}; \quad \text{für} \quad |F| \leq F_{max} < 0.50;$$
$$= 0; \quad \text{sonst;}$$

Diese Entzerrung bezeichnet man als **sin(x)/x-Korrektur**. Der Entzerrer-Frequenzgang $\underline{HE}$(F) wird bei PCM-Übertragungssystemen beim Interpolationstiefpass mit berücksichtigt. Statt eines Idealen Ausgangs-Tiefpasses wird ein Ausgangs-Tiefpass mit Amplitudengang 1/sinc(F) (mit $F = f / f_a$) eingesetzt.

Bild 12.5 zeigt den einseitigen Amplitudengang eines Interpolationsfilters mit sin(x)/x-Korrektur für Treppenspannungs-Abtastfolgen. Im Extremfall $f_{max} = f_a/2$ (also $F_{max} = 0.5$) ergibt sich eine Durchgangs-Verstärkung von $\pi/2 = 1.57$, dies entspricht einer Verstärkung von $+3.9$ dB $\approx +4$ dB.

Bei jedem realen Abtastsystem ist $F_{max} < 0.5$ (beispielsweise 3.4 kHz/8 kHz = 0.425 bei Fernsprech-PCM-Übertragungssystemen), so dass beim Entwurf eines realen Korrekturfilters der normierte Frequenzbereich $[F_{max}, 0.5]$ für den Übergangsbereich des Korrekturfilters verwendet werden kann.

Zusammenfassung

Wird eine Dirac-Impulsfolge bei der Schaltungs-Realisierung durch eine flächengleiche Rechteck-Impulsfolge ersetzt, muss ein Korrekturfilter eingesetzt werden. Direkt aufeinander folgende Rechteck-Impulse (ohne Zeitlücken dazwischen) ergeben eine treppenförmige Zeitfunktion. Der erforderliche Entzerrer-Frequenzgang bei der Ersetzung einer Dirac-Impulsfolge mit der Schrittdauer T_a durch eine treppenförmige Zeitfunktion ist $[1/\mathrm{sinc}(F)]$ mit $F = f / f_a$. Diese Entzerrung wird als sin(x)/x-Korrektur bezeichnet.

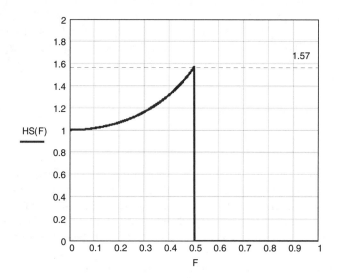

Bild 12.5: Idealer Interpolations-Tiefpass mit sin(x)/x-Korrektur.
f Nutzsignal-Frequenz; f_{max} maximale Nutzsignal-Frequenz; f_a Abtastfrequenz;
$F = f/f_a$ normierte Nutzsignal-Frequenz; $F_{max} = f_{max}/f_a$ maximale normierte Nutzsignal-Frequenz;

12.5 Übertragungssystem PCM 30

Das Übertragungssystem PCM 30 ist ein international standardisiertes PCM-Multiplex-Übertragungssystem für 30 Nutzkanäle und 2 Hilfskanäle. Die Entwicklung erfolgte ursprünglich für den Einsatz in analoger Umgebung. Heute wird das Übertragungssystem PCM 30 aus-

12.5 Übertragungssystem PCM 30

schließlich in digitaler Umgebung eingesetzt, einige ursprünglich notwendige Teilblöcke entfallen dann. Nur das vereinfachte Übertragungssystem für digitale Umgebung wird nachfolgend beschrieben. Für eine weitergehende Einarbeitung in die Technik von PCM-Übertragungssystemen und die Multiplextechnik für Digitalsignale (Plesiochrone Digitale Hierarchie PDH, Synchrone Digitale Hierarchie SDH) sowie die zugehörige Messtechnik wird auf [HEIL92] verwiesen.

Blockschaltbild

Bild 12.6 zeigt das Blockschaltbild des 4-Draht-Vollduplex-Übertragungssystem PCM 30 für digitale Umgebung, bestehend aus zwei Leitungs-Endgeräten (LE) und Zwischenregeneratoren (ZWR). Die Zwischenregenerator-Anzahl (0, 1, 2,...) ist abhängig von der Entfernung zwischen den Leitungs-Endgeräten und dem vorliegenden Kabeltyp.

Im Blockschaltbild besteht jeder Duplex-Übertragungsblock aus zwei Teilblöcken mit entgegengesetzter Übertragungsrichtung. Beispielsweise besteht jeder Zwischenregenerator-Block aus zwei Zwischenregenerator-Teilblöcken für die Übertragungsrichtungen AB und BA. Jede Linie im Blockschaltbild stellt eine symmetrische Zweidrahtleitung dar.

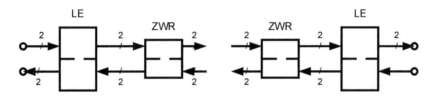

Bild 12.6: Blockschaltbild eines PCM 30-Übertragungssystems.
LE Leitungs-Endgerät (Duplex-Betrieb); ZWR Zwischenregenerator (Duplex-Betrieb);

Systemparameter

Die Pulscodemodulation und Multiplexbildung erfolgen mit den Parametern

f_a = 8 kHz Abtastfrequenz,   z = 8 bit/Abtastwert,   m = 32 Zeitkanäle.

Damit ist die Übertragungsgeschwindigkeit (der Entscheidungsfluss) des Binär-Multiplexsignals:

EF = m · z · f_a · ld(2) = 32 · 8 · 8000 · ld(2) [1/s] = 2.048 Mbit/s;

Um einen möglichst aussteuerungsunabhängigen Signal-Quantisierungsgeräusch-Abstand zu erhalten, wird eine Kompandierung vorgenommen. Das in Europa verwendete „A-law" ist eine 13-Segment-Codierungskennlinie [BERG86, HEIL92]. Der Quantisierungsgeräusch-Abstand kann dadurch bei geringer Aussteuerung im Vergleich zu einer gleichmäßigen Quantisierung um etwa 25 dB verbessert werden.

In den USA und in Asien werden (abweichend vom europäischen Standard) 24-Kanal-PCM-Übertragungssysteme mit 1.544 Mbit/s Übertragungsgeschwindigkeit und „µ-law"-Kompandierung als Basis-Übertragungssysteme verwendet. Im interkontinentalen Fernsprechverkehr ist deshalb an den Übergabe-Schnittstellen eine A-law/µ-law-Umrechnung erforderlich.

Pulsrahmen

Bild 12.7 zeigt den Pulsrahmen des PCM30-Übertragungssystems [HEIL92]. Die Rahmendauer ist gleich der einfachen Abtastperiodendauer $T_r = T_a = 1/f_a = 1/(8000\,\text{Hz}) = 125\,\mu\text{s}$. Die Rahmendauer ist in 32 Zeitabschnitte (auch Zeitlagen oder Zeitkanäle genannt) unterteilt. Jeder Zeitabschnitt enthält ein 8-bit-Codewort.

Die Zeitlagen 1 mit 15 und 17 mit 31 sind den 30 Nutzkanälen zugeordnet. Die Zeitlage 0 wird für die Rahmensynchronisierung und Meldewortübertragung verwendet. Die Zeitlage 16 wird für die Übertragung der Signalisierungsinformation (vermittlungstechnische Informationen) zwischen den angrenzenden Teilsystemen benutzt.

Die Zeitlage 0 enthält in ungeraden Rahmen das Rahmenkennungswort X001 1011 und in geraden Rahmen das Rahmenmeldewort X1DN YYYY. Dabei bedeutet:

X Reserviertes Bit für internationale Verwendung;
Y Reserviertes Bit für nationale Verwendung;
D Meldebit für dringenden Alarm (A-Alarm);
N Meldebit für nicht dringenden Alarm (B-Alarm);

Ein dringender Alarm wird bei groben Fehlerbedingungen (beispielsweise Bitfehlerrate größer als 10^{-3}, Ausfall der Rahmensynchronisierung in Empfangsrichtung, Ausfall von Teilsystemen) gemeldet. Ein nicht dringender Alarm wird gemeldet, wenn die Bitfehlerrate über einen einstellbaren Schwellwert (beispielsweise 10^{-6}) ansteigt.

Das Rahmenkennungswort wird für die Rahmensynchronisierung benötigt. Hierfür werden also lediglich $7\,\text{bit} / (32 \cdot 8 \cdot 2\,\text{bit}) = 1.4\%$ der gesamten Übertragungskapazität des Übertragungssystems verwendet. Zur Rahmensynchronisierung wird (nach vorher erfolgter Bitsynchronisierung) das Rahmenkennungswort gesucht. Nach erstmaliger Erkennung des Rahmenkennungsworts wird geprüft, ob dieses mehrfach (beispielsweise zwei- bis dreimal) hintereinander an der richtigen Rahmenposition auftritt. Ist dies der Fall, wird dies als Rahmensynchronismus gewertet. Erst dann werden die Nutzkanäle des Pulsrahmens ausgewertet.

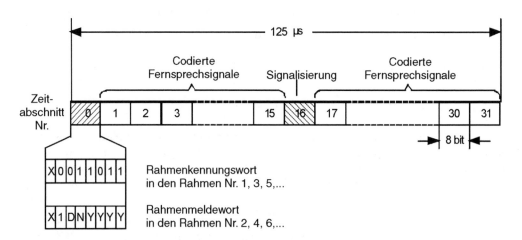

Bild 12.7: Pulsrahmen des PCM30-Übertragungssystems.
Abkürzungen D, N, X, Y siehe Text.

12.5 Übertragungssystem PCM 30

Leitungs-Endgerät

Das Leitungs-Endgerät (LE) realisiert die Leitungscodierung und die Fernspeisung der Zwischenregeneratoren. Die wesentlichen Teilaufgaben sind für die

Senderichtung: Verwürflung (durch Scrambler),
Leitungs-Encodierung (Codeumsetzung BIN / HDB3),
Leitungssender (Impulsformung, Pegel- und Impedanzanpassung).

Empfangsrichtung: Leitungsempfänger
(Pegel- und Impedanzanpassung, Signalregeneration)
Leitungs-Decodierung (Codeumsetzung HDB3 / BIN),
Entwürflung (durch Descrambler).

Die Begründung für den Einsatz eines sendeseitigen Scramblers und eines empfangsseitigen Descramblers und deren prinzipielle Funktionsweise wurden bereits in Kapitel 10.2 behandelt. Aufbau und Funktion eines Regenerators wurden in Kapitel 11 beschrieben.

Die Sendeleistung des PCM 30-Übertragungssystems beträgt nach Hersteller-Angaben maximal 22 mW bei elektrischer Übertragungstechnik, also rund 0.7 mW je Digitalkanal. Die maximale Sendeleistung ergibt sich beim HDB3-Leitungscode für das Binärsignal „Dauer-1". Unterstellt man sin-Impulsform und einen Arbeitswiderstand von 120 Ohm, so ergibt sich eine Amplitude der Sinusspannung von rund 2.5 V.

P_{max} = 22 mW; $u_{max}= \sqrt{(2 \cdot P_{max} \cdot R)}$ = ca. 2.5 V;

Die zulässige Regeneratorfeld-Dämpfung bei der Nyquist-Frequenz f = v/2 ist maximal etwa

a(f = v/2= 1.024 MHz) = 40 dB;

Dies ermöglicht abhängig vom verwendeten Kabel eine Regeneratorfeldlänge von etwa 2 km bis 5 km. Bei Dauer-1 (bei HDB3-Leitungscode und Sinus-Halbschwingungsimpulsen ergibt sich dann als Leitungssignal ein 1.024 MHz-Sinussignal) ist die Impulsamplitude des Nutzsignals am Eingang eines Zwischenregenerators oder Leitungsendgeräts dann rund (2.5 V / 100) = 25 mV.

Bedeutung der 2 Mbit/s-Schnittstelle

Das 2.048 Mbit/s-Digitalsignal ist das Basis-Multiplexsignal der digitalen Übertragungs- und Multiplextechnik. Die 2.048 Mbit/s-Schnittstelle wird als universelle Schnittstelle verwendet zwischen

- Digital-Nebenstellenanlagen und Digital-Ortsvermittlungen
  (ISDN-Primärmultiplex-Anschluss),
- Zugangs-Multiplexsystemen (Access Systems) und Digital-Ortsvermittlungen,
- Digital-Vermittlungen und SDH-Übertragungssystemen,
- SDH-Übertragungssystemen verschiedener Netzbetreiber.

12.6 Vorteile und Nachteile der PCM

Die digitale Pulscodemodulation hat gegenüber analogen Modulations- und Übertragungsverfahren folgende Vorteile und Nachteile:

Vorteile

1) Die Pulscodemodulation ist ein störunterdrückendes Verfahren.
   Es tritt keine Störsignalakkumulation bei der Signalübertragung auf.
2) Für die Signalverarbeitung ist hoch integrierbare digitale Schaltungstechnik einsetzbar
   (beispielsweise zur Codierung, Kanaltrennung, Vermittlung, Filterung).
3) Digitale Vermittlungseinrichtungen sind besonders wirtschaftlich
   (extrem geringer Raumbedarf verglichen mit Analog-Vermittlungseinrichtungen).
4) In einem durchgehend digitalen Netz ist die Durchgangsdämpfung zwischen den Analog-Schnittstellen konstant. Es treten keine Dämpfungs-Unterschiede bei verschiedenen Verbindungsarten (Ortsverbindung, Fernverbindung) auf.
5) Die Datenübertragung über PCM-Kanäle ist schnell (64 kbit/s pro PCM-Kanal gegenüber maximal 9.6 kbit/s im Fernsprech-Analogkanal des früheren Analog-Fernsprechnetzes) und besonders einfach (kein Modulations- bzw. Demodulations-Vorgang notwendig).

Nachteile

1) Die PCM erfordert höhere Bandbreite der Übertragungsmedien
   (beispielsweise bei z-Bit-Codeworten und HDB3-Leitungscodierung die z-fache Bandbreite gegenüber Niederfrequenz- bzw. Einseitenband-AM-Übertragung).
2) Bei PCM ergibt sich durch die Amplitudenquantisierung (auch bei Abwesenheit sonstiger Störsignale) ein Störeffekt, das Quantisierungsgeräusch.

Die Nachteile 1, 2 können gegeneinander ausgetauscht werden. Bei genauerer Codierung nehmen die Quantisierungs-Verzerrungen ab und die erforderliche Bandbreite nimmt zu.

Der Nachteil 1 kommt nicht voll zur Wirkung, weil bei digitaler Übertragungstechnik (wegen der Störunterdrückung, siehe Vorteil 1) elektrische Leitungen breitbandiger genutzt werden können als bei analoger Übertragungstechnik. Das zwischen benachbarten Leitungen mit ansteigender Frequenz ansteigende Nebensprech-Störsignal wird durch die Störunterdrückung bei der Signalregeneration vollständig beseitigt. Bei analoger Übertragungstechnik könnten die selben Leitungen nicht so breitbandig genutzt werden, weil die Nebensprech-Störsignale dort nicht unterdrückt werden können und hörbares Nebensprechen erzeugen würden.

12.7 Übungen

Aufgabe 12.1

Gegeben:
PCM-Multiplex-Übertragungssystem mit folgenden Parametern:

10 Kanäle (hiervon 8 Nutzkanäle), Ideale Eingangstiefpässe mit 6 kHz Grenzfrequenz, Rahmendauer 50 µs, gleichmäßige Quantisierung mit Quantisierungsintervall-Breite 2 mV, Codierung mit 10 Bit/Abtastwert.

CMI-Leitungssignal mit Rechteck-Impulsform, 1V Stufenhöhe;

Übertragungskanal (aus Sendefilter, Übertragungsmedium und Empfangsfilter):
Cos-Roll-Off-Tiefpass-Kanal mit r = 1, Abtastentscheider, additives Störsignal am Abtastentscheider-Eingang mit Scheitelfaktor 3;

Hinweis: Der Übertragungskanal besteht aus Sendefilter, Übertragungsmedium und Empfangsfilter. Das Sendefilter beinhaltet die sendeseitige Impulsformung (Dirac- in Rechteck-Impulse) und die Ankopplung an das Übertragungmedium (Sendeübertrager), das Empfangsfilter die empfangsseitige Ankopplung an des Übertragungsmedium (Empfangsübertrager) und das Entzerrerfilter. Das Entzerrerfilter ist so dimensioniert, dass sich als resultierender Frequenzgang des Übertragungskanals ein cos-roll-off-Tiefpass ergibt, siehe Aufgabenstellung!

Gesucht:

1) NF-Eingangs-Spannungspegel in dBV bei SIN-Vollaussteuerung;
2) Schrittgeschwindigkeit des Binär-Multiplexsignals;
3) Erforderliche Mindest-Kanalbandbreite für das Leitungssignal;
4) Realer Bandbreitendehnfaktor;
5) Effektivwert des Leitungsencoder-Ausgangssignals;
6) Mindestwert des Signal-Geräusch-Abstand in dB am Abtastentscheider-Eingang für fehlerfreie Entscheidung (für die Berechnung kann Rechteck-Impulsform am Abtastentscheider-Eingang angenommen werden).

Ergebnisse:

1) $L_u / dBV = 20 \cdot \log(0.724\ V/1\ V) = -2.81$;

2) $v_{bin} = 10 \cdot 10 \cdot 20 \cdot 10^3 \cdot s^{-1} = 2$ Mbd;

3) $f_k = (v_{cmi} / 2) \cdot (1+1) = 4$ MHz; (mit $v_{cmi} = 2 \cdot v_{bin}$);

4) $\Theta_{real} = 4$ MHz $/ (8 \cdot 6$ kHz$) = 83.33$;

5) Mit $|u(t)| = $ konstant $= U_{ss}/2 = 0.50$ V folgt: $U_{L,eff} = 0.50$ V;

6) Mit $U_{n,eff} = |u_n|_{max}/K = 0.50$ V$/3 = 0.1667$ V folgt:
   SNR/dB $= 20 \cdot \log(0.50/0.1667) = 9.54$;

A Fourier-Transformation

In diesem Kapitel werden nur diejenigen Grundlagen der Fourier-Transformation behandelt, welche zum Verständnis der im Hauptteil behandelten Themen tatsächlich benötigt werden. Grundkenntnisse zu Fourier-Reihen [STIN99] werden vorausgesetzt, die benötigten Rechenregeln der Fourier-Transformation werden überwiegend abgeleitet. Für eine vertiefte Einarbeitung in die Fourier-Transformation wird auf [MARK95, KLIN01, WERN00] verwiesen.

A.1 Funktions-Definitionen

Nachfolgend wird die Rechteckfunktion rect(x) und die modifizierte Spaltfunktion sinc(x) definiert. Die Verwendung dieser Funktionen ermöglicht eine einfachere Schreibweise für wichtige Ergebnisse der Fourier-Transformation. Außerdem wird die Ausblend-Eigenschaft der Dirac-Impulsfunktion abgeleitet.

Rechteckfunktion rect(x)

Die Rechteckfunktion rect(x) ist definiert als Rechteckimpuls mit Amplitude 1, Breite 1 (und somit Impulsfläche 1) und Impulsmitte bei x = 0:

$$\begin{aligned} \text{rect}(x) &:= 1; \quad \text{für } |x| < 0.5; \\ &= 0.5; \quad \text{für } |x| = 0.5; \\ &= 0; \quad \text{für } |x| > 0.5; \end{aligned}$$

Modifizierte Spaltfunktion sinc(x)

Die modifizierte Spaltfunktion sinc(x) (die von der klassischen Spalt-Funktion si(x) zu unterscheiden ist) ist wie folgt definiert:

$$\begin{aligned} \text{sinc}(x) &:= \text{si}(\pi \cdot x) = \frac{\sin(\pi \cdot x)}{(\pi \cdot x)}; \quad \text{für } x \neq 0; \\ &= 1; \quad \text{für } x = 0; \end{aligned}$$

Die Verwendung der sinc-Funktion ermöglicht eine Schreibweise der wichtigen Transformationspaare [rect(t), sinc(f)] und [sinc(t), rect(f)] ohne zusätzliche Konstanten (siehe Ableitungen zur Fourier-Transformation).

Die sinc-Funktion hat die Amplitude 1 und die erste Nullstelle für positive x liegt bei x = 1. Später wird abgeleitet, dass die sinc(x)-Funktion ebenso wie die rect(x)-Funktion exakt die Fläche 1 einschließt. Bild A.1 zeigt die rect(x)-Funktion und die sinc(x)-Funktion.

A.1 Funktions-Definitionen

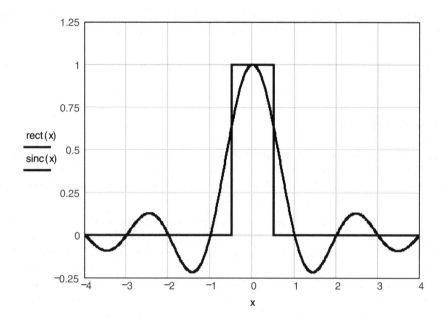

Bild A.1: Funktionen rect(x), sinc(x).

Dirac-Impulsfunktion $\delta(x)$

Ein Rechteckimpuls bei $x = 0$ mit Breite $\varepsilon > 0$ (mit $\varepsilon \ll 1$) und Amplitude $1/\varepsilon$ (und somit Impulsfläche 1) kann mit der rect(x)-Funktion wie folgt dargestellt werden:

$$d_\varepsilon(x) := \frac{1}{\varepsilon} \cdot \text{rect}\left(\frac{x}{\varepsilon}\right);$$

$$d_\varepsilon(x-a) := \frac{1}{\varepsilon} \cdot \text{rect}\left(\frac{x-a}{\varepsilon}\right); \qquad a \text{ reell};$$

ergibt einen schmalen (wegen $\varepsilon \ll 1$) Rechteck-Impuls mit Impulsfläche 1 bei $x = a$. Wird $d_\varepsilon(x-a)$ als Multiplikator innerhalb eines Integrals verwendet, wird näherungsweise der Funktionswert des Integranden bei $x = a$ „ausgeblendet":

$$\int_{-\infty}^{+\infty} f(x) \cdot d_\varepsilon(x-a) \cdot dx = \int_{a-\varepsilon/2}^{a+\varepsilon/2} f(x) \cdot \frac{1}{\varepsilon} \cdot dx \approx \frac{1}{\varepsilon} \cdot f(a) \cdot \varepsilon = f(a);$$

Für $\varepsilon \to 0$ wird der Rechteckimpuls immer schmaler und höher unter Beibehaltung der Impulsfläche 1. Im Grenzfall ergibt sich ein unendlich schmaler, unendlich hoher Nadelimpuls mit Impulsfläche 1 (auch als Impulsmoment 1 bezeichnet) bei $x = a$, die Dirac-Impulsfunktion $1 \cdot \delta(x-a)$. Im obiger Formel für das Ergebnis des Integrals kann für $\varepsilon \to 0$ das Näherungszeichen durch das Gleichheitszeichen ersetzt werden. Resultierend ergibt sich folgende Eigenschaft der Dirac-Impulsfunktion, welche als Ausblend-Eigenschaft bezeichnet wird:

$$\int_{-\infty}^{+\infty} f(x) \cdot \delta(x-a) \cdot dx = f(a); \qquad \text{mit} \qquad \delta(x-a) = 0 \quad \text{für} \quad x \neq a; \qquad a \text{ reell;}$$

A.2 Fourier-Reihe

Periodische Signale können durch Fourier-Reihen dargestellt werden. Die Zerlegung einer periodischen Zeitfunktion in harmonische Schwingungen bezeichnet man als Fourier-Analyse, die Nachbildung einer periodischen Zeitfunktion durch eine Summe harmonischer Schwingungen bezeichnet man als Fourier-Synthese.

Bei der Fourier-Analyse muss vorausgesetzt werden, dass die periodische Zeitfunktion u(t) stetig ist bis auf endlich viele Sprungstellen endlicher Sprunghöhe (Dirichlet'sche Bedingung). Alle in der Technik verwendeten Zeitfunktionen erfüllen diese Voraussetzung. An den Sprungstellen wird als Funktionswert der Mittelwert aus linksseitigem und rechtsseitigem Grenzwert der Zeitfunktion definiert. Die Fourier-Synthese ergibt dann auch an den Sprungstellen den Funktionswert der Zeitfunktion. Außerdem ergibt sich an Sprungstellen ein Überschwing-Effekt, das Gibb'sche Phänomen. Hierzu wird auf die mathematische Literatur verwiesen.

Zunächst wird die reelle Fourier-Reihe betrachtet. Die Formeln für die Fourier-Koeffizienten werden ohne Beweis angegeben, bezüglich der Ableitung wird auf die Literatur verwiesen. Dann wird die komplexe Fourier-Reihe definiert. Die Formeln für die Umrechnung zwischen einseitigem, physikalischem Spektrum (aus reeller Fourier-Reihe) und zweiseitigem, mathematischem Spektrum (aus komplexer Fourier-Reihe) werden abgeleitet. Der Übergang von der Fourier-Reihe zur Fourier-Transformation wird skizziert.

Reelle Fourier-Reihe

Eine periodische Zeitfunktion u(t) mit der Periodendauer T_0 (und somit der Grundfrequenz $f_0 = 1/T_0$) kann als endliche Summe (bei bandbegrenzter Zeitfunktion) oder unendliche Summe (bei nicht bandbegrenzter Zeitfunktion) von harmonischen Schwingungen dargestellt werden, deren Frequenzen ganzzahlige Vielfache der Grundfrequenz f_0 sind. Nachfolgend wird neben der physikalischen Frequenz f auch die Kreisfrequenz $\omega = 2 \cdot \pi \cdot f$ verwendet.

$$u(t) = a_0 + \sum_{k=1}^{\infty} [a_k \cdot \cos(k\omega_0 t) + b_k \cdot \sin(k\omega_0 t)] = \sum_{k=0}^{\infty} [A_k \cdot \cos(k\omega_0 t + \varphi_k)];$$
$$\omega_0 = 2\pi \cdot f_0;$$

Die Fourier-Koeffizienten a_k und b_k (mit k = 1, 2,...) sowie a_0 sind:

$$a_0 = \frac{1}{T} \cdot \int_0^{T_0} x(t)dt; \qquad a_k = \frac{2}{T} \cdot \int_0^{T_0} x(t) \cdot \cos(k\omega t)dt; \qquad b_k = \frac{2}{T} \cdot \int_0^{T_0} x(t) \cdot \sin(k\omega t)dt;$$

A.2 Fourier-Reihe

Als Phasenwert φ_0 des Gleichanteils wird 0 vereinbart, somit folgt $A_0 = a_0$. Der Gleichanteil A_0 (also die von u(t) eingeschlossene Fläche innerhalb einer Periodendauer T_0, siehe Integral-Formel) kann positiv oder negativ sein.

Die Amplitude A_k und der Phasenwinkel φ_k der Spektrallinie k mit k = 1, 2,... ergeben sich beim oben gewählten Ansatz (als Reihe mit **cos**-Zeitfunktionen und **positiver** Zählrichtung des Phasenwinkels φ) zu:

Für k = 1, 2, ...   gilt:

$$A_k = +\sqrt{a_k^2 + b_k^2} \geq 0;$$

$$\varphi_k = -\arctan\left(\frac{b_k}{a_k}\right); \qquad \text{für } a_k \geq 0;$$

$$= -\arctan\left(\frac{b_k}{a_k}\right) - \pi; \qquad \text{für } a_k < 0; \; b_k \geq 0;$$

$$= -\arctan\left(\frac{b_k}{a_k}\right) + \pi; \qquad \text{für } a_k < 0; \; b_k < 0;$$

Hinweis:
Ein Phasenwert φ einer Teilschwingung ist äquivalent zum Phasenwert $\varphi \pm n \cdot 2 \cdot \pi$ (mit n= 1, 2, ...). Für eindeutige Ergebnisse muss deshalb jeder Phasenwert in beispielsweise den Phasenbereich [-π, +π) umgerechnet werden. Diese Umrechnung ist bei der obigen Formel für φ_k berücksichtigt.

Die Amplituden A_k mit k = 1, 2, ... sind stets positiv oder null. Die Phasenwerte φ_k (mit k = 1, 2, ...) liegen durch die oben angegebene Umrechnung immer im links abgeschlossenen, rechts offenen Intervall [-π, +π) (als Kurzschreibweise für -$\pi \leq \varphi < +\pi$ verwendet). Damit ergeben sich sowohl für das Amplituden- als auch für das Phasenspektrum eindeutige Zahlenwerte.

A_k (mit k = 0, 1, 2, ...) wird als einseitiges Amplitudenspektrum bezeichnet.
φ_k (mit k = 0, 1, 2, ...) wird als einseitiges Phasenspektrum bezeichnet.

Hinweis:
Prinzipiell gibt es vier Möglichkeiten für den Ansatz einer reellen Fourier-Reihe in Amplitudenform, nämlich mit cos-Zeitfunktionen oder sin-Zeitfunktionen sowie mit Zählrichtung des Nullphasenwinkels positiv oder negativ. Es ergeben sich für jeden Ansatz die selben Amplitudenwerte A_k, jedoch jeweils verschiedene Phasenwerte φ_k. Beim Vergleich der Formeln aus verschiedenen Literaturquellen für die Phasenwerte sollte dies stets beachtet werden.

Das einseitige (physikalische) Amplitudenspektrum einer cos-Zeitfunktion $1 \cdot \cos(\omega_0 \cdot t)$ ist eine Spektrallinie mit Amplitude 1 bei der Frequenz f_0.

Komplexe Fourier-Reihe

Durch Einsetzen von $\cos(x) = (e^{jx}+e^{-jx})/2$ in die reelle Fourier-Reihe folgt die komplexe Fourier-Reihe:

$$u(t) = \sum_{k=-\infty}^{+\infty} \underline{c}_k \cdot e^{j2\pi k f_0 t} \qquad \text{mit}$$

$$c_0 = a_0;$$

$$\underline{c}_k = \frac{a_k - jb_k}{2} = c_k \, e^{j\psi_k}; \qquad \psi_k = +\varphi_k; \qquad k = 1, 2, \ldots;$$

$$\underline{c}_{-k} = \underline{c}_k{}^*; \qquad \qquad \psi_{-k} = -\varphi_k; \qquad k = 1, 2, \ldots;$$

Einsetzen der Formeln für a_k und b_k ergibt die komplexen Fourier-Koeffizienten $\underline{c}_k$:

$$\underline{c}_k = \frac{1}{T_0} \cdot \int_0^{T_0} f(t) \cdot e^{-j2\pi k f_0 t} dt; \qquad k = 0, \pm 1, \pm 2, \ldots$$

c_k (mit $k = 0, \pm 1, \pm 2,\ldots$) wird als zweiseitiges Amplitudenspektrum bezeichnet.
ψ_k (mit $k = 0, \pm 1, \pm 2,\ldots$) wird als zweiseitiges Phasenspektrum bezeichnet.

Das zweiseitige (mathematische) Amplitudenspektrum einer cos-Zeitfunktion $1 \cdot \cos(\omega_0 \cdot t)$ sind zwei Spektrallinien mit jeweils der Amplitude 1/2 bei den Frequenzen $+f_0$ und $-f_0$.

Zusammenhang zwischen reeller und komplexer Fourier-Reihe

Als Zusammenhang zwischen den Parametern c_k, ψ_k (mit $k = 0, \pm 1, \pm 2,\ldots$) der komplexen oder zweiseitigen Fourier-Reihe und den Parametern A_k, φ_k (mit $k = 0, 1, 2,\ldots$) der reellen oder einseitigen Fourier-Reihe ergeben sich folgende Rechenregeln:

$$c_0 = A_0; \qquad \psi_0 = 0;$$

$$c_k = \frac{A_k}{2}; \quad \psi_k = +\varphi_k; \qquad c_{-k} = \frac{A_k}{2}; \quad \psi_{-k} = -\varphi_k; \qquad \text{für } k = 1, 2, \ldots;$$

Die Umrechnung einseitiges in zweiseitiges Amplitudenspektrum erfolgt also durch:

Gleichanteil beibehalten ($c_0=A_0$) und jede Spektrallinie A_k bei der Frequenz $k \cdot f_0$ durch zwei Spektrallinien mit jeweils Amplitude $A_k/2$ bei den Frequenzen $k \cdot f_0$ und $-k \cdot f_0$ ersetzen.

Die Umrechnung einseitiges in zweiseitiges Phasenspektrum erfolgt also durch:

Für positive Frequenzen die Phasenwerte beibehalten ($\psi_k = \varphi_k$) und für negative Frequenzen die negativen Werte ($\psi_{-k}= -\varphi_k$) verwenden.

Beispiel A.1

Berechnen Sie die komplexe und die reelle Fourier-Reihe einer Rechteck-Pulsfunktion mit Amplitude 1, Periodendauer T_0 und Tastverhältnis α (also Impulsbreite $\alpha \cdot T_0$). Die Grundperiode dieser Zeitfunktion kann formelmäßig wie folgt dargestellt werden:

A.2 Fourier-Reihe

$$u(t) = \text{rect}\left(\frac{t}{\alpha \cdot T_0}\right); \quad \text{für} \quad |t| \leq +\frac{T_0}{2}; \quad \alpha < 1;$$

Ergebnis (nach geeigneter Umformung):

$$u(t) = \alpha \cdot \sum_{k=-\infty}^{+\infty} \text{sinc}(k \cdot \alpha) \cdot e^{j \cdot k \cdot \omega_0 \cdot t} = \alpha \cdot \left[1 + 2 \cdot \sum_{k=1}^{+\infty} \text{sinc}(k \cdot \alpha) \cdot \cos(k \cdot \omega_0 \cdot t)\right];$$

$$\text{mit} \quad f_0 = \frac{1}{T_0}; \quad \omega_0 = 2 \cdot \pi \cdot f_0;$$

Bild A.2 zeigt, wie bei der Fourier-Synthese eine Rechteck-Pulsfunktion (als Pulsfunktion bezeichnet man eine periodische Folge von gleichen Impulsen) durch Berücksichtigung einer größeren Anzahl von Harmonischen besser approximiert wird. Der Überschwing-Effekt an den Sprungstellen (Gibb'sches Phänomen) ist deutlich zu erkennen. Für das Bild wurden folgende Zahlenwerte verwendet: Periodendauer $T_0 = 1$; Tastverhältnis $\alpha = 0.33$; Teilbild oben: 5 Harmonische; Teilbild unten: 50 Harmonische;

Übergang zur Fourier-Transformation

Zur Analyse nicht periodischer (sog. aperiodischer) Signale mit endlicher Energie wird die Fourier-Transformation verwendet. Der Übergang von der Fourier-Reihe zur Fourier-Transformation erfolgt dadurch, dass die Periodendauer T_0 der Zeitfunktion und damit das Integrationsintervall gegen unendlich geht. Die Grundfrequenz und somit der Spektrallinien-Abstand der Fourier-Reihe geht dann gegen null. Durch Übergang von komplexen Amplituden zur komplexen Amplitudendichte ergibt sich nach dem Grenzübergang $T_0 \rightarrow \infty$ ein kontinuierliches, komplexwertiges Amplitudedichte-Spektrum $\underline{U}(f)$.

Durch die Einbeziehung von Dirac-Impulsfunktionen (verallgemeinerte Funktionen, Distributionen) können mit der Fourier-Transformation auch periodische Signale (diese haben unendliche Energie, aber endliche mittlere Leistung) analysiert werden. Die Fourier-Transformation eignet sich durch diese Einbeziehung von Dirac-Impulsfunktionen zur Analyse von beliebigen (nichtperiodischen und periodischen) Signalen und kann damit auch die Fourier-Reihen ersetzen.

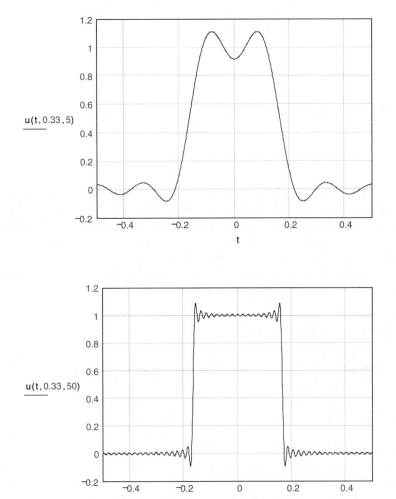

Bild A.2: Fourier-Synthese einer Rechteck-Pulsfunktion mit Periodendauer 1 und Tastverhältnis 0.33. Teibild oben: 5 Harmonische; Teilbild unten: 50 Harmonische;

A.3 Fourier-Transformation

Fourier-Transformation

Ein physikalisch realisierbares Signal wird im Zeitbereich durch eine reelle Zeitfunktion u(t) dargestellt. Es wird vorausgesetzt, dass diese Zeitfunktion stetig ist bis auf endlich viele Sprungstellen endlicher Höhe. An jeder Sprungstelle wird als Funktionswert der Mittelwert aus linksseitigem und rechtsseitigem Grenzwert definiert.

Durch die Fourier-Transformation wird einer (in der Regel) reellen Zeitfunktion u(t) eine im allgemeinen komplexe Frequenzfunktion U(f) (als komplexes Amplitudendichte-Spektrum

A.3 Fourier-Transformation

bezeichnet) zugeordnet. Beide Beschreibungsformen für Signale sind gleichwertig. Manche Signalverarbeitungs-Operationen lassen sich einfacher im Zeitbereich darstellen, andere einfacher im Frequenzbereich. Die Fourier-Transformation ermöglicht den Wechsel zwischen Signalbeschreibung im Zeitbereich und Frequenzbereich. Als Grundlage für die nachfolgende Darstellung wurde [MARK95] verwendet.

Fourier-Integrale

$$\underline{U}(f) = \int_{-\infty}^{+\infty} \underline{u}(t) \cdot e^{-j \cdot \omega \cdot t} dt := FT\{\underline{u}(t)\}; \quad \text{Fourier - Transformation;} \quad \omega = 2 \cdot \pi \cdot f;$$

$$\underline{u}(t) = \int_{-\infty}^{+\infty} \underline{U}(f) \cdot e^{+j \cdot \omega \cdot t} df := IFT\{\underline{U}(f)\}; \quad \text{Inverse Fourier - Transformation;}$$

Die Rechenvorschrift für die Fourier-Transformation (FT) wird als erstes Fourier-Integral oder Hintransformation, die Rechenvorschrift für die Inverse Fourier-Transformation (IFT) als zweites Fourier-Integral oder Rücktransformation bezeichnet. Die einer Zeitfunktion $\underline{u}(t)$ durch die Fourier-Transformation zugeordnete Frequenzfunktion $\underline{U}(f)$ wird als Fourier-Transformierte der Zeitfunktion $\underline{u}(t)$ bezeichnet. Ein Funktionen-Paar aus Zeitfunktion $\underline{u}(t)$ und zugeordneter Frequenzfunktion $\underline{U}(f)$ wird als Fourier-Transformationspaar [$\underline{u}(t)$, $\underline{U}(f)$] bezeichnet und häufig auch wie folgt dargestellt:

$$\underline{u}(t) \xrightarrow{FT} \underline{U}(f);$$

Hinweis:
In der Mathematik werden komplexwertige Zeitfunktionen und deren komplexwertige Fouriertransformierte betrachtet, es liegen dann sowohl im Zeitbereich als auch im Frequenzbereich komplexwertige Funktionen vor. In der Technik kann man sich (in der Regel) auf reellwertige Zeitfunktionen beschränken, die Frequenzfunktion ist dann aber im allgemeinen komplexwertig. Wie nachfolgend noch gezeigt wird (siehe Zuordnungssatz), ergibt sich bei einer reellwertigen geraden Zeitfunktion auch eine reellwertige, gerade Frequenzfunktion. Bei der Schreibweise wird nachfolgend (außer es kommt darauf an) auf die Unterstreichung für komplexe Werte verzichtet.

Aus dem ersten Fourier-Integral folgt durch Einsetzen von f = 0, dass die spektrale Amplitudendichte $\underline{U}(f = 0)$ gleich der (vorzeichenrichtig bewerteten) Zeitfunktionsfläche ist. Aus dem zweiten Fourier-Integral folgt durch Einsetzen von t = 0, dass der Zeitfunktionswert $\underline{u}(t = 0)$ gleich der Frequenzfunktionsfläche ist:

$$\underline{U}(0) = \int_{-\infty}^{+\infty} \underline{u}(t) \cdot dt; \qquad \underline{u}(0) = \int_{-\infty}^{+\infty} \underline{U}(f) \cdot df;$$

Bei reellwertiger Zeitfunktion u(t) sind auch $\underline{U}(0)$ und $\underline{u}(0)$ reell. Für das erste Integral ist dies sofort ersichtlich. Dass bei reellwertiger Zeitfunktion auch das Integral über die komplexwertige Frequenzfunktion einen reellen Wert ergibt, folgt aus den Symmetrie-Eigenschaften der Frequenzfunktion (siehe Zuordnungssatz).

Linearität

Die Fouriertransformation ist eine lineare Transformation. Einer Linearkombination $k_1 \cdot u_1(t) + k_2 \cdot u_2(t)$ von Zeitfunktionen (dabei sind k_1, k_2 Konstanten) wird durch die Fouriertransformation die entsprechende Linearkombination $k_1 \cdot \underline{U}_1(f) + k_2 \cdot \underline{U}_2(f)$ der Frequenzfunktionen zugeordnet. Dies ergibt sich unmittelbar durch Einsetzen der Zeitfunktion in das erste Fourier-Integral.

$$k_1 \cdot u_1(t) + k_2 \cdot u_2(t) \xrightarrow{FT} k_1 \cdot \underline{U}_1(f) + k_2 \cdot \underline{U}_2(f) \, ;$$

Zuordnungssatz für reelle Zeitfunktion

In der Mathematik werden komplexwertige Zeitfunktionen und deren komplexwertige Fourier-Transformierte betrachtet. Sowohl die Zeitfunktion als auch die Frequenzfunktion kann zunächst in Realteil und Imaginärteil und diese Anteile können dann jeweils wieder in gerade und ungerade Funktionsanteile zerlegt werden. Der allgemeine Zuordnungssatz gibt an, wie die entsprechenden Funktionsanteile aus dem Zeitbereich und dem Frequenzbereich durch die Fouriertransformation einander zugeordnet sind. Bezüglich des allgemeinen Zuordnungssatzes für komplexwertige Zeitfunktionen wird auf [MARK95] verwiesen.

Hier erfolgt eine Beschränkung auf realisierbare Systeme, bei denen stets reellwertige Zeitfunktionen vorliegen. Mit der Indizierung r für reell, i für imaginär, g für gerade, u für ungerade gilt folgende Zuordnung zwischen den Funktionsanteilen der reellwertigen Zeitfunktion und den durch die Fouriertransformation der Zeitfunktion entstehenden Funktionsanteilen der komplexwertigen Frequenzfunktion:

$u(t) = u_{rg}(t) + u_{ru}(t)$;   Reelle Zeitfunktion;
$\downarrow \quad \downarrow \quad \downarrow$
$\underline{U}(f) = U_{rg}(f) + j \cdot U_{iu}(f)$;   Komplexe Frequenzfunktion mit geradem Realteil, ungeradem Imaginärteil;

Beweis:
Der Zuordnungssatz für reelle Zeitfunktionen lässt sich sehr einfach beweisen, wenn man im ersten Fourier-Integral den Integranden $[u_{rg}(t)+u_{ru}(t)] \cdot [\cos(\omega t) - j \cdot \sin(\omega t)]$ ausmultipliziert und die Symmetrie-Eigenschaften der entstehenden Anteile der Frequenzfunktion $U(f)$ analysiert.

Hinweis:
Der gerade Anteil einer reellwertigen Zeitfunktion erzeugt bei der Fouriertransformation den reellen geraden Anteil der im allgemeinen komplexwertigen Frequenzfunktion. Der ungerade Anteil einer reellen Zeitfunktion erzeugt bei der Fouriertransformation den imaginären ungeraden Anteil der im allgemeinen komplexwertigen Frequenzfunktion. Eine reelle Zeitfunktion hat also eine Frequenzfunktion mit geradem Realteil und ungeradem Imaginärteil. Damit ist bei reeller Zeitfunktion der Betrag der komplexen Frequenzfunktion stets eine gerade Funktion der Frequenz, die Phase der komplexen Frequenzfunktion stets eine ungerade Funktion der Frequenz.

$U(-f) = U(+f)$;   mit $U(f) = abs[\underline{U}(f)]$
$\varphi(-f) = -\varphi(+f)$;   mit $\varphi(f) = arg[\underline{U}(f)]$;

A.3 Fourier-Transformation

Ein wichtiger Sonderfall liegt vor, wenn nur gerade, reellwertige Zeitfunktionen betrachtet werden. Nach dem obigen Zuordnungssatz ist dann auch die im allgemeinen komplexwertige Frequenzfunktion reell und gerade. Es treten dann reellwertige gerade Funktionen sowohl im Zeitbereich als auch im Frequenzbereich auf:

Eine relle gerade Zeitfunktion hat eine reelle gerade Frequenzfunktion als Fourier-Transformierte.

Faltung im Zeitbereich

Als Faltung zweier Zeitfunktionen $u_1(t)$ und $u_2(t)$ wird die durch die nachfolgende Rechenvorschrift definierte Ergebnis-Zeitfunktion $u(t)$ bezeichnet. Die Faltungsoperation wird mit dem Verknüpfungssymbol $\otimes$ dargestellt.

$$u(t) := \int_{\infty}^{\infty} u_1(x) \cdot u_2(-x+t) \cdot dx \; := u_1(t) \otimes u_2(t);$$

Die Faltungsoperation wird auch als Faltungsprodukt bezeichnet und ist kommutativ. Es ergibt sich also unabhängig von der Reihenfolge der beiden Zeitfunktionen stets das selbe Ergebnis ($u_1 \otimes u_2 = u_2 \otimes u_1$). Die Fourier-Transformierte $U(f)$ des Faltungsprodukt $u(t) = u_1(t) \otimes u_2(t)$ folgt mit $\omega = 2 \cdot \pi \cdot f$ zu:

$$\underline{U}(f) = \int_{t=-\infty}^{+\infty} \left[\int_{x=-\infty}^{+\infty} u_1(x) \cdot u_2(-x+t) \cdot dx \right] \cdot e^{-j \cdot \omega \cdot t} \cdot dt$$

$$= \int_{x=-\infty}^{+\infty} \int_{t=-\infty}^{+\infty} u_1(x) \cdot u_2(-x+t) \cdot e^{-j \cdot \omega \cdot t} \cdot dt \cdot dx$$

$$= \int_{x=-\infty}^{+\infty} u_1(x) \cdot e^{-j \cdot \omega \cdot x} \left[\int_{t=-\infty}^{+\infty} u_2(-x+t) \cdot e^{-j \cdot \omega \cdot (-x+t)} \cdot dt \right] \cdot dx$$

$$= \int_{x=-\infty}^{+\infty} u_1(x) \cdot e^{-j \cdot \omega \cdot x} \left[\int_{y=-\infty}^{+\infty} u_2(y) \cdot e^{-j \cdot \omega \cdot y} \cdot dy \right] \cdot dx \; = \; \underline{U}_1(f) \cdot \underline{U}_2(f);$$

Die erste Zeile der obigen Ableitung ergibt sich durch Einsetzen des Faltungsintegrals für $u(t)$ in das erste Fourier-Integral. Die zweite Zeile folgt durch Vertauschen der Integrations-Reihenfolge. Die dritte Zeile folgt, wenn der von der inneren Integrationsvariablen t unabhängige Term $u_1(x)$ vor das innere Integral gezogen wird und mit $1 = \exp(-j \cdot \omega \cdot x) \cdot \exp(+j \cdot \omega \cdot x)$ multipliziert wird, wobei $\exp(-j \cdot \omega \cdot x)$ im äußeren Integral und $\exp(+j \cdot \omega \cdot x)$ im inneren Integral verwendet werden. Die vierte Zeile folgt durch Substitution von y = -x+t und somit dy = dt im inneren Integral (in eckigen Klammern), welches resultierend die Fourier-Transformierte $\underline{U}_2(f)$ zur Zeitfunktion $u_2(t)$ darstellt und (weil unabhängig von x) hinter das Integral über x gezogen werden kann. Das verbliebene Integral über x stellt die Fourier-Transformierte $\underline{U}_1(f)$ zur Zeitfunktion $u_1(t)$ dar. Resultierend ergibt sich, dass die Faltung zweier Zeitfunktionen durch die Multiplikation der zugehörigen Frequenzfunktionen dargestellt wird.

$$u_1(t) \otimes u_2(t) \xrightarrow{FT} \underline{U}_1(f) \cdot \underline{U}_2(f) ;$$

Dieser Zusammenhang ist von besonderer Bedeutung bei der Behandlung linearer, zeitinvarianter Systeme. In der Systemtheorie kann man zeigen, dass ein LTI-System mit der Impulsantwort h(t) auf eine Eingangs-Zeitfunktion $u_1(t)$ mit der Ausgangs-Zeitfunktion $u_2(t) = u_1(t) \otimes h(t)$ antwortet. Die Systemantwort ergibt sich also im Zeitbereich durch die aufwendig zu berechnende Faltungsoperation. Im Frequenzbereich kann entsprechend dem oben abgeleiteten Theorem einfach die Frequenzfunktion $\underline{U}_1(f)$ des Eingangssignals mit dem Frequenzgang $\underline{H}(f)$ des Systems multipliziert werden, um die Frequenzfunktion $\underline{U}_2(f)$ des Ausgangssignals zu erhalten. Die aufwendige Faltungsoperation im Zeitbereich wird durch eine einfache Multiplikation im Frequenzbereich ersetzt. Man kann zeigen, dass dies auch in umgekehrter Richtung (Faltung im Frequenzbereich ergibt Multiplikation im Zeitbereich) gültig ist, hierzu wird auf die angegebene Literatur verwiesen.

Wichtige Transformationspaare

1) $\delta(t) \xrightarrow{FT} 1;$
2) $\text{rect}(t) \xrightarrow{FT} \text{sinc}(f);$
3) $e^{+j \cdot 2 \cdot \pi \cdot f_0 \cdot t} \xrightarrow{FT} \delta(f - f_0);$

Zu 1)
Eine Dirac-Impulsfunktion mit dem Impulsmoment 1 im Zeitbereich hat ein konstantes Amplitudendichtespektrum 1. Dies kann unter Verwendung der Ausblend-Eigenschaft der Dirac-Funktion sehr einfach berechnet werden:

$$FT\{\delta(t)\} = \int_{-\infty}^{+\infty} \delta(t) \cdot e^{-j \cdot 2 \cdot \pi \cdot f \cdot t} \cdot dt = e^{-j \cdot 2 \cdot \pi \cdot f \cdot 0} = 1;$$

Hinweis:
Wird am Eingang eines linearen, zeitinvarianten Systems (linear time invariant system, LTI-System) mit dem komplexen Frequenzgang $\underline{H}(f)$ eine Dirac-Impulsfunktion $\delta(t)$ mit dem konstanten Amplitudendichte-Spektrum 1 angeschaltet, ergibt sich am Ausgang das komplexe Amplitudendichtespektrum $1 \cdot \underline{H}(f) = \underline{H}(f)$. Die Zeitfunktion, welche sich daraus bei Rücktransformation in den Zeitbereich ergibt, stellt die zeitliche Antwort h(t) des LTI-Systems auf den Dirac-Impuls am Eingang dar und wird als Impulsantwort bezeichnet (siehe auch Faltung im Zeitbereich). Ein Transformationspaar [h(t), $\underline{H}(f)$] kann also als Impulsantwort h(t) eines LTI-Systems mit dem (im allgemeinen komplexen) Frequenzgang $\underline{H}(f)$ gedeutet werden.

A.3 Fourier-Transformation

Nach dem Zuordnungssatz ergibt eine reellwertige Impulsantwort einen (im allgemeinen komplexwertigen) Frequenzgang mit geradem Realteil und ungeradem Imaginärteil. Damit ist der Betrag des Frequenzgangs (der Amplitudengang) stets eine gerade Funktion, der Phasenwinkel des Frequenzgangs (der Phasengang) stets eine ungerade Funktion der Frequenz.

$H(-f) = H(+f);$ mit $H(f) = abs[\underline{H}(f)];$

$\varphi(-f) = -\varphi(+f);$ mit $\varphi(f) = arg[\underline{H}(f)];$

Für den Sonderfall der reellwertigen geraden Impulsantwort ist nach dem Zuordnungssatz der Frequenzgang reellwertig und gerade (weil der Imaginärteil 0 ist) und ist damit mit dem Amplitudengang identisch. Der Phasengang (und somit auch die Phasenlaufzeit und die Gruppenlaufzeit) wird identisch null. Sowohl im Zeitbereich als auch im Frequenzbereich liegen dann reellwertige gerade Funktionen vor. Die im Hauptteil behandelten idealisierten Tiefpass-Übertragungssysteme erfüllen diese Bedingungen und sind damit rechnerisch besonders einfach zu behandeln.

Realisierbare Systeme müssen eine reellwertige und kausale Impulsantwort (Impulsantwort reell und identisch gleich 0 für t < 0) aufweisen. Systeme mit gerader Impulsantwort sind nicht realisierbar, da eine gerade Impulsantwort mit Zeitdauer > 0 nicht kausal ist. Durch Einführung einer (ausreichend großen) positiven Laufzeit $t_0 > 0$ und zeitliche Begrenzung der (um t_0 nach „rechts" verschobenen) Impulsantwort auf das Zeitintervall $[0, 2 \cdot t_0]$ wird die verschobene, zeitbegrenzte reelle Impulsantwort kausal und kann näherungsweise realisiert werden.

Zu 2)
Ein Rechteckimpuls im Zeitbereich (Amplitude 1, Breite 1, Impulsfläche 1) hat ein sincförmiges Amplitudendichtespektrum (Amplitude 1, erste positive Nullstelle bei 1). Dies ergibt sich wie folgt:

$$FT\{rect(t)\} = \int_{-0.5}^{+0.5} 1 \cdot e^{-j \cdot 2 \cdot \pi \cdot f \cdot t} \cdot dt = \left[\frac{e^{-j \cdot 2 \cdot \pi \cdot f \cdot t}}{-j \cdot 2 \cdot \pi \cdot f}\right]_{t=-0.5}^{t=+0.5} = \frac{\sin(\pi \cdot f)}{(\pi \cdot f)} = si(\pi \cdot f) := sinc(f);$$

Die von der Frequenzfunktion sinc(f) im Frequenzbereich eingeschlossene Fläche (Integral über die Frequenzfunktion mit vorzeichenrichtiger Bewertung der Teilflächen) ist exakt gleich 1. Dies folgt mit $u(t = 0) = rect(0) = 1$ aus der bereits abgeleiteten Äquivalenz (wobei hier U(f) reell ist, weil die reelle gerade Zeitfunktion rect(t) ein reelle gerade Frequenzfunktion sinc(f) als Fouriertransformierte hat, siehe auch Zuordnungssatz):

$$u(0) = \int_{-\infty}^{+\infty} U(f) \cdot df ;$$

Zu 3)
Die komplexe „Drehzeiger-Schwingung" mit Amplitude 1 und Frequenz f_0 hat als Amplitudendichtespektrum einen Dirac-Impuls mit Impulsmoment 1 bei der Frequenz f_0. Die Amplitude 1 der Drehzeiger-Schwingung resultiert im Amplitudendichtespektrum als Impulsfläche 1 einer Dirac-Impulsfunktion bei der Frequenz f_0. Dies kann mit dem zweiten Fourier-Integral unter Verwendung der Ausblend-Eigenschaft der Dirac-Funktion berechnet werden:

$$\text{IFT}\{\delta(f-f_0)\} = \int_{-\infty}^{+\infty}\delta(f-f_0)\cdot\exp^{+j\cdot 2\cdot\pi\cdot f\cdot t}\,df = \exp^{+j\cdot 2\cdot\pi\cdot f_0\cdot t}\,;$$

Für $f_0 = 0$ ergibt sich daraus das Transformationspaar $[1, \delta(f)]$. Dies kann andererseits mit dem nachfolgend behandelten Vertauschungssatz auch aus dem Transformationspaar $[\delta(t), 1]$ abgeleitet werden.

Beispiel A.2

Die Fourier-Transformierte zur Zeitfunktion $\cos(\omega_0 \cdot t)$ ergibt sich mit

$\cos(x) = (1/2) \cdot (e^{+jx}+e^{-jx})$ zu:

$$\text{FT}\{\cos(2\cdot\pi\cdot f_0\cdot t)\} = \frac{1}{2}\cdot[\,\delta(f-f_0) + \delta(f+f_0)\,]\,;$$

Das Fourier-Amplituden**dichte**spektrum einer cos-Zeitfunktion $1 \cdot \cos(\omega_0 \cdot t)$ sind zwei Dirac-Impulse mit jeweils der Impulsfläche 1/2 bei den Frequenzen $+f_0$ und $-f_0$.

Das Fourier-Amplitudendichtespektrum der periodischen Zeitfunktion $\cos(\omega \cdot t)$ gleicht dem zweiseitigen, mathematischen Linien-Spektrum aus der komplexen Fourier-Reihe. Die beiden Spektrallinien mit der Amplitude 1/2 (aus komplexer Fourier-Reihe) ergeben eine unendlich hohe Amplitudendichte, im Amplitudendichtespektrum wird dies dargestellt durch die beiden Dirac-Impulsfunktionen mit Impulsfläche 1/2.

Vertauschungssatz

$$\underline{U}^*(t) \xrightarrow{\text{FT}} \underline{u}^*(f)\,;$$

Der Vertauschungssatz besagt, dass aus einem bekannten komplexwertigen Transformationspaar $[\underline{u}(t), \underline{U}(f)]$ ein neues Transformationspaar folgt, wenn man in der Frequenzfunktion $\underline{U}(f)$ die Frequenzvariable f durch die Zeitvariable t und in der Zeitfunktion $\underline{u}(t)$ die Zeitvariable t durch die Frequenzvariable f ersetzt und dann auf beiden Seiten den konjugiert komplexen Wert (durch den Stern dargestellt) bildet. Bei reellwertigen Transformationspaaren (nach dem Zuordnungssatz muss dann sowohl im Zeitbereich als auch im Frequenzbereich eine reelle gerade Funktion vorliegen) muss also lediglich f und t vertauscht werden.

Beweis des Vertauschungssatzes:
Das erste Fourier-Integral lautet (bei Umbenennung der Integrationsvariablen t in x):

$$\underline{U}(f) = \int_{-\infty}^{+\infty}\underline{u}(x)\cdot e^{-j\cdot 2\cdot\pi\cdot f\cdot x}\cdot dx\,;$$

Wird jetzt f durch t ersetzt und auf beiden Gleichungsseiten der konjugiert komplexe Wert gebildet und daran anschließend die Integrationsvariable x nach f umbenannt, ergibt sich:

$$\underline{U}^*(t) = \int_{-\infty}^{+\infty}\underline{u}^*(x)\cdot e^{+j\cdot 2\cdot\pi\cdot t\cdot x}\cdot dx = \int_{-\infty}^{+\infty}\underline{u}^*(f)\cdot e^{+j\cdot 2\cdot\pi\cdot t\cdot f}\cdot df = \text{IFT}\{\,\underline{u}^*(f)\,\}\,;$$

A.3 Fourier-Transformation

$\underline{U}^*(t)$ ist somit das Ergebnis der Fourier-Rücktransformation von $\underline{u}^*(f)$. Also ist mit dem Fourier-Transformationspaar [$\underline{u}(t), \underline{U}(f)$] auch [$\underline{U}^*(t), \underline{u}^*(f)$] ein Fourier-Transformationspaar.

Weitere Transformationspaare

Aus den bereits abgeleiteten Transformationspaaren 1 bis 3 folgen durch Anwendung des Vertauschungssatzes die nachfolgenden Transformationspaare 4 bis 6. Bei der Anwendung des Vertauschungssatzes auf das Transformationspaar 3 wird zusätzlich die Konstante f_0 in die Konstante t_0 umbenannt, da Konstanten in einem Transformationspaar beliebig umbenannt werden können.

$$
\begin{aligned}
&4) \quad \text{sinc}(t) \xrightarrow{FT} \text{rect}(f)\,; \\
&5) \quad 1 \xrightarrow{FT} \delta(f)\,; \\
&6) \quad \delta(t - t_0) \xrightarrow{FT} e^{-j \cdot 2 \cdot \pi \cdot f \cdot t_0}\,;
\end{aligned}
$$

Zu 4)
Ein sinc-Impuls im Zeitbereich (Amplitude 1, erste positive Nullstelle bei 1) hat ein rechteckförmiges Amplitudendichtespektrum (Amplitude 1, Breite 1, Fläche 1). Die vom sinc(t)-Impuls im Zeitbereich eingeschlossene Impulsfläche (Integral über die Zeitfunktion mit vorzeichenrichtiger Bewertung der Teilflächen) ist exakt gleich 1. Dies folgt wegen $U(f = 0) = \text{rect}(0) = 1$ aus der bereits abgeleiteten Äquivalenz

$$U(0) = \int_{-\infty}^{+\infty} u(t) \cdot dt\,;$$

Zu 5)
Der konstante Wert 1 im Zeitbereich (Gleichanteil 1) ergibt einen Diracimpuls mit dem Impulsmoment 1 im Frequenzbereich. Der Gleichanteil mit Amplitude 1 wird im Amplitudendichtespektrum durch den Diracimpuls bei $f = 0$ mit der Impulsfläche 1 dargestellt.

Zu 6)
Ein Diracimpuls zum Zeitpunkt t_0 hat ein Amplitudendichtespektrum mit Betrag 1 und frequenzproportionalem Phasenwinkel $\varphi = -2 \cdot \pi \cdot t_0 \cdot f$. Für $t_0 = 0$ ergibt sich das bereits früher abgeleitete Transformationspaar [$\delta(t), 1$].

Zeitbegrenzung oder Bandbegrenzung

An den Transformationspaaren [rect(t), sinc(f)] und [sinc(t), rect(f)] ist folgende Eigenschaft erkennbar: Die exakt zeitbegrenzte Rechteck-Zeitfunktion weist ein unendlich breites Amplitudendichtespektrum auf. Die exakt bandbegrenzte sinc-Zeitfunktion ist im Zeitbereich unendlich breit. Dieser Zusammenhang zwischen Zeitbereich und Frequenzbereich gilt für alle Signale. Es gibt kein Signal, welches sowohl exakt zeitbegrenzt (strikt zeitbegrenzt) als auch exakt bandbegrenzt (strikt bandbegrenzt) ist.

Strikt zeitbegrenzte Signale sind nicht bandbegrenzt.
Strikt bandbegrenzte Signale sind nicht zeitbegrenzt.

Es gibt aber „weich" bandbegrenzte Signale, deren zeitliche Ausdehnung (weil Überschwinger der Zeitfunktion extrem schnell gegen null gehen) für praktische Anwendungen als „quasi zeitbegrenzt" angesehen werden können. Ein Beispiel hierfür ist der im Hauptteil behandelte cos-roll-off-Tiefpass mit roll-off-Faktor r = 1 (siehe Kapitel 3), dessen Impulsantwort für $|t| \gg 0$ sehr schnell gegen null konvergiert..

Verzögerungsglied

Das Transformationspaar 6 kann auch wie folgt interpretiert werden: Ein LTI-System mit der Impulsantwort $\delta(t-t_0)$ (ein Eingangsimpuls $\delta(t)$ erscheint um t_0 verzögert am Ausgang) ist ein ideales Verzögerungsglied (Totzeitglied) mit der Verzögerungszeit t_0. Dieses Verzögerungsglied hat entsprechend dem Fourier-Transformationspaar 6 den konstanten Betrags-Amplitudengang 1 und das frequenzproportionale Phasenmaß $b = -\varphi = +2 \cdot \pi \cdot f \cdot t_0$. Die Phasenlaufzeit wird somit konstant gleich $t_{ph}(\omega) = b(\omega)/\omega = -\varphi/\omega = +t_0$.

Jede Zeitfunktion u(t) wird am Ausgang eines idealen Verzögerungsgliedes um genau t_0 verzögert erscheinen, weil im Frequenzbereich alle Spektralanteile um die konstante Phasenlaufzeit t_0 verzögert werden. Dies ist auch die Aussage des nachfolgenden (Zeit-)Verschiebungssatzes.

Zeit-Verschiebungssatz

$$u(t-t_0) \xrightarrow{FT} \underline{U}(f) \cdot e^{-j \cdot 2 \cdot \pi \cdot t_0 \cdot f} \; ;$$

Mit der Substitution $x = t - t_0$ (und somit $t = x+t_0$) ergibt sich der Zeit-Verschiebungssatz aus dem ersten Fourier-Integral. Dabei wird angewendet, dass im ersten Fourier-Integral die Integrationsvariable t beliebig umbenannt werden kann (hier nach der Substitution in x):

$$FT\{u(t-t_0)\} = \int_{-\infty}^{+\infty} u(t-t_0) \cdot e^{-j \cdot 2 \cdot \pi \cdot f \cdot t} \cdot dt = \int_{-\infty}^{+\infty} u(x) \cdot e^{-j \cdot 2 \cdot \pi \cdot f \cdot x} \cdot e^{-j \cdot 2 \cdot \pi \cdot f \cdot t_0} \cdot dx$$
$$= e^{-j \cdot 2 \cdot \pi \cdot f \cdot t_0} \cdot \underline{U}(f);$$

Die Anwendung des Vertauschungssatzes auf den Zeit-Verschiebungssatz ergibt den Frequenz-Verschiebungssatz [MARK95]. Zeit- und Frequenz-Verschiebungssatz werden unter dem Überbegriff Verschiebungssatz zusammengefasst.

Ähnlichkeitssatz

$$u(k \cdot t) \xrightarrow{FT} \frac{1}{|k|} \cdot \underline{U}\left(\frac{f}{k}\right); \qquad \text{mit reellem } k \neq 0;$$

Zum Beweis des Ähnlichkeitssatzes für k > 0 (für den Fall k < 0 siehe angegebene Literatur) wird u(k · t) in das erste Fourier-Integral eingesetzt und die Substitution x = k · t durchgeführt. Es ergibt sich unmittelbar der Ähnlichkeitssatz:

$$FT\{u(k \cdot t)\} = \int_{-\infty}^{+\infty} u(k \cdot t) \cdot e^{+j \cdot 2 \cdot \pi \cdot f \cdot t} \cdot dt = \frac{1}{k} \int_{-\infty}^{+\infty} u(x) \cdot e^{+j \cdot 2 \cdot \pi \cdot \frac{f}{k} \cdot x} \cdot dx = \frac{1}{k} \cdot \underline{U}\left(\frac{f}{k}\right);$$

Der Ähnlichkeitssatz besagt, dass eine schmalere Zeitfunktion (k > 1) zu einer breiteren Frequenzfunktion (und gleichzeitig zu kleineren Amplitudenwerten für die spektrale Amplitudendichte) führt und umgekehrt. Zu beachten ist, dass die Zeitfunktion für k > 1 schmaler, für 0 < k < 1 breiter wird.

Bild A.3 zeigt ein Beispiel zur Anwendung des Ähnlichkeitssatzes. Nach dem Ähnlichkeitssatz folgt aus dem Transformationspaar [rect(t), sinc(f)] mit k = 3 das Transformationspaar [rect(3 · t), 0.33 · sinc(0.33 · f)]. Die (1/3)-breite Zeitfunktion mit Amplitude 1 hat eine dreifach breite Frequenzfunktion, die spektrale Amplitudendichte wird auf (1/3) der ursprünglichen Amplitudendichtewerte reduziert.

Grundgesetz der Nachrichtentechnik

Nachfolgend wird der Faktor $k_t = k$ unabhängig vom Zahlenwert von k (ob k kleiner oder größer als 1 ist) als Dehnfaktor im Zeitbereich bezeichnet. Nach dem Ähnlichkeitssatz verursacht ein Dehnfaktor $k_t = k$ im Zeitbereich den Dehnfaktor $k_f = 1/k$ im Frequenzbereich. Es gilt somit immer:

$$k_t \cdot k_f = k \cdot (1/k) = 1;$$

Diese Eigenschaft wird auch als Grundgesetz der Nachrichtentechnik bezeichnet. Eine zeitliche Komprimierung um einen bestimmten Faktor bewirkt eine Bandbreitendehnung um den selben Faktor und umgekehrt.

Das Zeitdauer-Bandbreite-Produkt eines Signals ist konstant und kann durch Dehnung oder Stauchung der Zeitfunktion nicht verändert werden.

Wird beispielsweise eine Rechteck-Zeitfunktion (1/T) · rect(t/T) unter Beibehaltung der Impulsfläche 1 auf 0.10 = 10% der ursprünglichen Impulsdauer T gestaucht, erhöht sich die Bandbreite (gemessen bis zur ersten Nullstelle bei positiven Frequenzen) um genau den Faktor (1/0.10)=10. Im Grenzfall T→0 ergibt sich im Zeitbereich ein Diracimpuls mit Impulsfläche 1, im Frequenzbereich das konstante Amplitudendichtespektrum 1. Dies war bereits mit dem Transformationspaar [δ(t), 1] direkt berechnet worden.

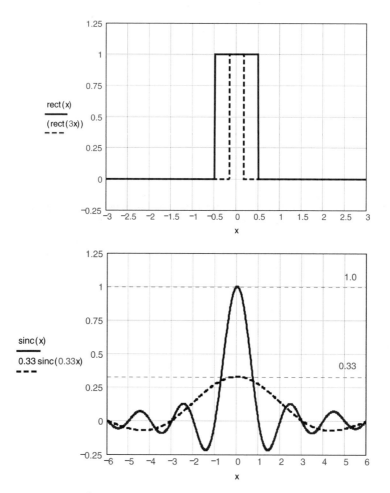

Bild A.3: Anwendung des Ähnlichkeitssatzes.

Beispiel A.3

Die Anwendung des Ähnlichkeitssatzes auf die Transformationspaare [rect(t), sinc(f)] und [sinc(t), rect(f)] mit k = 1/T ergibt nach Multiplikation mit dem konstanten Faktor (1/T) die Transformationspaare:

$$\frac{1}{T} \cdot \text{rect}\left(\frac{t}{T}\right) \xrightarrow{FT} \text{sinc}(f \cdot T) \,;$$

$$\frac{1}{T} \cdot \text{sinc}\left(\frac{t}{T}\right) \xrightarrow{FT} \text{rect}(f \cdot T) \,;$$

Eine Rechteck-Zeitfunktion mit Amplitude (1/T) und Impulsbreite T (also mit der Impulsfläche 1) hat ein sinc-förmiges Amplitudendichtespektrum mit Maximalwert 1, dessen erste positive Nullstelle bei f · T = 1, also bei f = 1/T liegt.

A.3 Fourier-Transformation

Eine sinc-Zeitfunktion mit Amplitude (1/T) und erster positiver Nullstelle bei T (also mit der Impulsfläche 1, wie bereits abgeleitet) hat ein konstantes Amplitudendichtespektrum mit Maximalwert 1 und zweiseitiger (mathematischer) Gesamt-Bandbreite $B \cdot T = 1$, also $B = 1/T$. Die einseitige (physikalische) Bandbreite ist somit $f_g = B/2 = 1/(2 \cdot T)$.

Anwendung 1:

Setzt man oben im ersten Transformationspaar $T = T_a = 1/f_a$, dann ergibt sich die Schreibweise:

$$\frac{1}{T_a} \cdot \text{rect}\left(\frac{t}{T_a}\right) \xrightarrow{FT} \text{sinc}\left(\frac{f}{f_a}\right); \qquad (\text{mit } T_a = \frac{1}{f_a});$$

Wird ein Spalt-Tiefpass mit dem Frequenzgang $1 \cdot \text{sinc}(f/f_a)$ (also maximaler Übertragungsfaktor 1 und erste positive Nullstelle bei $f/f_a = 1$ und somit bei $f = f_a$) mit einem Dirac-Impuls $u_1(t) = u \cdot T_a \cdot \delta(t)$ angeregt, dann ist das Ausgangssignal $u_2(t)$ ein Rechteckimpuls mit der Amplitude u und der Breite $T_a = 1/f_a$:

$u_2(t) = u \cdot T_a \cdot (1/T_a) \cdot \text{rect}(t/T_a) = u \cdot \text{rect}(t/T_a);$

Dieses Transformationspaar wird im Hauptteil bei der Herleitung der [sin(x)/x]-Korrektur verwendet.

Anwendung 2:

Setzt man oben im zweiten Transformationspaar $T = 1/(2 \cdot f_g)$, dann ergibt sich die Schreibweise:

$$\frac{1}{T} \cdot \text{sinc}\left(\frac{t}{T}\right) \xrightarrow{FT} \text{rect}\left(\frac{f}{2 \cdot f_g}\right); \qquad (\text{mit } T = \frac{1}{2 \cdot f_g});$$

Wird ein Idealer Tiefpass mit dem Frequenzgang $1 \cdot \text{rect}[f/(2 \cdot f_g)]$ (also mit Übertragungsfaktor 1 im Durchlassbereich, einseitiger Grenzfrequenz f_g und Phasenmaß identisch 0) mit einem Dirac-Impuls $u_1(t) = (u \cdot T) \cdot \delta(t)$ angeregt, dann ist das Ausgangssignal $u_2(t)$ ein sinc-Impuls mit der Amplitude u, dessen erste positive Nullstelle bei $t/T = 1$ und somit bei $t = T = 1/(2 \cdot f_g)$ liegt:

$u_2(t) = (u \cdot T) \cdot (1/T) \cdot \text{sinc}(t/T) = u \cdot \text{sinc}(t/T);$

Andererseits folgt bei Anregung mit $u_1(t) = u \cdot \delta(t)$ das Ausgangssignal $u_2(t) = (u/T) \cdot \text{sinc}(t/T) = u \cdot (2 \cdot f_g) \cdot \text{sinc}(2 \cdot f_g \cdot t)$. Dieses Transformationspaar wird im Hauptteil bei der Herleitung der Bedingungen für eine Übertragung ohne Nachbarzeichen-Beeinflussung (Nyquist-Bedingung) verwendet.

Ausgewählte Korrespondenzen der Fourier-Transformation

In der Tabelle A.4 sind die abgeleiteten Transformationspaare und Gesetzmäßigkeiten der Fourier-Transformation zusammen gestellt. Für weitere Transformationspaare und Gesetzmäßigkeiten wird auf die angegebene Literatur verwiesen.

Zeitfunktion	Frequenzfunktion	Bemerkung
$\underline{u}(t)$	$\underline{U}(f)$	Transformationspaar
$k_1 \cdot \underline{u}_1(t) + k_2 \cdot \underline{u}_2(t)$	$k_1 \cdot \underline{U}_1(f) + k_2 \cdot \underline{U}_2(f)$	Linearität
$u_1(t) \otimes u_2(t)$	$\underline{U}_1(f) \cdot \underline{U}_2(f)$	Faltung im Zeitbereich
$\underline{U}^*(t)$	$\underline{u}^*(f)$	Vertauschungssatz
$u(t - t_0)$	$\underline{U}(f) \cdot e^{-j \cdot 2 \cdot \pi \cdot t_0 \cdot f}$	Zeit-Verschiebungssatz
$u(k \cdot t)$	$\dfrac{1}{|k|} \cdot \underline{U}\left(\dfrac{f}{k}\right)$	Ähnlichkeitssatz, $k \neq 0$;
$\delta(t)$	1	
1	$\delta(f)$	
rect(t)	**sinc(f)**	
sinc(t)	**rect(f)**	
$e^{+j \cdot 2 \cdot \pi \cdot f_0 \cdot t}$	$\delta(f - f_0)$	
$\delta(t - t_0)$	$e^{-j \cdot 2 \cdot \pi \cdot f \cdot t_0}$	
$\cos(2 \cdot \pi \cdot f_0 \cdot t)$	$\dfrac{1}{2} \cdot [\,\delta(f - f_0) + \delta(f + f_0)\,]$;	

Tabelle A.4: Ausgewählte Korrespondenzen der Fourier-Transformation.

B Abbildungen

Eine Codiervorschrift wird durch den mathematischen Begriff Abbildung erfasst. Die damit zusammenhängenden Definitionen werden deshalb hier wiederholt.

A und B seien zwei nichtleere Mengen. Eine Abbildung f von A nach B ist eine Zuordnungsvorschrift, die jedem (!) A-Element genau ein (!) B-Element zuordnet.

Man nennt A den Originalbereich oder Definitionsbereich und B den Bildbereich der Abbildung. Die Menge der durch die Abbildung f zugeordneten Bildelemente wird als Wertebereich f(A) bezeichnet. In der Regel ist f(A) eine echte Teilmenge von B (also f(A)⊂B), weil nicht in jedem B-Element ein Zuordnungspfeil einmünden muss.

Eine Abbildung mit f(A) = B heißt surjektive Abbildung. Eine Abbildung, bei der zwei verschiedenen A-Elementen immer zwei verschiedene B-Elemente zugeordnet sind, heißt injektive oder umkehrbare Abbildung. Eine injektive und surjektive Abbildung heißt bijektive Abbildung. Eine bijektive Abbildung wird auch als eineindeutige oder umkehrbar eindeutige Abbildung bezeichnet. Im Bild B.1 werden diese Definitionen durch Graphen veranschaulicht.

Abbildung

Eine Abbildung f von A nach B ist eine Zuordnungsvorschrift, die jedem A-Element genau ein B-Element zuordnet.

Man nennt A den Originalbereich oder Definitionsbereich und B den Bildbereich der Abbildung. Die Menge der durch die Abbildung zugeordneten B-Elemente wird Wertebereich f(A) genannt. Jedem A-Element ist genau ein B-Element zugeordnet. Es kann B-Elemente geben, in denen kein oder mehr als ein Zuordnungspfeil einmündet. Bild B.1 (Teilbild oben links) zeigt eine allgemeine Abbildung mit

A = {a, b, c, d, e}; B = {1, 2, 3, 4, 5, 6}; f(A) = {1, 3, 4};

Surjektive Abbildung

Eine Abbildung f mit f(A)=B heißt surjektive Abbildung.

Jedem A-Element ist genau ein B-Element zugeordnet. In jedem B-Element mündet mindestens ein (also ein oder mehr als ein) Zuordnungspfeil ein. Bild B.1 (Teilbild oben rechts) zeigt eine surjektive Abbildung mit

A = {a, b, c, d, e, f}; B = {1, 2, 3, 4, 5}; f(A) = {1, 2, 3, 4, 5} = B;

Injektive Abbildung

Eine Abbildung f, bei der zwei verschiedenen A-Elementen stets zwei verschiedene B-Elemente zugeordnet sind, heißt injektiv oder umkehrbar.

Jedem A-Element ist genau ein B-Element zugeordnet. In jedem B-Element mündet maximal ein (also ein oder kein) Zuordnungspfeil ein. Bild B.1 (Teilbild unten links) zeigt eine injektive Abbildung mit

A = {a, b, c, d, e};   B = {1, 2, 3, 4, 5, 6};   f(A) = {1, 2, 3, 4, 5};

Bijektive Abbildung

Eine injektive und surjektive Abbildung heißt bijektive Abbildung.

Eine bijektive Abbildung wird auch als eineindeutige oder umkehrbar eindeutige Abbildung bezeichnet. Jedem A-Element ist genau ein B-Element zugeordnet. In jedem B-Element mündet genau ein Zuordnungspfeil ein. Die Anzahl der A-Elemente und B-Elemente ist gleich. Bild B.1 (Teilbild unten rechts) zeigt eine bijektive Abbildung mit

A = {a, b, c, d, e, f};   B = {1, 2, 3, 4, 5, 6};   f(A) = {1, 2, 3, 4, 5, 6} = B;

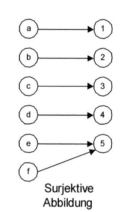

Surjektive Abbildung

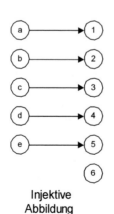

Injektive Abbildung

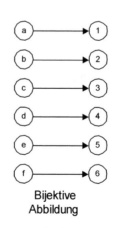

Bijektive Abbildung

Bild B.1: Abbildungen (Beispiele).

C Modulo-2-Arithmetik

Zur mathematischen Behandlung binärer Codes wird die Modulo-2-Arithmetik (mod2-Arithmetik) verwendet. In der Modulo-2-Arithmetik gibt es nur die zwei Elemente 0 und 1. Das Element 0 kann auch als Repräsentant der geraden Zahlen, das Element 1 als Repräsentant der ungeraden Zahlen aufgefasst werden. Für die Verknüpfung der beiden Elemente gibt es zwei Verknüpfungsvorschriften:

Modulo-2-Addition (Verknüpfungssymbol $\oplus$)
Modulo-2-Multiplikation (Verknüpfungssymbol $\cdot$).

Die Verknüpfungsvorschriften für Modulo-2-Addition und Modulo-2-Multiplikation werden durch die nachfolgenden Verknüpfungstabellen definiert.

Modulo-2-Addition

Die Modulo-2-Addition wird durch das **Verknüpfungssymbol** $\oplus$ dargestellt. Statt des Additionssymbols $\oplus$ wird auch das normale Additionssymbol + verwendet, wenn Verwechslungen ausgeschlossen sind. Voraussetzung hierfür ist, dass dies eindeutig vereinbart wird, da die Modulo-2-Addition ungleich der gewöhnlichen Addition ist.

$0 \oplus 0 = 0;$
$0 \oplus 1 = 1;$
$1 \oplus 0 = 1;$
$1 \oplus 1 = 0;$

Im Unterschied zur „normalen Addition" ist die Rechenregel $1 \oplus 1 = 0$ zu beachten.

$$x \oplus 0 = x; \qquad x \oplus 1 = /x; \qquad x \in \{0, 1\} ;$$

Ungerade plus ungerade Zahl ergibt bei gewöhnlicher Addition stets eine gerade Zahl, dies ist der mathematische Hintergrund für die Rechenregel $1\oplus 1 = 0$ der mod2-Rechnung.

Modulo-2-Multiplikation

Bei der mod2-Multiplikation ergeben sich identische Ergebnisse wie bei der gewöhnlichen Multiplikation. Es wird deshalb dasselbe Multiplikationssymbol wie für die normale Multiplikation verwendet, da Fehlermöglichkeiten ausgeschlossen sind.

$0 \cdot 0 = 0;$
$0 \cdot 1 = 0;$
$1 \cdot 0 = 0;$
$1 \cdot 1 = 1;$

Es gibt keinen Unterschied zur „normalen Multiplikation".

$$x \cdot 0 = 0; \quad x \cdot 1 = x; \quad x \in \{0, 1\};$$

Schaltungstechnische Realisierung

Die Modulo-2-Addition wird schaltungtechnisch durch ein XOR-Gatter (exklusiv-oder) realisiert, die Modulo-2-Multiplikation durch ein AND-Gatter. Alle Modulo-2-Rechenoperationen können also mit einfachen Logikschaltungen realisiert werden.

Rechenregeln der Modulo-2-Arithmetik

Nachfolgend wird statt $\oplus$ stets + geschrieben, alle normalen Additionssymbole sind also nachfolgend als Modulo-2-Additionssymbole aufzufassen. Beim Rechnen mit 0, 1 und der Modulo-2-Addition +, Modulo-2-Multiplikation · gelten folgende Rechenregeln:

Kommutativgesetz

KA) $a + b = b + a;$ Kommutativgesetz der Addition;
KM) $a \cdot b = b \cdot a;$ Kommutativgesetz der Multiplikation;

Assoziativgesetz

AA) $(a + b) + c = a + (b + c)$ Assoziativgesetz der Addition;
AM) $(a \cdot b) \cdot c = a \cdot (b \cdot c)$ Assoziativgesetzt der Multiplikation;

Distributivgesetz

D) $(a + b) \cdot c = (a \cdot c) + (b \cdot c);$

Zusammenfassung

Abgesehen von der Additionsregel $1 + 1 = 0$ sind in der Modulo-2-Arithmetik keine Unterschiede zum „gewöhnlichen" Rechnen zu beachten!

Beispiel C.1

Beweisen Sie die Richtigkeit nachfolgender Umformungen:
1) $x \oplus x = 0;$
2) $x \oplus y = 0$ ergibt $y = x;$
3) $x \oplus y = 1$ ergibt $y = 1 \oplus x = /x;$

Lösung:

Zu 1)
$x \oplus x = x \cdot 1 + x \cdot 1 = x \cdot (1 \oplus 1) = x \cdot 0 = 0;$

C Modulo-2-Arithmetik

Zu 2)
Linksseitige Addition von x auf beiden Gleichungsseiten ergibt:
Linke Gleichungsseite: $x \oplus (x \oplus y) = (x \oplus x) \oplus y = 0 \oplus y = y$;
Rechte Gleichungsseite: $x \oplus 0 = x$;
Also ist $y = x$;

Zu 3)
Linksseitige Addition von x auf beiden Gleichungsseiten ergibt:
Linke Gleichungsseite: $x \oplus (x \oplus y) = (x \oplus x) \oplus y = 0 \oplus y = y$;
Rechte Gleichungsseite: $x \oplus 1 = 1 \oplus x$;
Also ist: $y = 1 \oplus x = /x$;

D Pegelrechnung

D.1 Definition des Pegels

Als Pegel wird das logarithmierte Verhältnis zweier Größen gleicher Dimension bezeichnet, wobei die Nennergröße ein vereinbarter Bezugswert ist.

Das nachfolgend verwendete Formelzeichen L kommt von der englischen Bezeichnung Level. Der Pegel hat die Dimension 1 (ist also dimensionslos). Wird die Logarithmus-Funktion mit Basis 10 ($\log 10 = \log$) zur Berechnung verwendet, wird die Pseudoeinheit Bel (abgekürzt B) zugeordnet. Meist werden Pegel in Dezibel (abgekürzt dB) angegeben (1 B = 10 dB).

$$L := \log(\text{Messgröße} / \text{Bezugsgröße}); \qquad [B];$$
$$L := 10 \cdot \log(\text{Messgröße} / \text{Bezugsgröße}); \qquad [dB]$$

Wird die Logarithmus-Funktion zur Basis e = 2.71828 verwendet (ln-Funktion, natürlicher Logarithmus), wird die Pseudoeinheit Neper (abgekürzt Np) zugeordnet. Dies wird hier nicht weiter betrachtet. Für die Umrechnung zwischen Neper und Dezibel gilt:

1 Np = 8.686 dB;   1 dB = 0.115 Np;

Absoluter Pegel

Wird als Bezugsgröße ein vereinbarter, fester Wert verwendet, spricht man von absolutem Pegel. Die verwendete Bezugsgröße wird in Klammern hinter das dB-Zeichen gesetzt. Ist der Zahlenwert der Bezugsgröße 1, dann kann Klammer und Zahlenwert weggelassen werden.

Relativer Pegel

Wird als Bezugsgröße der Wert an einem vereinbartem Messpunkt verwendet (beispielsweise der Eingang eines Übertragungssystems), dann spricht man von relativem Pegel. Relative Pegel erhalten die Pseudoeinheit dBr. Da ein relativer Pegel sich als Pegeldifferenz zwischen Messpunkt und Bezugspunkt darstellen lässt, wird nachfolgend nur auf absolute Pegel eingegangen.

D.2 Absoluter Leistungspegel

In der Kommunikations-Messtechnik wird als Leistungs-Bezugswert 1 mW verwendet. Die zugeordnete Pseudoeinheit ist dann dB(1mW) = dB(mW) = dBm.

$$L_p/\text{dBm} = 10 \cdot \log(P/1\text{mW});$$

D.4 Zusammenhang Leistungspegel, Spannungspegel

Mit $1\ mW = U_0^2 / R_0$; P = Leistung am Messpunkt, U_{eff} = Effektivwert der Spannung am Messpunkt, R = Lastwiderstand am Messpunkt, U_0 = Bezugsspannung, R_0 = Bezugswiderstand, $P = U_{eff}^2 / R$ folgt für den absoluten Leistungspegel:

Lp/dBm $= 10 \cdot \log(P/1mW) = 10 \cdot \log[\ (U_{eff}^2/U_0^2) \cdot (R_0/R)\ ]$
Lp/dBm $= 20 \cdot \log(U_{eff}/U_0) - 10 \cdot \log(R/R_0)$;

Bezugswiderstand R_0, Bezugsspannung U_0

Die Bezugsspannung U_0 ist die Spannung, welche am Bezugswiderstand R_0 eine Leistung von 1 mW erzeugt.

Mit $U_0 = \sqrt{1\ mW \cdot R_0}$ ergibt sich zu jedem Bezugswiderstand R_0 eine zugehörige Bezugsspannung U_0. Es gibt also beliebig viele (U_0, R_0)-Paare für die Bezugsleistung 1 mW. Nachfolgend sind häufig benutzte Bezugspaare aufgeführt.

R_0 =	1 kOhm	600 Ohm	75 Ohm	50 Ohm
U_0 =	1 V	0.775 V	0.274 V	0.224 V

D.3 Absoluter Spannungspegel

Bei der Definition des Leistungspegels in dBm ergab sich:

Lp/dBm $= 20 \cdot \log(U_{eff}/U_0) - 10 \cdot \log(R/R_0)$;

Der Term $20 \cdot \log(U_{eff}/U_0)$ wird als absoluter Spannungspegel mit Bezugsspannung U_0 bezeichnet und erhält die Pseudoeinheit $dB(U_0)$.

Lu/dB(U_0) := $20 \cdot \log(U_{eff}/U_0)$;

Absoluter Spannungspegel in dBV und dB(0.775 V)

In der Kommunikations-Messtechnik werden vorwiegend die Bezugswiderstände 1 kOhm (mit zugehöriger Bezugsspannung 1 V) und 600 Ohm (mit zugehöriger Bezugsspannung 0.775 V) verwendet. Man definiert deshalb unter Anwendung der Schreibweise dB(1V) = dBV:

Lu/dBV = $20 \cdot \log(U_{eff}/1\ V)$;   Lu/dB(0.775 V) = $20 \cdot \log(U_{eff}/0.775\ V)$;

D.4 Zusammenhang Leistungspegel, Spannungspegel

Aus obiger Ableitung folgt:

Lp/dBm = Lu/dB(U_0) $- 10 \cdot \log(R/R_0)$;

Bei $R = R_0$ wird der Korrekturterm null. Wenn der wahre Lastwiderstand R gleich dem zur verwendeten Bezugsspannung U_0 zugehörigen Bezugswiderstand R_0 ist, sind Leistungspegel Lp/dBm und Spannungspegel Lu/dB(U_0) identisch. Somit ist beispielsweise:

Lp/dBm = Lu/dBV;   bei R = 1 kOhm;
Lp/dBm = Lu/dB(0.775 V);   bei R = 600 Ohm;

D.5 Pegelmessung

Leistungspegel am Referenzwiderstand R_{ref}

Der Referenzwiderstand ist der Widerstands-Wert, der von einem Leistungspegel-Messgerät verwendet wird, um aus der am Messpunkt hochohmig gemessenen Spannung U_{eff} die (berechnete) Leistung P_b und daraus den angezeigten Leistungspegel Lp,a (Anzeigewert, Index a, falscher Wert) zu berechnen. Der Anzeigewert Lp,a/dBm wird als Leistungspegel am Referenzwiderstand R_{ref} bezeichnet.

Lp,a/dBm = $10 \cdot \log(P_b/1mW)$;   mit $P_b = U_{eff}^2/R_{ref}$;

Wahrer Leistungspegel, angezeigter Leistungspegel

Wenn der Referenzwiderstand R_{ref} ungleich dem echten Lastwiderstand R ist, dann muss man zwischen wahrem Leistungspegel Lp (wahrer Wert, ohne Index) und angezeigtem Leistungspegel Lp,a (Anzeigewert, Index a, falscher Wert) unterscheiden:

Lp/dBm = $10 \cdot \log[\ (U_{eff}^2 / R) / 1mW]$;

Lp,a/dBm = $10 \cdot \log[\ (U_{eff}^2 / R_{ref}) / 1mW\ ]$;

Der Anzeige-Fehler F (falscher Wert minus richtiger Wert) ergibt sich zu

F = Lp,a/dBm − Lp/dBm = $+10 \cdot \log(R / R_{ref})$;

Ergebnis:
Bei $R = R_{ref}$ (wahrer Lastwiderstand gleich Referenzwiderstand) ist der Anzeigewert richtig, ansonsten muss zum Anzeigewert der Korrektwert $-F = -10 \cdot \log(R / R_0)$ addiert werden.

Messung von Pegel-Differenzen

Für die Pegel-Differenz $\Delta L = L_1 - L_2$ zweier Messpunkte 1 und 2 ergibt sich aus obigen Formeln:

ΔLp = Lp_1/dBm − Lp_2/dBm = Lu_1/dB(U_0) − Lu_2/dB(U_0) = ΔLu;

ΔLp = Lp_1/dBm − Lp_2/dBm = $Lp_{1,a}$/dBm − $Lp_{2,a}$/dBm = $\Delta Lp,a$;

Das Ergebnis kann wie folgt zusammengefasst werden:

$$\Delta Lp = \Delta Lu = \Delta Lp,a = \Delta L;$$

Die wahre Leistungspegel-Differenz, die wahre Spannungspegel-Differenz (bei gleicher, aber beliebiger Bezugsspannung U_0) und die Differenz der Anzeigewerte (bei gleichem, aber beliebigem Referenzwiderstand R_{ref}) zweier Messpunkte 1, 2 sind identisch.

D.5 Pegelmessung

Wenn an beiden Messpunkten gleiche (aber beliebige) Messbedingungen für die Pegelmessung verwendet werden, ergibt sich für die Pegeldifferenz immer derselbe Wert.

Messung des Relativ-Pegels

Der Relativ-Pegel an einem Messpunkt ergibt sich als Pegeldifferenz zwischen Messpunkt und vereinbartem Bezugspunkt, die zugehörige Pseudoeinheit ist dBr.

$$L_{rel}/dBr = L(Messpunkt) - L(Bezugspunkt);$$

Messung der Dämpfung

Die Dämpfung a vom Messpunkt 1 zum Messpunkt 2 ergibt sich als Pegeldifferenz zwischen Messpunkt 1 und Messpunkt 2, die zugehörige Pseudoeinheit ist dB.

$$a/dB = L(Messpunkt\ 1) - L(Messpunkt\ 2);$$

Literaturverzeichnis

BERG86
Bergmann (Hrg.)
Lehrbuch der Fernmeldetechnik, Band 1
Schiele & Schön, 1986

BLUS92
Bluschke, A.
Digitale Leitungs- und Aufzeichnungscodes
VDE Verlag GmbH, Berlin / Offenbach 1992

BRON95
Bronstein, I. N.; Semendjajew, K. A.; u. a.
Taschenbuch der Mathematik
Verlag Harri Deutsch, Thun 1995

ELSN74
Elsner, R.
Nachrichtentheorie, Band 1: Grundlagen
Teubner-Verlag, Stuttgart 1974

ELSN77
Elsner, R.
Nachrichtentheorie, Band 2: Der Übertragungskanal
Teubner-Verlag, Stuttgart 1977

ENSC99
Engeln-Müllges, G.; Schäfer, W.; Trippler, G.
Kompaktkurs Ingenieurmathematik mit Wahrscheinlichkeitsrechnung und Statistik
Fachbuchverlag Leipzig im Carl Hanser Verlag, München / Wien 1999

GERD96
Gerdsen, P.;
Digitale Nachrichtenübertragung
Teubner-Verlag, Stuttgart 1996

GOEB99
Goebel, J.
Kommunikationstechnik
Hüthig-Verlag, Heidelberg 1999

HAMM50
Hamming, R. W.
Error Detecting and Error Correcting Codes
Bell System Technical Journal 29 (1950), S. 147-160

HEIL92
Heilemann, O.
Digitale Übertragungstechnik: PCM-Grundlagen und Messverfahren
expert-Verlag, Ehningen 1992

Literaturverzeichnis

HERT00
Herter, E.; Lörcher, W.
Nachrichtentechnik: Übertragung - Vermittlung - Verarbeitung
Hanser Verlag, München / Wien, 2000

KADE91
Kaderali, F.
Digitale Kommunikationstechnik, Band 1
Vieweg Verlag, Braunschweig 1991

KADE95
Kaderali, F.
Digitale Kommunikationstechnik, Band 2
Vieweg Verlag, Braunschweig / Wiesbaden 1995

KLIN01
Klingen, B.
Fouriertransformation für Ingenieur- und Naturwissenschaften
Springer-Verlag, Berlin/Heidelberg/.. 2001

KREY88
Kreyszig, E.
Advanced Engineering Mathematics
Wiley, New York 1988

KRPR03
Kromholz, J.; Precht, M.
Programm LESISY zur Leitungssignal-Synthese per Software
Diplomarbeit, Fachhochschule Hannover, Fachgebiet Kommunikationstechnik, 2003

LEME94
Lee, E. A.; Messerschmitt, D. G.
Digital Communication
Kluwer Academic Publishers, 1994

LOCH95
Lochmann, D.;
Digitale Nachrichtentechnik
Verlag Technik, Berlin 1995

MARK73
Marko, H.
The Bidirectional Communication Theory - A Generalization of Information Theory
IEEE Comm. 21 (1973), S. 1345-1351

MARK95
Marko, H.
Systemtheorie
Springer-Verlag, Berlin/Heidelberg/... 1995

MAEU96
Mäusl, R.
Digitale Modulationsverfahren
Hüthig-Buch-Verlag, Heidelberg 1996

MEGU86
Meinke, Gundlach
Taschenbuch der Hochfrequenztechnik, Band 1: Grundlagen
4. Auflage, Springer Verlag, Berlin / Heidelberg 1986

MEYE02
Meyer, M.
Kommunikationstechnik
Vieweg Verlag, Braunschweig/Wiesbaden 2002

MILD90
Mildenberger, O.;
Informationstheorie und Codierung
Vieweg Verlag, Braunschweig / Wiesbaden 1990

MILD97
Mildenberger, O.
Übertragungstechnik
Vieweg Verlag, Braunschweig / Wiesbaden 1997

MILD99
Mildenberger O. (Hrg.)
Informationstechnik kompakt
Vieweg Verlag, Braunschweig/Wiesbaden 1999

MOWE87
Morgenstern, G.; Wellhausen, H.-W.;
Drei- und mehrstufige Leitungscodes für die Digitalsignalübertragung
Der Fernmelde-Ingenieur (41), 1987, H. 3

NOCK92
Nocker, R.;
Synchroner Leitungsdecodierer für 1B2B-Leitungscodes: Synthese mit Booleschen Funktionstabellen und Automatendiagrammen
ELEKTRONIK 1992, H. 9, S. 46-53

NOHE90
Nocker, R.; Hedke, L.;
Leitungscodierung mit PAL-Baustein: CMI-, MAN- und AMI-Code mit einer Schaltung erzeugbar.
ELEKTRONIK 1990, H. 23, S. 66-73

NOHE91
Nocker, R.; Hedke, L.;
HDB3-Leitungscodierer mit programmierbarem Logikbaustein: Synthese anhand von Automatendiagrammen.
ELEKTRONIK 1991, H. 12, S. 74-80

NOSC93
Nocker, R.; Schweinhagen, R.;
Die Synthese eines HDB3-/AMI-Leitungsdecodierers: Mit Automatendiagrammen und Logiksynthese-Software zur fertigen Schaltung
ELEKTRONIK 1993, H. 2, S. 42-48

OEBR67
Oehlen, H.; Brust, G.
Ein einheitliches Verfahren zur Spektrenberechnung von periodischen, stochastischen und pseudo-stochastischen Impulsfolgen
Archiv der elektrischen Übertragung 21 (1967), H. 11, S. 583-587

PAPU01
Papula, L.
Mathematik für Ingenieure und Naturwissenschaftler, Band 3
Vieweg Verlag, Braunschweig/Wiesbaden 2001

PEHL01
Pehl, E.
Digitale und analoge Nachrichtenübertragung
Hüthig Verlag, Heidelberg 2001

PROA94
Proakis, J. G.; Salehi, M.
Communication Systems Engineering
Prentice Hall International, 1994

ROHL95
Rohling, H.
Einführung in die Informations- und Codierungstheorie
Teubner Verlag, Stuttgart 1995

SAKR85
Sauer, J.; Krupstedt, U.
Informatik für Ingenieure
Teubner Verlag, Stuttgart 1985

SCHW93
Schwarz, R.
Nachrichtenübertragung 1
Oldenbourg Verlag, München 1993

SHAN48
Shannon, C. E.
A Mathematical Theory of Communication
Bell System Technical Journal 27 (1948), S. 379-423, 623-652;

SHWE72
Shannon, C. E.; Weaver, W.
The Mathematical Theory of Communication
University of Illinois Press, Urbana/Chicago/London 1972

STRU82
Steinbuch, K.; Rupprecht, W.
Nachrichtentechnik, Band 2: Nachrichtenübertragung
Springer Verlag, Berlin/Heidelberg/New York 1982

STIN99
Stingl, P.
Mathematik für Fachhochschulen
Hanser Verlag, München / Wien 1999

TZHA93
Tzschach, H.; Haßlinger, G.
Codes für den störungssicheren Datentransfer
Oldenbourg Verlag, München / Wien 1993

WEBE92
Weber, H.
Einführung in die Wahrscheinlichkeitsrechnung und Statistik für Ingenieure
Teubner Verlag, Stuttgart 1992

WEID02
Weidenfeller, H.
Grundlagen der Kommunikationstechnik
Teubner Verlag, Stuttgart/Leipzig/Wiesbaden 2002

WERN00
Werner, M.
Signale und Systeme
Vieweg Verlag, Braunschweig/Wiesbaden 2000

WERN02
Werner, M.
Information und Codierung
Vieweg Verlag, Braunschweig/Wiesbaden 2002

WERN03
Werner, M.
Nachrichtentechnik
Vieweg Verlag, Braunschweig/Wiesbaden 2003

WICK95
Wicker, S. B.
Error Control Systems for Digital Communication and Storage
Prentice Hall Inc.; New Jersey 1995

ZIPE01
Ziemer, R. E.; Peterson, R. L.
Introduction to Digital Communication
Prentice Hall Inc., New Jersey 2001

Sachwortverzeichnis

µ-law 197
13-Segment-Codierungskennlinie 197
1B1T-Leitungscode 158
1B2B-Leitungscode 158

A
Abbildung 44, 221
–, bijektive 222
–, injektive 221
–, surjektive 221
Absolut-Redundanz 107
Abstandmaß 110
Abtast-Entscheider 19
Abtast-Entscheidung, optimale 176
Abtastkanal, idealer 79
–, schwach gestörter 80
Abtasttheorem 27, 189
Abtastwertfolge, rekonstruierte 184
Ähnlichkeitssatz 216
A-law 197
Alphabet 43
Alternate Mark Inversion (AMI) 159
AMI-Leitungscode 154, 162
Amplituden-Augenöffnungsgrad 35
Amplitudendichte-Spektrum, komplexes 208
Amplitudengang 37
Amplitudennormierung 22
Amplitudenspektrum, einseitiges 205
–, zweiseitiges 206
Amplitudenverteilung, gauß'sche 82
Analog-Digital-Umsetzer (ADU) 188
Antialiasing-Tiefpass 184
ARQ-Protokoll 105
ASCII-Code 51
Assoziativgesetz 224
Attenuation to Crosstalk Ratio (ACR) 182
Augenmuster (eye pattern) 25, 40, 176
Ausblend-Eigenschaft 204
Automaten-Diagramm 165

B
Bandbegrenzung 215
Bandbreitenbedarf 58
–, einseitiger 39
Bandbreiten-Dehnfaktor 157
–, der Leitungscodierung 191
–, der Pulscodemodulation 192
Bandpass-Kanal 9
Basisband-Digitalsignal-Übertragungssystem 173
– -Übertragung 7
– -Übertragungssystem 41
Beeinflussung, elektromagnetische 177
Bel 226
Bezugsspannung 227
Bezugswert 226
Bezugswiderstand 227
Bildmenge 44
Bild-Zeichenfolge 44
– -Zeichenmenge 44
Binärfolge 4
Binärkanal, symmetrischer 141 f.
binary digit 43
Binärzeichen 43
Binomial-Verteilung 142
BIP 161
Bit 43
Blockcode 48, 103
–, linearer 107, 134
–, systematischer 107, 131
–, vollständiger 106
– -Klassifizierung 106
Blockfehler-Wahrscheinlichkeit 145
Blocklänge 106
Blockschema 70
Büschelfehler 150

C
CMI-Code 165
Code 44
–, blockfreier 103
–, convolutioneller 103
–, dicht gepackter 118
–, kompakter 118
–, linearer 112
–, maximal korrigierender 118
–, perfekter 118

–, rekurrenter 103
–, sequentieller 103
–, zyklischer 151
Codebaum 45
Coded Mark Inversion (CMI) 159
Code-Effizienz 108
Code-Polynom 151
Code-Rate 108
Codetabelle 45
Codewort 43
–, zulässiges 136
Codewortanzahl 49
–, eines Blockcodes 50
–, eines Kommacodes 50
Codewortlänge 43
Codierung 44
–, bipolare 161
–, unipolare 161
–, verlustbehaftete 44
–, verlustfreie 45
Codiervorschrift 44
–, verlustfreie 45
cos-roll-off-Tiefpass (raised cosine characteristic) 21
– -Übertragungssystem 37

D
Dämpfung 229
Dämpfungsmaß 11
Dämpfungsverzerrung 12
Datenkabel 182
Decoder 1, 4
De-Interleaving-Vorgang 150
Descrambler 156
Desymmetrierglied 174
Dezibel 226
Dibit 164
– -Synchronisierung 165
Digital-Analog-Umsetzer 189
Digitalsignal 7, 15
– -Bandbreitenbedarf 20, 56
– -Kennwerte 16
– -Störfestigkeit 57
– -Übertragung 29
Dirac-Impulsfunktion $\delta(x)$ 203
Dirichlet'sche Bedingung 204
Distanz-Graph 114
Distributivgesetz 224

Durchlassbereich 37

E
Echtzeitbedingung 94
Echtzeit-Blockcodierung 157
–, verlustfreie 56
Echtzeitübertragung 86
Effektivwert-Linienspektrum, diskretes 167
Empfangsfilter 41
Encoder 1, 3
Entropie 64
– der Binärquelle 66
–, Wertebereich 66
Entscheider 174
Entscheidung 19
Entscheidungsfluss 54, 68, 95
Entscheidungsgehalt 54, 67
Entscheidungsschwelle 19
Entscheidungsstrategie 114
Entscheidungszeitpunkt 19
Entzerrer 174
– -Auslegung 173, 175
– -Filter 195
Entzerrung 173
Erneuerung 173
Ersetzungsgruppe 164
Expansion 186

F
Faltung 211
Faltungscode 103
Faltungsoperation 211
Fano-Algorithmus 97
FEC-Protokoll 105
Fehlererkennung 113, 115
Fehlerkorrektur 73, 113, 115
Fehlersicherung 113
Fernnebensprechen 179
Fernsprech-Kabel 179
Fourier-Analyse 204
Fourier-Integral, erstes 209
–, zweites 209
Fourier-Reihe 202, 204
–, komplexe 206
–, reelle 204
Fourier-Synthese 204
Fourier-Transformation 22, 202, 207

Fourier-Transformationspaar 209
Frequenzbereich 6, 209

G
Gauß-Kanal 82
Generatorgleichung 133 f.
Generatormatrix 135
Gesamt-Effektivwert 17
– -Leistung 18
Gewinn 141, 147
Gibb'sches Phänomen 204
Gleichanteil 16 f.
Gleich-Leistung 18
Gleichwahrscheinlichkeits-Redundanz 55
–, absolute 55
–, relative 55
Grundgesetz der Nachrichtentechnik 217
Gruppenlaufzeit 11, 37

H
Hamming-Bedingung 117, 127
– -Code 127
– -Distanz eines Codes 110
– – zweier Codeworte 110
– -Formel 117
– -Gewicht eines Codes 110
– – eines Codeworts 109
– -Grenze 116 f.
Hauptstörquelle 173
HDB3- Ersetzungsregel 163
– -Code 163
High Density Bipolarcode 3rd Order
  (HDB3) 159
Hintransformation 209
Hochpass-Kanal 9
Huffman-Algorithmus 97

I
Idealer Abtastkanal 79
Impulsformung 154
In Service Monitoring, ISM 164
Information 2, 5
Informationsbit-Anzahl 106
Informationsfluss 68
Informationsgehalt 63
–, mittlerer 64
Informationsmenge 86
Informationsquader 86

Informationstheorie 61
Informationsübertragung 69
Informationsverlust 45
Interleaving 150
– -Vorgang 150
Interpolations-Tiefpass 184
Irrelevanz-Reduktion 5, 101

K
Kanal 1, 4
–, diskreter 69
–, gestörter 71
–, total gestörter 71
–, ungestörter 70, 72
Kanalbandbreite 39
Kanalcode, binärer 103
–, b-wertiger 103
–, fehlererkennender 103
–, fehlerkorrigierender 104
–, Klassifizierung 103
Kanalcodierung 187
–, optimale 102
Kanalcodierungssatz 77, 102
Kanalcodierungs-Verfahren 78
Kanal-Decoder 4
– -Encoder 3, 101
Kanalkapazität 73, 79, 82
Kanalsymbol 3 f.
Kanalzeichen 3 f.
Koaxialkabel 179
Kommacode 48
Kommutativgesetz 224
Kompandierung 187, 197
Kompression 186
Kontrollgleichung 133 f.
Kontrollmatrix 136
Korrekturbereich 114
Korrekturkugel 114
Korrespondenz 219
Küpfmüller-Tiefpass 21

L
Laufzeitverzerrung 12
Leistungs-Bezugswert 226
Leistungsdichtespektrum 165 f.
–, einseitiges (physikalisches) 166
–, numerische Berechnung 167
–, zweiseitiges (mathematisches) 166

Leistungs-Linienspektrum, diskretes 167
Leistungspegel, absoluter 226
–, angezeigter 228
–, wahrer 228
Leistungs-Verteilungsfunktion 166
Leitungscode, Anforderungen 155
–, Kennwerte 157
Leitungscodierung 154, 187
–, bitweise 158
Leitungs-Decoder 4
– -Encoder 3, 154, 188
– -Endgerät (LE) 199
Leitungssignal 154
Lichtwellenleiter-Kabel 179
Linienspektrum 166
LTI-System 8, 212

M
MAN1-Leitungscode 164
MAN2-Leitungscode 164
Manchester-Leitungscode (MAN) 159, 164
Matrix-Paritätsprüfung 122
– -Parity-Check 122
– -Schreibweise 132
MLS Maximum Length Sequence 166
Modulo-2-Addition 223
– -Arithmetik 107, 223
– -Multiplikation 223
Multiplexvorgang 190

N
Nachbarsymbol-Beeinflussung 24
Nachricht 1, 43
Nachrichtenquelle 1
–, diskrete 43
–, diskrete, ohne Gedächtnis 61
–, zeitgerasterte 43
Nachrichtensenke 1 f.
Nachrichtenübertragung 1
–, Blockschema 101
–, vereinfachtes Blockschema 101
Nahnebensprechen 179
Nebensprechen 178 f.
Neper 226
Non Return to Zero 161
Normierung 38
NRZ 161

Nutzsignal 1
Nyquist-Bandbreite 25
– -Bedingung 29
– -Bedingung 1. Art 25, 29
– -Bedingung 2. Art 29, 34
– -Flanke 32
– -Frequenz 25
– -Kriterium 1. Art 29
– -Kriterium 2. Art 29

O
Original-Zeichenfolge 44
– -Zeichenmenge 44

P
PAM- Signal, quantisiertes 53
Paritätsbit 129
Paritätsprüfung, eindimensionale 120
–, einfache 120
–, geeignete 128
–, zweidimensionale 122
– -Verfahren 120
Parity-Check-Verfahren, einfaches 120
PCM, Vorteile und Nachteile 200
– -Kabel 179
Pegel 226
–, absoluter 226
–, relativer 226
Phasengang 37
Phasenlaufzeit 37
Phasenmaß 11
Phasenspektrum, einseitiges 205
–, zweiseitiges 206
Phasenverzerrung 12
Präfix-Bedingung 48
Präfixcode, normaler 48
PRBS Pseudo Random Binary Sequence 166
Prüfbit-Anzahl 106
Prüfgleichung 133 f.
Prüfmatrix 135, 139
Pulscodemodulation (PCM) 184
Pulsrahmen 198

Q
Quantisierung 188
Quasi-Zufallsfolge 166
Quellencode, Kennwerte 94

–, optimaler 93, 97
Quellencodierung 186
–, optimale 92 f.
Quellencodierungssatz 91
Quellen-Decoder 4
Quellen-Decodierung 186
Quellen-Encoder 3, 188
Quellenmodell 43
Quellenredundanz 67
–, absolute 68
–, relative 68

R
Rahmendauer 198
Rahmenkennungswort 198
Rahmensynchronisierung 198
raised cosine 37
Rauschen, weißes, gauß'sches 82
Rauschleistung, verfügbare 178
Rechteckfunktion rect(x) 202
Rechteck-Tiefpass 21
Redundanz 157
–, systematische 101
Redundanzreduktion 5, 101
Referenzwiderstand 168, 228
Regenerating 173
Regenerativverstärker 173
Regeneratorfeld 174
Regeneratorfeldlänge 173, 180 f.
Regenerierung 173
Relativ-Pegel 229
– -Redundanz 107
Reshaping 173
Restfehler-Wahrscheinlichkeit 146
Retiming 173
Return to Zero 161
roll-off-Parameter 37
Rücktransformation 209
RZ 161

S
Scheitelfaktor 17
Scheitelwert 17
Schrittdauer 16
Schrittgeschwindigkeit 16, 39, 190
Schritt-Takt 34
Schwerpunktfrequenz 166
Scrambler 156

Sendefilter 41
Shannon 61
– -Grenze 83 f.
Signal 1, 6
–, wertdiskretes 15
–, wertkontinuierliches 6
–, zeitdiskretes 6
–, zeitgerastertes 6, 15
–, zeitkontinuierliches 6
Signalbeeinflussung 8
Signal-Geräusch-Abstand 181
– – -Verhältnis S/N 83
Signalhub 16
Signalklasse 6
Signalleistung 165
Signalregeneration 174
Signalübertragung 7
–, verzerrungsfreie 11
Signal-Wechselanteil 17
sin(x)/x-Korrektur 193, 195
– -Korrekturfilter 176
– -Funktion 23
Spaltenvektor 132
Spaltfunktion sinc(x), modifizierte 202
Spannungspegel, absoluter 227
Sperrbereich 37
Stör(signal)befreiung 19, 174
Stör(signal)unterdrückung 19
Störakkumulation 174
Störfestigkeit 58
Störsignal 1
– -Festigkeit 157
Störung 8
–, Ursachen 177
Störunterdrückung 19, 184
strikt bandbegrenzt 215
– zeitbegrenzt 215
Stufenhöhe 16
Superpositionsprinzip 23
Symbol 43
Symbolanzahl 43
Symbolvorrat 43
Symmetrierglied 174
Syndromvektor 129
System, lineares 8, 23
–, lineares, zeitinvariantes 8
–, nichtlineares 9

T
Taktrückgewinnung 170, 173 f.
– -Schaltung 35
Tiefpass, idealer 21
– -Kanal 9
Transformationspaar 212
Transinformationsfluss 73
Transinformationsgehalt, mittlerer 71
Trennsymbol 49
Treppenspannungs-Digitalsignal 15

U
Übergangsbereich 37
Übergangs-Graph 69, 142
Übertragung, frequenzversetzte 6 f.
Übertragungscode 154
Übertragungsgeschwindigkeit 95, 190
Übertragungskanal 9, 154
Übertragungsmaß, komplexes 11
Übertragungsmedium 188
Übertragungs-Protokoll 105
Übertragungssystem PCM 30 196
Umcodierung 87
UNI 161

V
Vertauschungssatz 214
Verzerrung 8

–, lineare 12
Verzögerungsglied 216

W
Wärmerauschen (TN) 177 f.
Wechsel-Effektivwert 17
– -Leistung 18
Werteanzahl, unterscheidbare 77
Wirkungsgrad 108

Z
Zeichen 1, 43
–, irrelevantes 2
–, redundantes 2
–, relevantes 2
Zeichenanzahl 43
Zeichenvorrat 1, 43
–, binärer 43
Zeilenvektor 132
Zeit-Augenöffnungsgrad 35
Zeitbegrenzung 215
Zeitbereich 6, 209
Zeitdauer-Bandbreite-Produkt 217
Zeitlage 198
Zeitnormierung 22
Zeit-Verschiebungssatz 216
Zuordnungssatz 210
Zuordnungsvorschrift 221
Zwischenregenerator 199

Weitere Titel zur Informationstechnik

Küveler, Gerd / Schwoch, Dieter
Informatik für Ingenieure
C/C++, Mikrocomputertechnik, Rechnernetze
4., durchges. u. erw. Aufl. 2003.
XII, 594 S. Br. € 38,90
ISBN 3-528-34952-2

Meyer, Martin
Signalverarbeitung
Analoge und digitale Signale, Systeme und Filter
3., korr. Aufl. 2003. XII, 287 S. mit 134 Abb. u. 26 Tab. Br. € 21,90
ISBN 3-528-26955-3

Malz, Helmut
Rechnerarchitektur
Eine Einführung für Ingenieure und Informatiker
2., überarb. Aufl. 2004. X, 228 S. mit 148 Abb. u. 33 Tab. (uni-script).
Br. € 19,90
ISBN 3-528-13379-1

Kark, Klaus W.
Antennen und Strahlungsfelder
Elektromagnetische Wellen auf Leitungen, im Freiraum und ihre Abstrahlung
2004. XIV, 391 S. mit 244 Abb., 71 Tab. und 65 Übungsaufg.
(Studium Technik) Br. € 29,90
ISBN 3-528-03961-2

Wüst, Klaus
Mikroprozessortechnik
Mikrocontroller, Signalprozessoren, speicherbausteine und Systeme
hrsg. v. Otto Mildenberger
2003. XI, 257 S. Mit 174 Abb. u. 26 Tab. Br. € 21,90
ISBN 3-528-03932-9

Werner, Martin
Nachrichtentechnik
Eine Einführung in alle Studiengänge
4., überarb. und erw. Aufl. 2003.
IX, 254 S. mit 189 Abb. u. 29. Tab.
Br. € 19,80
ISBN 3-528-37433-0

Abraham-Lincoln-Straße 46
65189 Wiesbaden
Fax 0611.7878-400
www.vieweg.de

Stand Juli 2004.
Änderungen vorbehalten.
Erhältlich im Buchhandel oder im Verlag.

Titel zur Elektronik

Böhmer, Erwin
Elemente der angewandten Elektronik
Kompendium für Ausbildung und Beruf
14., korr. Aufl. 2004.
X, 470 S. Mit 600 Abb.und einem umfangr. Bauteilekat Br. € 31,00
ISBN 3-528-01090-8

Palotas, László
Elektronik für Ingenieure
Analoge und digitale integrierte Schaltungen
2003. XIV, 544 S. Mit 420 Abb. u. 60 Tab. Geb. mit CD € 49,90
ISBN 3-528-03915-9

Zastrow, Dieter
Elektronik
Ein Grundlagenlehrbuch für Analogtechnik, Digitaltechnik und Leistungselektronik
6., verb. Aufl. 2002. XVI, 339 S. mit 417 Abb., 93 Lehrbeisp. und 120 Üb. mit ausführl. Lös. Br. € 29,90
ISBN 3-528-54210-1

Specovius, Joachim
Grundkurs Leistungselektronik
Bauelemente, Schaltungen und Systeme
2003. XIV, 279 S. Mit 398 Abb. u. 26 Tab. Br. € 24,90
ISBN 3-528-03963-9

Abraham-Lincoln-Straße 46
65189 Wiesbaden
Fax 0611.7878-420
www.vieweg.de

Stand Juli 2004.
Änderungen vorbehalten.
Erhältlich im Buchhandel oder im Verlag.